科学原来如此

无所不在的材料

主编　奚同庚

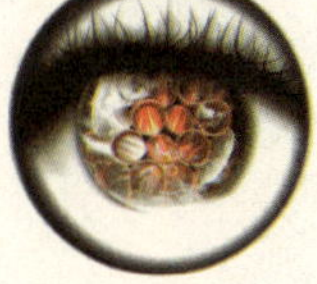

上海科学技术文献出版社

图书在版编目（CIP）数据

无所不在的材料 / 奚同庚主编．—上海：上海科学技术文献出版社，2011.1

ISBN 978-7-5439-4690-3

Ⅰ．①无… Ⅱ．①奚… Ⅲ．①材料科学—普及读物 Ⅳ．①TB3-49

中国版本图书馆 CIP 数据核字（2010）第 263402 号

本书出版得到上海科普创作出版专项资金的资助

责任编辑：张　树　陈云珍
封面设计：周　婧
插　　图：汪伟俊

科学原来如此丛书
无所不在的材料
主　编　奚同庚
出版发行：上海科学技术文献出版社
地　　址：上海市长乐路 746 号
邮政编码：200040
经　　销：全国新华书店
制　　版：南京理工排版校对有限公司
印　　刷：常熟市华顺印刷有限公司
开　　本：787×1092　1/16
印　　张：15.25
字　　数：285 000
版　　次：2014 年 4 月第 3 次印刷
书　　号：ISBN 978-7-5439-4690-3
定　　价：30.00 元
http://www.sstlp.com

《科学原来如此》丛书编写工作委员会

顾　问：叶叔华

主　任：陈积芳

副主任：缪其浩　杨秉辉

编　委：甘德福　严玲璋　陈皆重　李正兴

张　树　周　戟　赵　炬　赵君亮

施新泉　施善昌　钱平雷　奚同庚

高海峰　秦惠婷　黄民生　熊思东

（以姓氏笔画为顺）

《科学原来如此》丛书编辑工作委员会

主　任：赵　炬

副主任：张　树　李正兴

编　委：陈云珍　李　莺　钱晓文

协作单位：上海市科普作家协会

《科学原来如此·无所不在的材料》分册编委会

主　　编：奚同庚

编写人员：张寿彭　李培俊　李家治　陈念贻

林开利　祝炳和　奚同庚　章基凯

章悦庭　储德韦　黎　黎　等

（以姓氏笔画为序）

前言

人类利用材料的历史,几乎和人类的文明史一样悠久。人类早期的历史,就是以所用的材料来划分成“石器时代”、“青铜时代”和“铁器时代”的。在远古时代,人们首先利用自然界现成的石材、木材和植物纤维做材料。自从人类发明了“钻木取火”技术以后,开始利用火的高温对自然界的物质加工,用火将水和土制成的泥胎烧制陶瓷,用炭和火加工铜、锡的矿石制造青铜,开始了人类制造和利用陶瓷材料及金属材料的历史。其后又发明了用火法冶金生产钢铁的技术。钢铁的应用促进了多种生产技术的大发展。从 18 世纪开始,人类发明了产生和利用电的技术,电化学方法制造了一大批不能利用炭和火生产的金属新品种。特别值得一提的有:利用电使人类能够大量生产铝、镁和钛。轻而强韧的铝、镁、钛合金成为制造飞机的主要材料,促进了航空工业的建立和发展。核燃料铀的生产则为原子能技术铺平了道路。起初,金属和陶瓷的生产全靠能工巧匠凭经验得来的技艺,“知其然而不知其所以然”。这些经验的积累和技艺发明确实难能可贵,但只凭经验和技艺,未免事倍功半,走许多弯路。例如,工业革命初期,对钢铁材料的需要促使人们改进炼铁技术。在炼铁的高炉中,氧化铁和一氧化碳作用生成金属铁。但人们发现在高炉中一氧化碳并未被全部利用,高炉顶部冒出的气体仍含大量一氧化碳。当时人们就想:这大概是因为高炉还不够高,一氧化碳和铁矿石接触还不够的缘故吧。于是努力建设更高的高炉,企图提高一氧化碳的利用率。但将高炉加高到 30 米后,意想不到的是,顶部气体中的一氧化碳含量并未减少,白白花了巨额投资建炉却一无所获!后来,人们才从化学原理得知:许多化学反应进行的程度都取决于化学平衡。到达平衡后,化学反应就不会进一步进行了。一氧化碳和氧化铁的化学反应不可能使一氧化碳反应完全,正是受了化学平衡的制约。这类教训使冶金工作者认识到物理化学知识的重要,从而产生了“冶金物理化学”这门学科。另一个盲目经验的例子是淬火技术的发明。古代奴隶主为惩罚反抗的奴隶制定了残酷的“炮烙之刑”,结果注意到:用来烫死奴隶的烧红的金属剑表面会变得特别坚硬。当时,人们以为这是死者的灵魂附着在剑上的缘故,后来才知道,许多金属材料烧热后再急冷都会变硬,即“淬火效应”。奴隶的躯体在此不过起了快速冷却金属材料的作用罢了,于是改用冷水代替奴隶的躯体对钢铁与其他合金淬火了。如今,包括快冷技术在内的热处理方法已经使材料科学家发明了包括非晶态合金等等一大批新材料。

现代化学和物理的兴起促进了材料制造从技艺到科学的发展。从19世纪初开始,人类开始了发现各种化学元素的热潮。为了发现新元素,人们不仅到处查找稀奇的矿石和水体,甚至还到太阳的光谱里去找线索,真可谓是“上穷碧落下黄泉”,结果发现了几十种稀有金属,为材料研制提供了丰富的信息和物质来源。从原子、分子学说开始,人类对物质的微观结构的认识逐步深化,对新材料的发明起了指导作用。人们开始了解:给我们制造衣料的棉、麻、丝的分子是长链状的,而有弹性的橡胶的分子形状恰好有点像弹簧,正是分子结构决定了这些材料的特性。发现这个“结构—性质关系”的秘密后,就促使20世纪上中叶化学家合成了一大批人造的链状分子的化合物作为人造纤维,许多类似弹簧状的分子的化合物作为人造橡胶,并且发明了以石油、煤炭为原料,大量制造人造纤维、人造橡胶和塑料的方法。这些高分子材料(被称为“三大合成材料”)在生活和生产中,其重要性已经与金属材料、陶瓷材料鼎足而立了。

从20世纪中叶开始,原子能、计算机、航空航天等等新技术层出不穷,对新材料的要求日新月异。近年来,人们觉悟到:人类对宏观物体的知识已经比较丰富,对原子-分子尺度的微观世界的知识因近代物理的进步也大有进展,但对比原子-分子大若干倍、而又比宏观物体小许多数量级的“不大不小不多不少”的微观粒子体系,即“纳米世界”的研究和利用都很不够。于是纳米材料和器件研究成了“大热门”。纳米技术研究正酝酿着材料科学技术的新突破。

在漫长的历史长河中,中国人曾经对材料技术作出过杰出的贡献。中国人最早用磁性材料做指南针,瓷器是世界公认的中国的伟大发明。“九秋风露越窑开,夺得千峰翠色来”,精美的中国瓷器曾输出到世界四大洲。中国是世界上最早会炼铜、炼铁的国家之一。早在春秋战国时代,中国人就有了相当规模的金属工业生产。据考证,对钢铁生产至关重要的冶金炉鼓风技术还是由中国传入欧洲的。但后来,西方国家兴起了工业革命,发展了材料科学技术,成为“船坚炮利”的列强,反过来侵略中国,使我国遭受了一百多年被侵略的历史屈辱。如今,我们中华民族正经历着伟大的复兴过程。近年来,我国钢铁、水泥、金属铝等多种材料的产量已稳居全球第一。但我国目前还只是材料生产大国,还够不上材料科学强国。我国在新材料研制和有关的理论研究方面,总体水平与先进国家还有一定差距。我们要继续努力发展材料科学技术,为促进国民经济和高新技术的进一步繁荣发展而奋斗。

陈念贻

目　　录

太空是孕育新材料的摇篮

20世纪人类最伟大的创举之一就是摆脱地球的束缚，冲破大气层的阻拦，进入了"太空"这一前人从未到达过的全新疆界。1957年10月4日，前苏联成功地将第一颗人造卫星送入太空。1961年4月12日，前苏联航天员尤里·加加林乘"东方1号"宇宙飞船成功地进入环绕地球飞行的空间轨道，成为世界上第一个太空人。1969年7月20日，乘坐"阿波罗11号"登月舱的美国宇航员阿姆斯特朗在月球上留下了人类的第一个脚印。近半个世纪以来，航天领域的每一次创举都使人类的探索精神得以升华。时至今日，组建中的国际空间站已成为世界上最具影响的空间活动。2003年10月15日，我国"神舟5号"宇宙飞船将航天英雄杨利伟送入太空，使中国成为继俄罗斯、美国之后第三个独立地掌握了载人航天技术的国家，这一壮举极大地增强了中华民族的自信心和自豪感。

航天科技的迅猛发展，已经成为引领新科学、新技术，带动国民经济发展的重要手段。空间科技成果在地面生产和生活中的推广和应用，正在不断改善和提高着人类的生活质量，使得空间科学及其应用成为当今人类最具显示度和影响力的活动。空间材料科学作为空间科学与应用领域中的重要分支，是传统的材料科学向空间环境的延伸，是发展材料科学新理论、探索材料制备新工艺和拓展材料应用新领域中最活跃的前沿性交叉学科之一。

图1 组建中的国际空间站

目前的空间材料科学研究主要集中在利用空间的微重力环境。那么，什么是微重力呢？在解释微重力概念之前，首先应从失重谈起。对于失重，人们早就熟悉。譬如，在电梯中急速下降和从高处跌落下来，都会在瞬间处于失重状态。卫

图2 中国的"神舟号"飞船

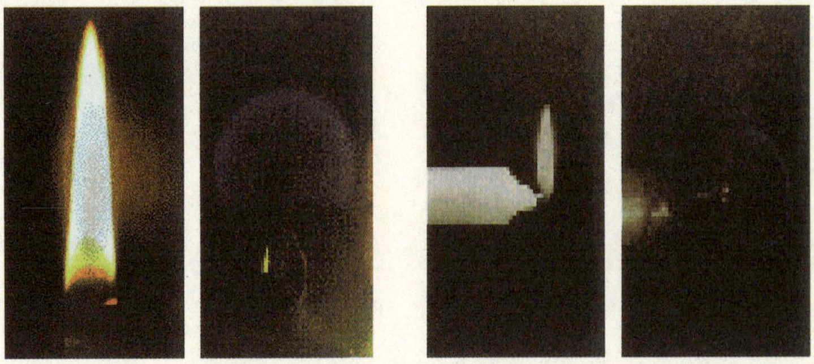

(a) (b) (a) (b)

图3 燃烧现象的天地之别:(a)地面(b)太空

星、飞船、空间站等航天器上的各种仪器设备,当它们在外层空间沿轨道飞行时,由于环绕地球旋转产生的离心力和重力近似达到平衡,都长期处于失重状态中。随着研究的深入,人们逐渐认识到所谓的“失重”、“零重力”或“无重力”的环境是无法实现的。由于某种因素的干扰,会造成重力加速度的变化,总是有微小的残余重力存在,不可能形成完全真正的“零重力”环境。因此,从科学和规范的角度来看,称“微重力”更为确切。

多年来,人们在重力场中已经形成了许多传统的物理概念,并推导出一些公式,形成了物理规律,似乎已经建立起不可动摇的理论体系。但是,在空间微重力条件下,以往的科技知识就显得十分贫乏了。以司空见惯的燃烧现象为例,在地面重力环境中,点燃的蜡烛会熊熊燃烧,呈现如图3(a)所示的火焰。而在空间微重力条件下,点燃的蜡烛会呈现出如图3(b)所示的状态,这是由于在微重力条件下,重力引起的对流效应受到抑制,火焰得不到氧气的供给因而无法持续燃烧。再例如,在地面装有油、水和沙粒的试管中,沙粒总是下沉,而油滴总是上浮。而在空间微重力环境中,沙粒并不下沉,油滴也不上浮,三者可以实现均匀混合。总之,在微重力环境中,很多物理概念,包括流体中的对流与沉淀效应、浸润现象、热交换规律、摩擦及电泳等物理过程,都必须重建新的物理模型,总结新的规律,创建新的定理或定律。

图4 待发射的“神舟3号”飞船(左)和飞船上的多工位晶体生长炉(右)

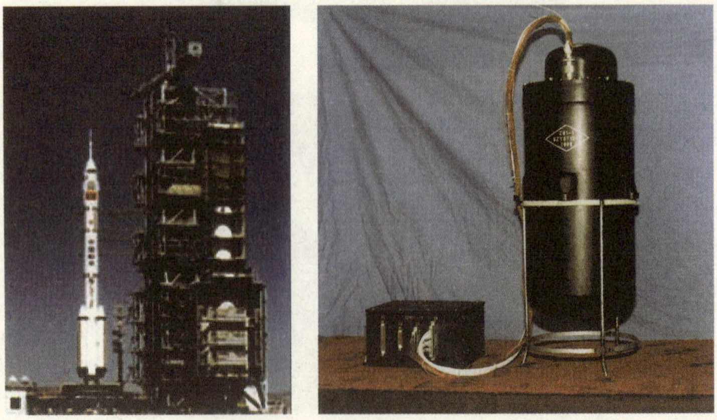

空间的这种极其特殊的环境条件可以转化为人类可利用的宝贵资源,成为众多领域开展深入研究的有效工具。仅以空间材料科学研究为例,在空间环境下制备具有重要科学和应用价值的少量贵重材料、关键的技术材料,以满

足高新技术领域对特殊材料的需求,同时还可获得在地面用传统方法不能制备或合成的新型材料等。

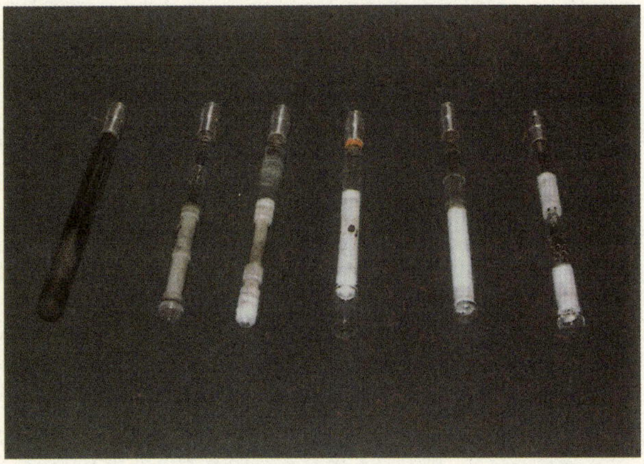

图5 "神舟3号"飞船上制备并安全回收的实验样品

发达国家对空间材料的科学研究一直给予高度的重视。自1969年前苏联发射的"联盟6号"飞船首次搭载了名为"火神"的空间材料实验装置以来,经过几十年的不懈努力,国外空间材料科学领域已经取得了一批研究成果,并展现出美好而诱人的应用前景。

我国的空间材料实验装置研制始于20世纪80年代末,虽起步较晚,但已取得长足发展。在我国载人航天工程中,应用系统的多工位晶体生长炉就是一种适合在"神舟号"飞船上进行空间材料生长研究的通用装置。该装置由中国科学院上海硅酸盐研究所等单位联合研制,能在一次空间飞行任务中完成半导体光电子晶体、氧化物功能晶体、金属及合金、非晶与复合材料等多种不同材料的空间实验需求。该装置曾先后参加了我国"神舟1号"、"神舟2号"和"神舟3号"飞船的空间飞行实验。在3次空间实验中,多工位晶体生长炉技术状态良好,圆满完成了空间飞行实验任务。

(刘 岩)

航天器"头盔"的防热材料

当你在夏夜纳凉的时候,一定见到过划破夜空的流星。它那短促而明亮的光辉像昙花一现,瞬即消逝。大家知道,这是流星与大气摩擦生成的高温使流星燃烧而发出的光焰。

有人曾经计算过,一个质量仅1千克的流星,如果用第一宇宙速度(每秒7.91千米)冲入大气层,相互摩擦生成的总热量竟高达117万焦耳。实际上,大多数流星的速度要比第一宇宙速度高,摩擦生成的热量当然足以把流星烧成灰烬了。

航天器、宇宙飞船(载人或不载人)或者洲际导弹返回地球时也要经历与流星类似的遭遇。而且,由于宇宙飞船舱和洲际导弹的质量大得多,摩擦生成的热量就更惊人了。以一艘几吨重的宇宙飞船来说,当它以每小时超过20 000千米的速度(略大于音速)重返大气层的时候,它的能量抵得上40列满载疾驰的火车,这些能量都将在宇宙飞船舱返回地球稠密大气层过程中,由于与空气摩擦而转变成惊人的热能,以致在宇宙飞船头部附近的空气温度竟高达摄氏五六千度以上。我们通常称之为气动加热。难怪有人把宇宙飞船重返大气层比喻成闯过"火烧关"。

所有元素中碳的熔点最高,也只有3 700 ℃,实在难以经受"火烧关"的考验,还是大自然给了我们解决这一难题的启示。当人们分析陨石——这些宇宙中飞来的"不速之客"的化学成分时,有趣地发现陨石的表面虽已发生过熔融,但里面的化学成分并没有发生明显变化。这个现象告诉我们,陨石下落过程中尽管表面经受几千度的高温而炽烈地燃烧,但由于穿过大气层时间很短,摩擦生成的热量都消耗在陨石表面的燃烧中了,传到陨石内部的热量很少。

航天器头盔示意图

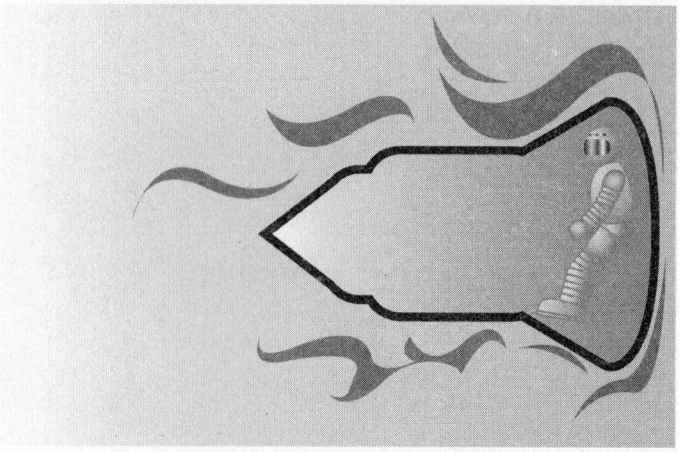

那么,我们可不可以给飞船或洲际导

弹的头部戴上一顶特制的“头盔”，让重返大气层时产生的巨大的气动热绝大部分消耗在“头盔”上，从而保护飞船和导弹安然闯过“火烧关”呢？循此思路，人们找到了一种防热材料做成的“头盔”，帮助飞船和导弹闯过了“火烧关”。

防热材料种类不少，但都有一些共同的特点：导热系数低，即隔热能力大；比热容大，即每克物质升温 1 ℃所需要的热量多；热发射率大，即材料向外辐射热量(散热)的本领大。这些都大大减少了通过防热“头盔”传导到飞船或导弹头部内的热量。不过最主要的是防热材料都有共同的“看家本领”：当防热“头盔”高速闯入稠密大气层进入“火烧关”的时候，防热材料受热从固态变成液态的熔解热，从液态变成气态的汽化热，或从固态直接变成气态的升华热都很大，从而在防热“头盔”不断烧蚀过程中能吸收大量的热量。第一层烧蚀掉了，第二层再烧蚀……每一层都吸收了大量的热，就是不让气动热量大量传入飞船或导弹内部。最后，防热材料虽然“粉身碎骨”，“壮烈殉职”，却使飞船和导弹闯过“火烧关”，安然返回地球。这种“风格很高”的防热材料也称为烧蚀材料。

前苏联发射的“东方 3 号”宇宙飞船的宇航员波波维奇曾绘声绘色描述了飞船进入大气层时防热材料烧蚀的壮丽情景：透过舷窗看到了烟雾，然后又看到了火焰，颜色极其壮观，有红色的、金黄色的、蓝色的，同时还伴有“噼啪”声，而这时飞船内温度却始终维持在正常水平。

烧蚀材料有的是有机和无机材料的复合材料，有的则是无机材料的复合材料，但都含有纤维材料。这是因为飞船或导弹头部高速冲入大气层时，除掉高温高热外，还有速度快得可怕的气流从它表面上冲过去，就是所谓超高速超高温气流冲刷，纤维能起到一种像骨架那样的补强作用。烧蚀材料中的有机树脂则由于易产生升华，所以是一种飞船常用的能消耗大量热量的材料。洲际导弹进入大气层速度更快，对烧蚀材料的要求更高。

航天器的防热“头盔”的厚度要恰到好处。太薄了，在通过大气层烧蚀时会烧穿，造成船(弹)毁人亡的严重后果；太厚了，重量增加，减少了航天器的有效载荷。因此，防热“头盔”的厚度和重量要通过大量实验的热计算，进行精打细算地设计，做到“斤斤计较”，因为每增加一份重量，运载火箭的推力就要增加“几十倍”。

（奚同庚）

宝石世界

说起宝石，人们立刻就会在脑海中浮现出那些五光十色、晶莹璀璨的颗颗小玩意儿，要知道在世界上已经发现的2 000多种矿物中，仅有少数几十种矿石能切出宝石来。由于宝石的瑰丽、稀罕、珍贵，古代人们曾把它看作是伟大、神秘力量的源泉，以至把宝石佩带在身上，作为克邪护身的法宝。宝石还是一种艺术珍品，与古董、钱币、邮票一样备受收藏家的宠爱，当然更多的宝石是作为装饰品而存在的。随着人造宝石技术的发达和人们生活水平的提高，宝石除了制作传统饰品外，现在甚至连钢笔套、别针、眼镜框架、领带夹针上都要镶嵌几颗宝石。

硬度是宝石最基本的条件，如果宝石太软，就很容易擦伤，甚至被破坏。享有"宝石之王"美称的金刚石就是因为它的硬度在迄今发现的矿物中是绝对的冠军。不言而喻，宝石的颜色也是十分重要的，有时两颗宝石就是因为颜色的差别，可使它们的价值有天壤之别。颜色是由于材料对光的吸收的不同而形成的，阳光是由红、橙、黄、绿、青、蓝、紫七种颜色的光混合而成的，阳光射入红宝石时，其中的蓝黄绿等颜色光被它吸收，剩下的红光射入人们的眼中而使人感觉到红色。无色宝石不吸收射入的光，金刚石就是一种无色宝石。有时，由于宝石中含有各种杂质而使它着色，例如水晶就有绿色、紫色、棕色等多种颜色。

红宝石和蓝宝石饰品

从矿中开采出来的宝石，必须经过精心加工，才能成为漂亮的装饰品。对于无色宝石来说，它的加工尤为重要。例如金刚石俗称钻石，它的身价昂贵，除了上面讲的"坚硬无比"之外，就是它的五光十色。光学上有一种叫做色散的现象，例如一束白光通过一个玻璃棱镜后，分成了红、橙、黄、绿、青、蓝、紫七道光，这就是色散现象。经过特殊的设计和琢磨，将钻石表面加工成许许多多小面，光线射入钻石后，就会出现很强的色散现象，因而人们就看到了五颜六色。金刚石之所以光耀夺目是因为它有很强的折光本领，光线射入金刚石后经过折射，强烈地作用于人眼，人就看到了它璀璨夺目的光彩。目前，宝石的加工技术已经达到了登峰造极的地步。利用电脑控制的全自动设备按预先设计的图案，在一颗小小的钻石上竟然能奇迹般地加工出一百多个小面。现在，连不太昂贵的宝石也普遍采用这种刻面技术，使宝石更加惹人喜爱。

有色宝石头饰

随着人们生活水平的提高，自然界埋藏的宝石远远满足不了人们对装饰的需求。早在 17 世纪，科学家们就开始对各种各样的矿物进行了研究，并在实验室里模仿各种地质成矿条件，进行人造宝石的研究。在人造宝石的大家庭中，最早问世的是红宝石。1900 年法国化学家维纳尔发明了生成红宝石的技术，图 1 是他最早使用的炉子，图 2 是这炉子的示意图。上方料仓中的氧化铝粉经敲击落下，经氢氧焰高温熔化后，滴落在下方的支座上冷却析晶，就得到了红宝石。现代人造红宝石的生产仍沿用着这种古老的工艺原理，当然生产控制是很自动化的。人造红宝石的性质与天然红宝石没有多大差别，单凭肉眼是很难鉴别的。与此同时，人们还培育出了白宝石、尖晶石等宝石。白宝石与红宝石都是氧化铝单晶体，只是红宝石中含有少量的铬，使它变成了红色。

天然的金刚石是很少的，更不用说是大颗粒的金刚石了。19 世纪初，意大利佛罗伦萨科学院的几个院士打算用放大镜对它的折光性能进行研究，当聚焦后的太阳光照到金刚石上时，突然冒出一缕青烟，转眼间金刚石就不翼而飞了！后来才弄明白，金刚石是地壳内部的碳在高温高压条件下经过漫长岁月而变成的。经过科学家们的努力，1955 年美国一家公司宣布在高温超高压设备中合成出了人造金刚石，它的硬度和发光本领与天然金刚石一样，但当时得到的人造金刚石的颗粒是很小的。现在虽然细颗粒人造金刚石的生产技术已经成熟，但由于生成大颗粒人造金刚石的技术要求高，难度大，得率低，所以大颗粒的人造金刚石的价格也十分昂贵。

宝石级的金刚石的制造十分困难，所以人们一直在寻找金刚石的代用品。20 世纪 80 年代，前苏联科学家发现了一种以氧化锆为主要成分的人造宝石，他们在实验室里模拟火山喷发的装置，在 3 000 ℃温度下，使锆和其他组分生成化合物，然后逐渐冷却得到了氧化锆宝石。这种氧化锆宝石的光学性质与金刚石十分接近，色散本领比金刚石还好一点，硬度虽不及金刚石，但也不软，特别是价格较便宜，所以很受人们欢迎。

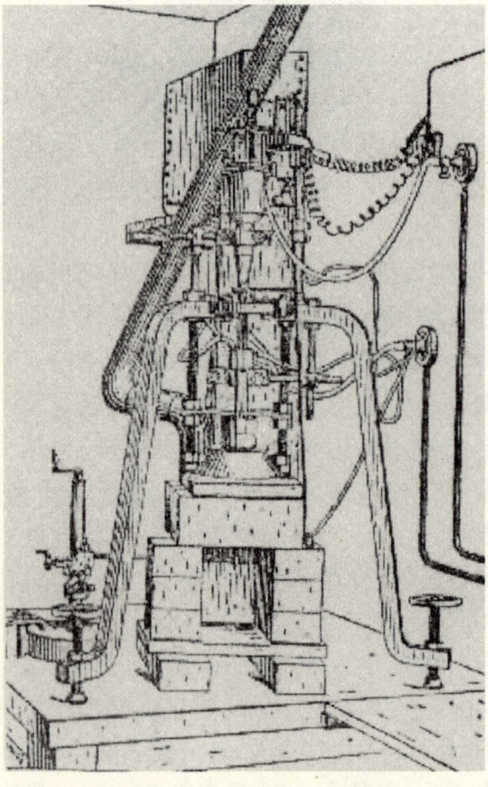

图 1　维纳尔最早使用的焰熔炉

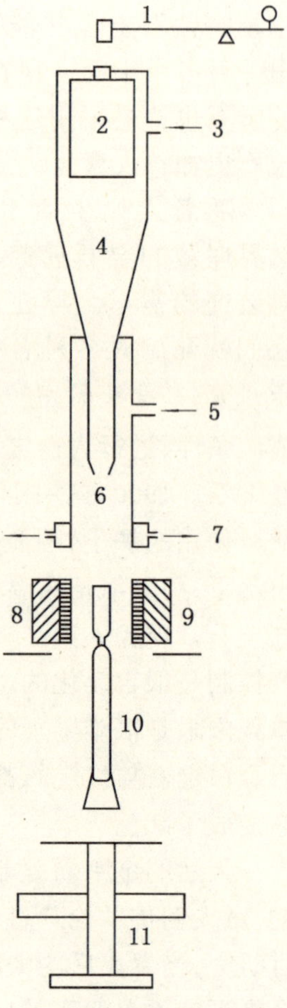

图 2　维纳尔焰熔炉示意图

在宝石制造过程中，人们还想方设法做成不同颜色的宝石，即在制造人造金刚石时，掺入不同的元素以使无色的金刚石着色。如掺氮会得到绿色金刚石，如果掺入的氮的浓度低时会得到黄色的金刚石，掺入硼则得到蓝色的金刚石。此外，还可将天然宝石进行“改造”，以提高它们的身价。例如将天然出产的色泽较差、品位较低的氧化铝宝石掺拌一定量的硼酸盐或磷酸盐，经高温处理，就会得到色彩十分鲜艳的价廉物美的宝石，受到人们的青睐，成为市场上的抢手货。天然无色水晶经高能射线辐射，可得到紫色水晶、玫瑰水晶等，它们都是很贵重的宝石。

除了上面提到的红宝石、金刚石、氧化锆宝石以外，还有像蛋白石、天青石、绿柱石、翡翠等，随着宝石合成技术的发展，其中不少也都能用人工方法制造出来了。

人造宝石是一大类用于装饰的人工晶体的总称，实际上它们还具有许多优异的光、电、声、磁等性能，因而在现代科学技术中有着广泛的应用价值，是发展激光、电子、信息、通讯、航空航天等高新技术不可缺少的重要材料。

（李培俊）

人工宝石

人工宝石：完全或部分由人工生产或制造，用做首饰及装饰品的材料统称为人工宝石。包括合成宝石、人造宝石、拼合宝石和再造宝石。

1. 合成宝石。完全或部分由人工制造，且自然界已有已知对应物的晶质体或非晶质体，其物理性质、化学成分和晶体结构与所对应的天然宝石基本相同。如合成水晶等。

2. 人造宝石。由人工制造，且自然界无已知对应物的晶质体、非晶质体称作人造宝石。

3. 拼合宝石。由两块或两块以上材料经人工拼合而成，且给人以整体印象的珠宝玉石称作拼合宝石，简称拼合石。如拼合欧泊。

4. 再造宝石。通过人工手段将天然珠宝玉石的碎块或碎屑熔融压结成具整体外观的珠宝玉石。如再造琥珀、再造绿松石等。

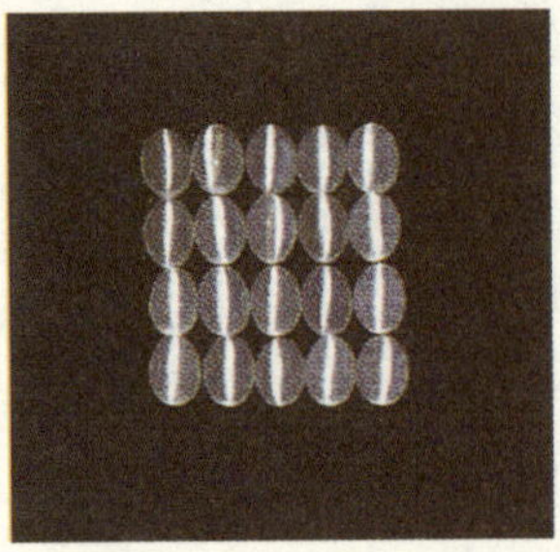
月光石

黑星石

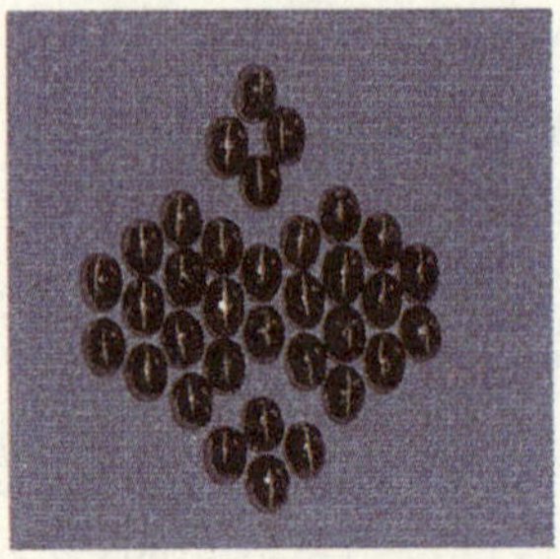
星光顽辉石

星光蓝宝石

彩虹月光石

磷灰石猫眼

桂晶石猫眼

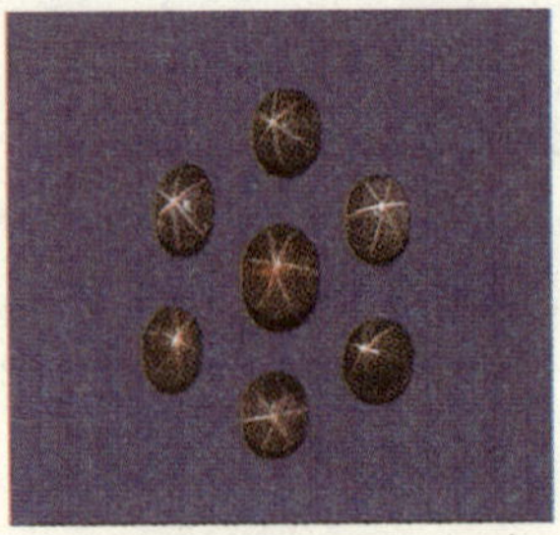
星光红宝石

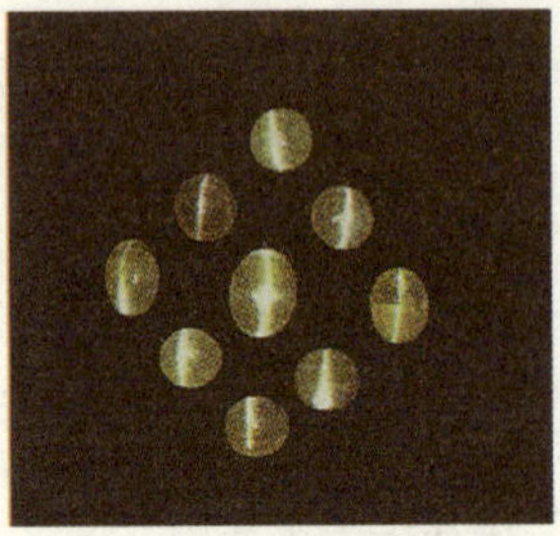
猫眼闪光

石英猫眼

透辉石四射星光

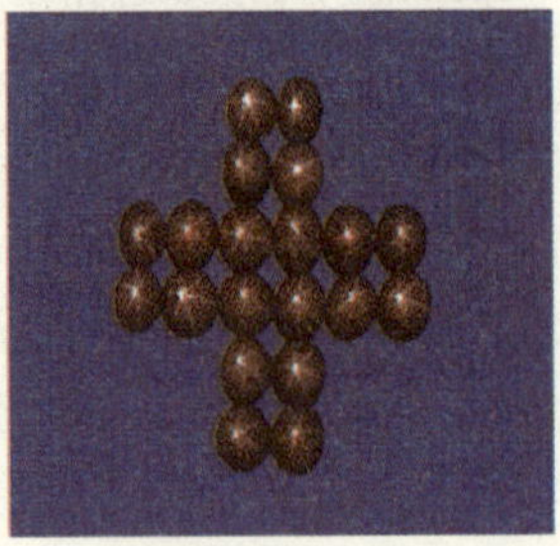
星光红宝石

宝石的“猫眼闪光”和“星光”

人工晶体家族中的新宠儿——闪烁晶体

新技术的飞速发展，要求具有各种性能的晶体材料，而自然界蕴藏的晶体不论在质量上、数量和品种上都满足不了需要，因此科学家就模拟自然界的成矿条件，采用人工方法来培育晶体，这就叫做人工晶体。

人工晶体种类繁多，真是五花八门，这里要介绍的，是近年来日益受到人们青睐的一大类晶体——闪烁晶体。

说到闪烁晶体，人们会感到陌生。我们知道，当高速度运动的电子流轰击某些固体物质时，被轰物体能发生一种看不见的电磁波，叫做X光。X光的穿透本领是很大的，无论是人体的组织，还是几厘米厚的钢板，它们都能畅通无阻，因此可用来进行医疗诊断、工业探伤和物质分析等。但从X光管发出的X光，人们是看不见的，可是当它照射到一个荧光屏上就会发出荧光来，这样医生就看到了X光透视人体的情况；同样，质量检验员就可了解到被检物体内部质量有没有问题，这个荧光屏就起到了把人眼看不见的X光转变成看得见的光线的作用。这些能在X光照射下激发出荧光来的材料叫做闪烁材料。当然，闪烁材料除了在X光照射下会发出荧光外，其他像放射性同位素蜕变产生的高能射线如α射线、β射线照射它时也会发出荧光来。人们利用闪烁材料的这种特性做成了测量各种射线的探测器，即当高能射线照射到探测器上后，闪烁材料便发出荧光，射线愈强，发出的荧光愈强，这荧光被光电转换系统接收并转变成电信号，经过电子线路处理后，便能在指示器上指示出来，因此人们将这种探测器比喻为看得见X光和其他高能射线的“眼睛”。

通常应用的无机闪烁晶体材料都是用人工方法培育出来的，种类也很多，从化学成分来讲有氧化物、卤化物等。当然生成出来的晶体还要经过切割、研磨、抛光等加工以后才能使用。

大型集装箱正在接受核探测器检查的示意图

无机闪烁晶体由于具有能探测射线的本领而广泛应用于高能物理、核物理、放射医学、地质勘探、防爆检测等领域，成为人工晶体家族中的新宠儿。

以研究基本粒子为对象的高能物理学家为了探求物质质量的渊源，正在耗巨资建造大型加速器，例如瑞士日内瓦欧洲核子研究中心正在建造的大型强子对撞机，其中央部位叫电磁量能器，是对撞机的“心脏”，它就是采用钨酸铅闪烁晶体做成的射线探测器，共需7万多根大尺寸钨酸铅晶体。钨酸铅晶体受射线轰击后产生的脉冲光寿命非常短，只有几亿到几十亿分之一秒，其抗射线辐射的能力强，所以特别适宜于制造超高速核探测器。

工业用计算机断层扫描技术（工业CT）在工业中的应用愈来愈受到人们的重视，不仅成为工业设备或部件无损检测的新手段，而且正在迈入工业生产过程的在线实时质量监控和工业设备在不停产情况下的安全检查等领域，例如热轧无缝钢管的在线质量监测、发电机组的汽轮机在高温高压运行状态下的安全检查等。工业CT和医用CT的基本结构和原理是相似的，也包括放射源、探测器、电子学系统和计算机系统等，其中射线探测器就是采用闪烁晶体做成的。

在交通运输中，因旅客携带易爆物品酿成惨祸的事故屡有发生，国际恐怖分子用隐蔽爆炸物进行讹诈恐吓、劫持飞机的事件也时有发生，还有不法分子利用集装箱走私武器、爆炸物、毒品、贵金属等活动也日益猖獗，怎样才能及时、准确地加以识别是长期以来困扰人们的一个难题。就拿爆炸物来说，像塑料炸弹之类的甚至可做成薄片，伪装成行李箱的衬板，爆炸物的成分与通常的衣服、塑料一样，都含碳、氮、氧和氢，采用常规的分析探测手段是很难加以区别的，现在人们正在借助核探测技术来解决这个问题。采用的方法是将行李放在中子场中，如果行李中有隐藏的爆炸物，则中子与爆炸物发生作用产生γ辐射，这时由闪烁晶体做成的探测器便会输出信号。此外，也有采用高能γ射线来辐射行李的方法，然后测量透过的γ射线。如果行李中隐藏有爆炸物，则穿透过的γ射线强度大为减弱，通过闪烁晶体做成的γ探测器的探测就能明察秋毫。集装箱在通过安装有闪烁晶体探测器的检查系统时，就不用停车开箱检查，不仅提高了检查的准确性，而且大大提高了通关效率，加快了物流速度，其社会和经济效益都是很大的。

采用无机闪烁晶体制成的γ射线探测器还可用于石油勘探。当钻井找油时，人们根据探测器接收到的来自岩层的地质信息，就可判断有无石油、它的储量以及能否从岩层中开采出来。

从上面谈到的各种核探测技术的应用，人们可以看到它就是凭借探测器中的无机闪烁晶体来感受射线的，因此无机闪烁晶体在核探测技术的推广应用中起着举足轻重的作用，越来越受到人们的重视。

（李培俊）

生物材料探秘

在我们的生活中，有的人口腔中装有假牙，有的人由于各种伤残不得不装上了假肢，甚至进行了关节替换。假牙、假肢、人造关节等都属于生物医用材料。顾名思义，它是指用于生理系统疾病的诊断、治疗、修复或替换生物体组织或器官，增进或恢复其功能的材料。

生物医用材料的历史可追溯到公元前约 3500 年，当时古埃及人就利用棉花纤维、马鬃作缝合线缝合伤口，这些棉花纤维、马鬃可称之为原始的生物医用材料。墨西哥的印第安人则使用木片修补受伤的颅骨。中国、埃及在公元前 2500 年前的墓葬中就发现有假牙、假鼻、假耳。其实，人类很早就用黄金来修复缺损的牙齿。文献记载，1588 年人们就用黄金板修复颚骨，1775 年就有用金属固定体内骨折的记载，1800 年有大量有关应用金属板固定骨折的报道，1809 年有人用黄金制成种植牙齿，1851 年有人报道使用硫化天然橡胶制成的人工牙托和颚骨。

现代社会，随着人口老龄化的趋势越来越严重，以及工业、交通、体育等导致的创伤逐渐增加，人们对生物医用材料及其制品的需求越来越大，生物材料在我们的生活中扮演着越来越重要的角色。

生物陶瓷是生物医用材料的重要组成部分，在人体硬组织的缺损修复及重建已丧失的生理功能方面起着重要的作用。早在 1808 年，人们已将陶齿用于镶牙。1892 年权斯门发表了第一例临床报告，使用熟石膏作为骨的缺损填充材料，这是陶瓷材料植入人体的最早实例。20 世纪 60 年代和 70 年代是生物陶瓷材料研究比较活跃的一个时期。其间，1969 年美国佛罗里达大学的亨西教授，成功地研制了一种生物玻璃，可用于人体硬组织的修复，能与生物体内的骨组织发生化学结合，从而开创了一个崭新的生物医用材料的研究领域——生物活性材料。20 世纪 70 年代以后，人们又对人体可吸收陶瓷——磷酸三钙进行了大量研究，现在已成功应用于临床。目前，生物陶瓷材料已广泛用于人工牙齿(根)、人工骨、人工关节、固定骨折用的器具、人工眼等。

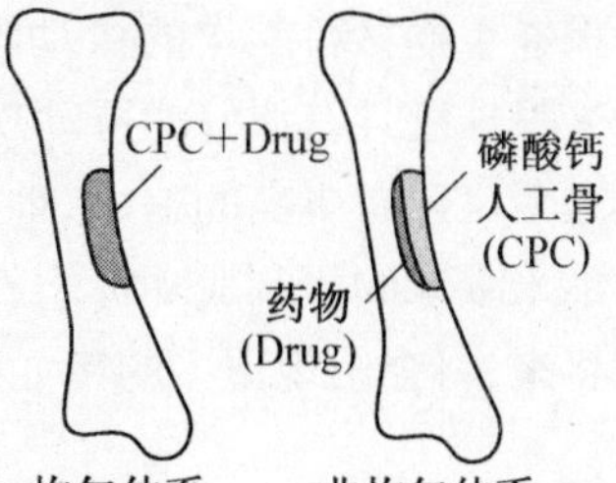

谈到生物医用材料，羟基磷灰石是生物陶瓷的典型代表，它是人体自然骨和牙齿中的主要无机组分。在骨质中，羟基磷灰石大

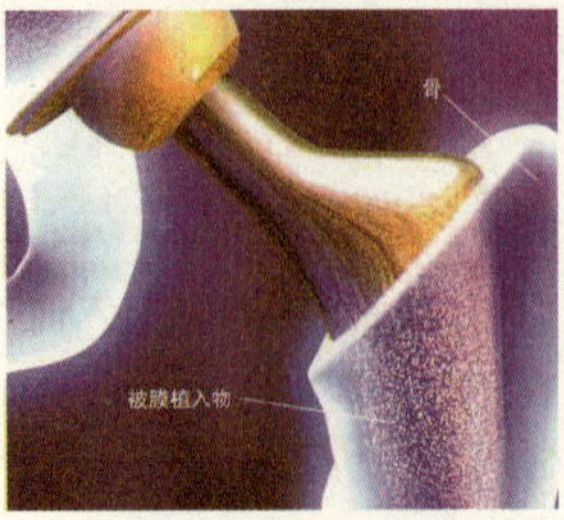

表面为纳米粒子膜的人造髋关节

约占 60%，它是一种长度为 20～40 纳米、厚度为1.5～3 纳米的针状结晶，其周围规则地排列着骨胶原纤维。齿骨的结构也类似于自然骨，但齿骨中羟基磷灰石的含量高达 97%。

羟基磷灰石属磷酸钙基生物陶瓷，早在 1871 年就已被人工合成，但由于技术限制，直至 1971 年才有羟基磷灰石生物陶瓷的成功报道，并迅速扩大到临床应用。

羟基磷灰石生物陶瓷具有良好的生物相容性，植入体内不仅安全、无毒，还能传导骨生长，即新骨可以从羟基磷灰石植入体与原骨结合处沿着植入体表面或内部贯通性孔隙攀附生长。另外，羟基磷灰石对大部分人体蛋白质具有亲和性，在水溶液和体液中能保持稳定。但是，任何一种材料都不是完美的，羟基磷灰石也是如此。由于它韧性较低，抗疲劳强度差，因此目前也仅限于不承受重力的部位。

纳米技术的兴起为材料的发展注入了新的活力，也为羟基磷灰石的发展开拓了新的天地。通常意义上的纳米材料指的是颗粒尺寸为 1～100 纳米的粒子组成的新型材料。由于它的尺寸小、比表面大及量子尺寸效应，使之具有常规粗晶材料不具备的特殊性能，在光吸收、敏感、催化及其他功能特性等方面，展现出引人注目的应用前景。纳米技术与生物材料的结合便产生了纳米生物材料。据报道，在我国，有一种全新的骨置换材料将取代现在冰冷的金属和脆弱的塑料等材质，用几乎可以以假乱真的效果为病人送去福音，这就是纳米人工骨。纳米人工骨是用具有纳米晶粒尺寸的羟基磷灰石和胶原蛋白等有机材料复合制成的，目前这一技术具有世界一流水平，其成果已通过我国高新技术项目验收。专家认为，这种纳米材料在生物活性、柔韧性以及强度等方面都和人体组织接近，今后将在颅骨、脊椎骨、颌骨、肋骨、髂骨、关节及喉管支架、穿皮器件与修复领域有着十分广阔的应用天地。

目前纳米人工骨材料正被研究用于制作人工眼球，并且有了良好的开端。经动物实验证实，这种用纳米生物活性材料制成的可动眼球外壳，完全能和组织相容，并能与肌肉血管紧密地生长在一起。与这种材料相比，用陶瓷生物材料制作的可动眼球外壳太脆，金属材料又太硬了。可以肯定，纳米眼球已具有很好的可动功能，如果仅用于美容，这种眼球已相当成熟了，但医学家还有更高的追求，他们正在为达到可视的境界而不懈努力。纳米骨、纳米眼球的研制成功标志着纳米技术在生物材料上的成功应用，相信不久的将来，将会出现更多的诸如纳米皮肤、纳米假牙、纳米食管等新产品。

（赵　莉）

PTC 半导体陶瓷——暖风机的“心脏”

人们冬天取暖常用到 PTC 暖风机，夏天晚上用到 PTC 电热驱蚊器，这两个产品中的心脏部件均为 PTC 半导体陶瓷。常见的暖风机有 3 种类型：电阻丝加热、石英管红外加热、PTC 陶瓷热风机。PTC 暖风机主要优点是：没有明火、不消耗氧气、不会过热、节能。它的热效率很高，可达到 96%，而电阻丝及石英管则分别为 60%及 40%。最近，为了节能，有报道，上海将在广泛使用的饮水器中用 PTC 加热器，以达到节能的目的。PTC 陶瓷的特性中，有一个看来很简单的电阻温度特性，如图 1 所示。

在室温附近它为半导体，电阻很低，电子可自由流动和迁移，当加上电压 V 后，就产生电流 I，其发热功率＝V×I，通过不断加热，温度上升到一个转折温度 Tc 处(Tc 称作居里温度)，这时材料本身的电阻突然猛增几万或几十万倍。从图 1 可见，像突然耸起的山峰一样，这时电子流就遇到很大的阻碍，由于电阻很大，使电流或加热功率迅速下降为极小值，发热体将降温冷却。当冷却至温度低于 Tc 时，电阻又变小，电流及功率又增大，使发热体再次恢复升温。这样往复变化，最后达到平衡温度(通常 220～240 ℃)。PTC 陶瓷在

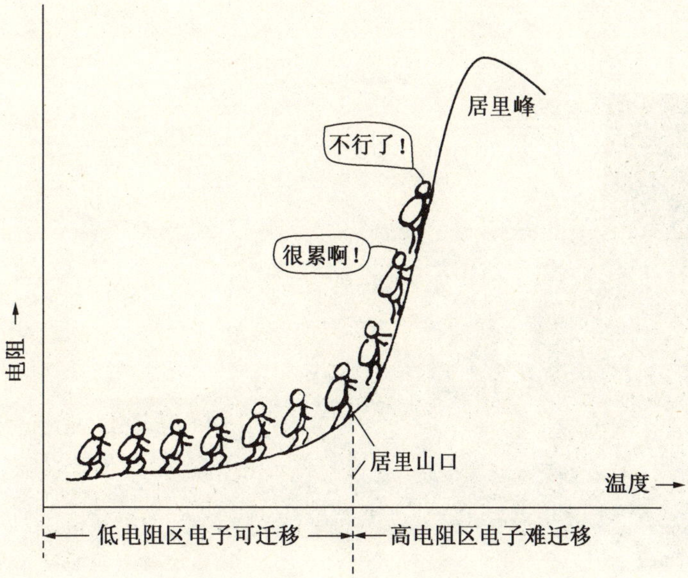

设电阻的大小，相应于地平的高低，在居里山口以上，山道变得渐陡，随着温度升高，山愈来愈高，爬山者背了负荷，感到很难攀登

图 1 PTC 陶瓷的电阻-温度关系曲线

Tc 以下的温度区内为低电阻,是很好的发热体;超过 Tc 温度,它就出现高电阻,使温度不能过热,起一个控温开关的作用。所以 PTC 陶瓷既是一个发热体,又是一个控温器,即:PTC 陶瓷＝发热体＋控温器,它对环境温度及外加电压的高低均可响应:当环境温度高时它供热少,当环境温度低时它供热就多,即按需供热。当外加电压低时,它电流大,电压高时则电流小,因而使用的电压范围很宽,110～220 伏均可。

PTC 陶瓷在 Tc 温度以上的温区,电阻会逐渐增高的效应称为 PTC 效应(英文含义:正温度系数)。为什么在 Tc 附近温度时,电阻会突然猛

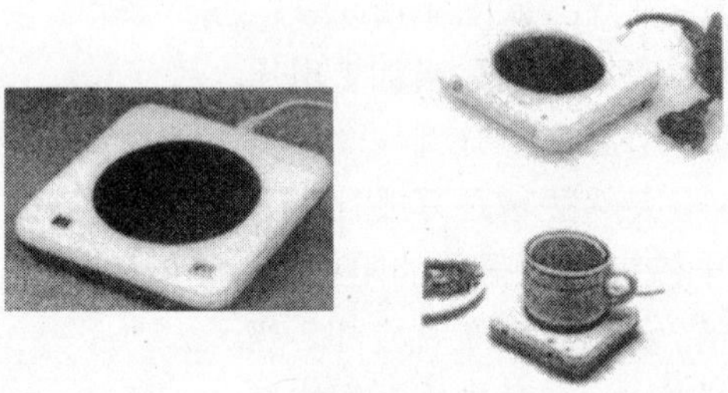

保温热碟

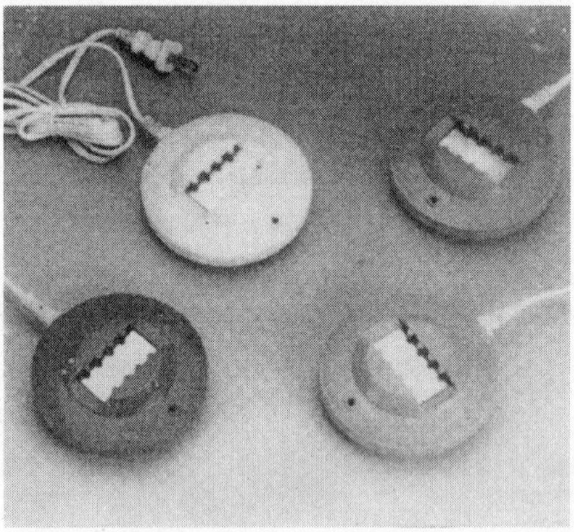

驱蚊器

暖风机

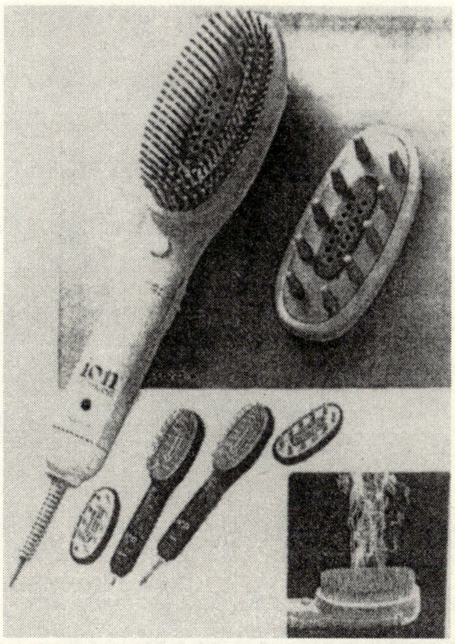

蒸汽木梳

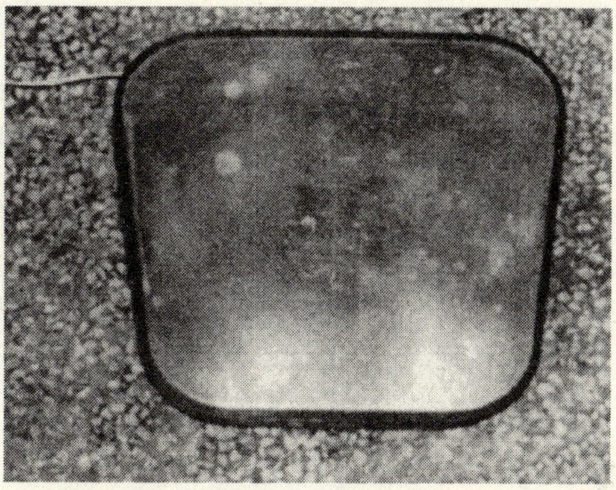

PTC 暖脚脚踏板

图2 几种 PTC 产品图

增呢？这是由于在 Tc 温度附近，材料发生了晶型转变（相变）：从低温的四方晶型（半导体），变成高温时的立方晶型（绝缘体），就像冰在 0 ℃转变成水一样，也是一种相变。

利用 PTC 效应可发展许多方面的应用。

除暖风机外，北方地区天气寒冷，许多超市或店铺门口，常采用热风门帘以隔开寒风，这就可用 PTC 散热器，其功率可达十几千瓦。其他的加热应用：保温热碟，茶杯或牛奶放在热碟上，可以保温且不需要很大的功率。驱蚊器也是利用 PTC 加热器，使驱蚊药片或药水受热，按一定速率挥发，功率仅 5 瓦，即使在早上忘记关电源，也不会发生危险，这充分说明其安全可靠性。保温饭盒可为室内外车船上的工作人员或学生，供应温热食品。

生活中，人们离不开电冰箱及空调器，这类设备中均用到压缩机，它们要不停地启动及停止。启动时要求大的启动电流和启动转矩，当启动后进入正常运行时，则该电路应断开。开启和断开的动作须往复循环许多万次，利用 PTC 马达启动器即可完全满足要求，动作达数十万次。人们在享受空调及电冰箱时，PTC 元件正在日日夜夜地为您服务。

电视机中的鲜明色彩是由电子束的偏转完成的，但如外部有杂散磁场，就会影响电子束，使彩色及图像扭曲。利用 PTC 消磁器所提供的大冲击电流，就可消除杂散磁场，所以电视机开机时均离不开 PTC 消磁器。

电话线路中，当遇到意外短路或雷击时，会产生强大的感应电压。有时由于高压线碰上电话线等情况，均会产生过电压或过电流，损毁程控交换机电路，使通讯中断。当引入 PTC 限流器及变阻器后，如发生过压过流时，它的电阻立刻猛增，使电路中断，从而保护电路不受损伤，故障过去后它的电阻立刻下降，从而恢复通路。不像保险丝损毁后，要在复杂线路中寻出损坏的保险丝进行调换，非常繁复而费时。

美发、美容是女同胞日常生活中的重要内容，PTC 卷发器及烫发器因具有恒温发热、不伤头发、使用安全的优点而受到广泛欢迎。一种面部桑拿浴器用 PTC 元件加热水，形成蒸汽，用来蒸熏面部皮肤，使面部血液循环加强，消除毛孔污垢以美容。如在水中加入药剂，还可达到保健作用。利用类似原理，日本松下公司制成了蒸汽木梳，梳理头发时可护理头发，已大量销售。

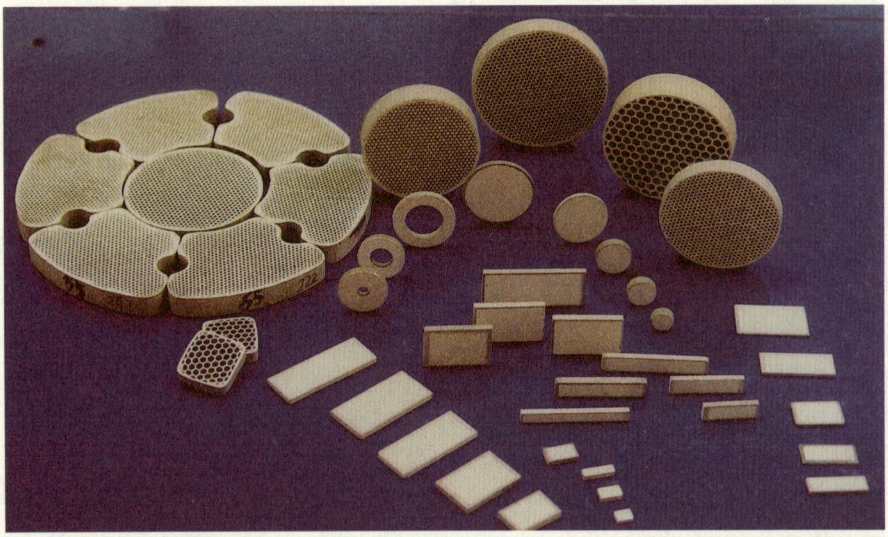

各种 PTC 发热元件（中国广东龙基公司）

（祝炳和）

奇妙的压电陶瓷

什么是压电陶瓷呢？可以用生活中比较常见的压电打火机来说明它。压电打火机中用到两粒柱状压电陶瓷(Φ2×4毫米)，当人们使用打火机时，弹簧力施到压电陶瓷上，就产生电荷，形成高电压。这种瞬间高压，通过电路中的间隙时，就会高压放电而发生电火花，从而点燃气瓶中的易燃气体(丁烷)。家庭中煤气灶点火，也常用压电点火。这种压力所产生的电压很高，例如500千克/平方厘米的压力，可形成5～15千伏/厘米的电压。

这种能在压力作用下产生电荷的陶瓷，称为压电陶瓷。压力产生电荷的效应，称正压电效应。而反过来，施加电讯号，陶瓷中也会产生机械振动，称之为逆压电效应。因此压电陶瓷可做成换能器，通过它可以把机械能变成电能，也可把电能变成机械能。为什么向压电陶瓷施加压力就能产生电？因为当无外力作用时，材料内的正负电荷中心是重合的，正负电荷抵消，故材料整体不显带电。但当施加压力时，材料会发生形变，使正负电荷中心不重叠，从而引起材料表面带电：一面带正电，另一面带负电。

利用上述的压电效应，可开发很多应用。前述的压电点火，还可用作引信引爆。作战中反坦克火箭中，希望弹头一碰到坦克钢板就立刻爆炸，而不应该落地后再爆炸(但通常的引信常延时爆炸)。利用压电引信可瞬间爆炸。在珍宝岛战役中，40火箭筒中就应用了压电激发装置及压电引信，40火箭筒曾大批生产，为保卫边疆立下了汗马功劳。民用方面，我国的压电打火机产量已压倒日本，居世界前列。

在大气中，人们依靠无线电波(雷达)进行通讯，然而在水下或地层中，无线电波的波长较短，频率较高，易被吸收而衰减，故无法使用。而声波或超声波的频率较低，波长也较长，因此衰减比较少，可传播很远。利用压电陶瓷做的声纳系统用于水下侦察，好比千里眼、顺风耳：当发出声讯号，接收回波，就可判断目标的远近和方位，能进行水下通讯、导航、侦察、探雷等工作。在海岸安装声纳阵列，就可了解水下敌情，对广大海域内的水下动静了如指掌。早些年，我

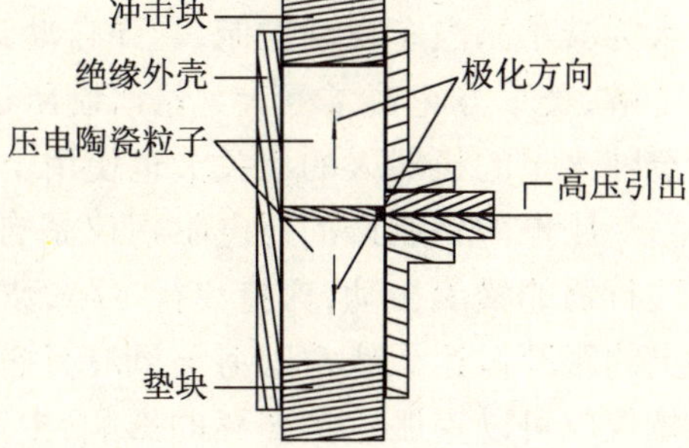

点火压电元件安装示意图

国渤海渔民曾发现海面上有漂浮电缆，后来才知道是敌方潜艇进入了我海域。当我海岸安装了声纳站后，敌潜艇再也不敢闯进我领海了。压电陶瓷做的渔探器，可探测水下鱼群，知道是带鱼还是黄鱼，指导渔民有效捕鱼。压电测深仪可测水深，测地震仪可了解远处地震情况。建造大桥或巨型建筑物常常要耗费巨资，利用压电传感器可以监视它的"健康"情况，并将数据传入远程电脑，做到大桥或大厦有险情时可以"呼救"。测漏仪可检查地下水管泄漏地点。石油勘探中，测井仪可了解地下含油层的位置。我们要看电视，就要用到超声遥控器，它具有控制开关、选频道、变化音量等功能。压电陶瓷做的超声波探头，可发射声波进入人体，接收回波后，可在屏幕上看到软组织图像(肝、心脏、胎儿等)。还可做成血压计、心音计、脉象仪等。稿子写好后要打印，就要用到喷墨打印机。这是利用打印的电讯号脉冲，施加到墨水容器的压电陶瓷片上，使压电片尺寸变化，引起容器体积收缩，从而喷出墨点。

压电陶瓷还可做成话筒，在人讲话的声压作用下，陶瓷内会产生与人声音相对应的电讯号并传输出去。压电元件配上电路，可成为蜂鸣器或电子乐器，产生优美动听的声音。蜂鸣器应用面非常广，产量极其巨大(以数十亿件计)，如电子门铃、新年音乐贺卡等，它可以发送音乐及某些设备(电脑、洗衣机、电话)中的声讯号。最近发展的声音合成器件，工作电压很低，如2.8伏可产生100分贝声压，功耗低，对磁卡无影响，音质优良。可用于对讲机、电子翻译机、立体声系统及手提音频装置。压电陶瓷元件植入人耳，将可能使聋人听到声音，这是上海硅酸盐所和华山医院正在进行的合作科研项目。

人们知道所谓马达就是能将电压输入而产生机械转动的机器。压电陶瓷在电场作用下，可产生机械伸缩，只要通过机械转换，就能使这种伸缩转换成转动或直线移动，这就是压电马达，又称驱动器。它比普通马达具有更多优点：响应快、转矩大、低噪音、易和电脑接口配接实现智能化，利用电池电压就可动作。因此发展了许多应用：照相机自动调节焦距，军用望远镜调焦，高速磁浮列车，微型医疗设备(如三维手术刀，它可使创口大为减小)，汽车自动控制，导弹自动瞄准，导弹飞行时偏角的控制等。据了解，美军方花费了巨大力量研制所谓灵巧子弹，以达到百发百中。此外登陆火星的机器人的手关节也使用上了压电驱动器。

压电陶瓷制造的压电陀螺仪是自动控制系统中的基本元件，能抑制飞行器的横滚振动，保持飞行平稳，波音747等飞机均用过。又例如舰船上的跟踪雷达天线常因海上风浪而摇晃，使跟踪失灵而丢失目标，压电陀螺仪就可以克服这类摇晃的影响，提高各类飞行器(飞机、导弹、鱼雷、大炮)的稳定性,对跟踪的准确性起到决定作用。

压电陶瓷可制成变压器,现代人们广泛应用掌上电脑、手提电脑、数字摄像机等,均希望它们小而轻。这些设备中均用到液晶显示屏,其背景光源的照明电压达到1 000 伏或 500 伏(启动电压及维持电压),要用高压变压器,但普通变压器尺寸既大且重,压电变压器就可满足要求。它还可用于高压电棒、高压防盗、空气清新、臭氧消毒及复印机中的高压。目前压电变压器的世界年产值已达数十亿元。

压电滤波器是利用压电陶瓷的谐振效应,多用于通讯电路中。它只允许一定频段的电波通过,而其余频段的电波则不能通过或完全被吸收。现代通讯电路中缺少它就无法工作,调频及调幅收音机、电视、彩电中均离不开它。

(祝炳和)

系列压电陶瓷元器件及微型元件,大量应用于通讯机及手机中

夜光壁揭秘

你也许看到过北京北海公园内的九龙壁，你也许朗读过“葡萄美酒夜光杯”的绝句。但是，你知道夜光壁吗？就是那种在漆黑的夜晚，表面有着精美艺术纹饰、能朦朦胧胧发光的壁。你听了也许会摇摇头，感到挺新鲜。不过，我要告诉你，那种使我们听了觉得不可思议的夜光壁确实有过，而且远在我国汉朝的古籍里就有了记载。但很可惜，我们现在再也看不到汉朝那种神奇的夜光壁了，它已被历史和岁月所销蚀和湮灭。

科学工作者对有关夜光壁的不多的文字记载，进行了分析、研究和推断，认为夜光壁之所以发光，是由于在夜光壁的表面加有一种含有萤石的无机物质。

萤石是什么？用现代的化学术语来说，萤石就是氟化钙。它有一个奇妙的特性：受热以后就能发射出光来。

夜光壁正是由于含有萤石——我们现代称之为热释光材料，才可能在夜晚闪烁出奇异的光芒。

夜光壁的闻名于世，还包括夜光壁表面的涂层不单纯是保护底坯或底材，防氧化、防腐蚀和防水，也不单纯是为了装饰美的需要，它还是一种有物理效应的发光材料。

随着现代科学技术的发展，发光材料已发展到可由X射线、声、光、电、化学反应能和机械能等激发致光，并成为被应用于液晶显示、等离子体显示和微型监视器等高技术产业的主导材料。

目前应用于可见光显示方面的发光材料主要有电致发光材料和光致发光材料，其中光致发光材料由于不需要特殊的激励场而比电致发光更具优势。如果对发光材料激发的光谱与发光材料发射的光谱均在可见光的波段内(0.4～0.8微米)，那么，当晚上夜幕降临或者照明电突然断电的时候，发光材料就可以将原来蓄积的可见光激发能量转化为可见光发射出去，起到应急的作用。

随着对发光材料研究的不断深入，新型发光材料需要具有寿命长和不易老化、效率高以及余辉时间(即受激励后的发光时间)长等综合性能，在这方面有代表性的是崭露头角的、用铕离子激活铝酸锶系长余辉磷光体材料，它具有亮度高和衰减时间长的特点，各种性能均优于传统的发光材料。而且，该类材料中主要原料之一是稀土，我国稀土储量世界第一，

夜光壁示意图

进一步开发发光材料具有得天独厚的资源优势。目前,已研发成功一系列铝酸锶长余辉磷光体材料,如将其添加到塑料、玻璃、陶瓷和涂料中,就可生产出夜光陶瓷、夜光玻璃、夜光涂料和夜光塑料等多种富有梦幻色彩的产品,这将大大美化我们的生活,把人们带入夜光杯和夜光壁的诗情画意中去。

现代发光材料比古代的夜光壁更上了一层楼,可谓青胜于蓝,但青又出于蓝,夜光壁可谓是现代发光材料的鼻祖了。

(奚同庚)

发光材料原理

发光材料种类不少,其原理也各不相同。夜光壁因受热而发光,属于热释光材料。其实,X 射线、声、各种波长的光、电、化学反应能和机械能都可对发光材料激发致光。例如,作为纸币防伪用的荧光纤维在紫外光下发出荧光,是因为在这种高分子化合物的纤维中,加入了在紫外光下可发出荧光的稀土元素(钪、钇和镧等)的化合物。再如,有一类光致变色的有机材料,在日光和不同光源的照射或加热下,会瞬间由一种颜色变成另一种颜色,或发生颜色深浅的变化。当停止光照或加热时,又会恢复到原来的颜色。它的原理很复杂,简单地说,太阳光由红、橙、黄、绿、蓝、靛、紫等七种色光组成,当光致变色有机材料在光的作用下,其内部结构发生了变化,从而能吸收太阳光中某些波段的色光,余下的色光则被材料反射到人的眼中,从而看到了这几种颜色的光。

神奇的纳米技术和纳米材料

纳米(nm)是一个长度单位,一纳米等于一微米(μm)的千分之一。纳米粒子通常是指粒径小于10～20纳米的颗粒。

纳米技术的研究内容是在纳米尺度上研究物质的特性和相互作用,使人类认识和改造物质世界的手段和能力延伸到原子和分子。纳米技术的最终目的就是直接以原子和分子制造出具有特定功能的产品。纳米技术涉及的学科内容十分广泛,但代表纳米技术主流的只有几项,即纳米材料、纳米电子学和纳米医学。

正如牛顿力学只适用于宏观物体,而高速运动只能用相对论解释,在纳米层次,许多原来在宏观尺度上使用的规律、定理、方式、方法,都将不再适用。物质在纳米层次上表现出许多新的和有大幅度提高的物理、化学和生物特性。因此,人们利用纳米技术可以制造出具有各种各样特异功能的新材料。

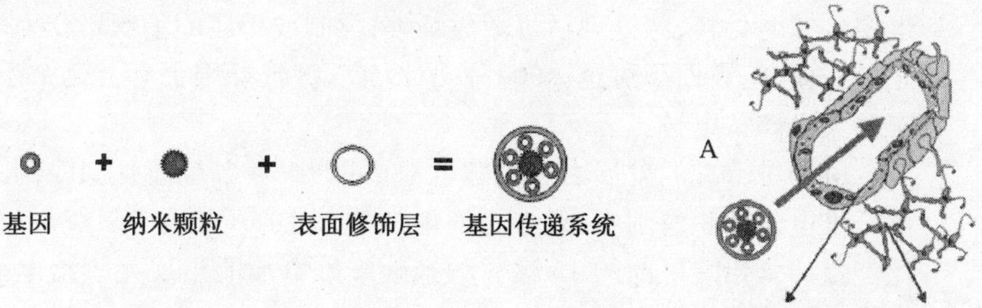

纳米颗粒基因传递系统

例如,在高分子聚合物的氧化、还原及合成反应中,采用纳米铂黑、银、氧化铝、氧化铁等作催化剂,可以显著提高其反应效率。粒径为30纳米的镍粉可以使加氢或脱氢的反应速度提高15倍。这是由于纳米材料粒径小,表面原子数的比例增大。当粒径为10纳米时,表面原子百分数为20%,而粒径为1纳米时,表面原子百分数增大到99%,此时组成纳米晶粒的所有原子几乎都集中在表面上。由于表面原子周围缺少相邻原子,具有不饱和性,易与其他原子结合而稳定下来,故表现出很高的化学活性,这就是纳米催化剂高效的原因。

金属和陶瓷等多晶材料也有类似情况。纳米金属和纳米陶瓷由于晶界比例大大增加,产生了纳米材料的特殊性能。纳米材料和一般材

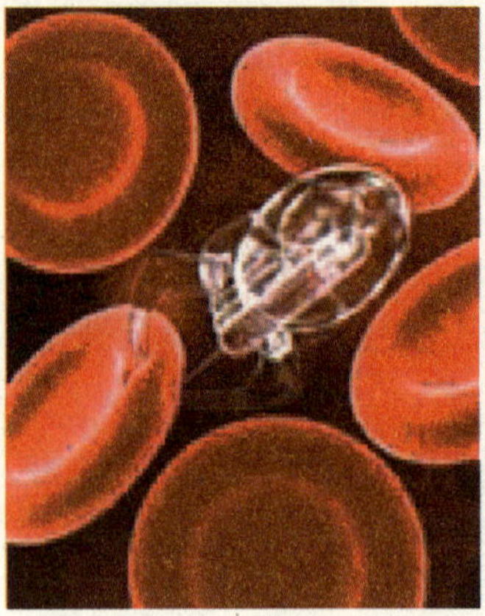

纳米机械人设想

料相比，不仅具有更高的强度和硬度，也具有良好的塑性和韧性。美国成功制备了晶粒为 50 纳米的铜块体材料，硬度比粗晶铜提高了 5 倍。普通陶瓷是脆性的，但许多纳米陶瓷在室温下就可发生塑性变形。

又如，纳米二氧化钛作为防晒剂广泛用于化妆品中。这是因为二氧化钛颗粒吸收紫外线的能力与其颗粒粒度有关，粒径为 20 纳米的二氧化钛吸收紫外线的能力比粒径为 200 纳米的二氧化钛要强得多。

纳米技术的其他应用还有很多。在医药方面，因纳米颗粒比红血球(6～9 微米)小得多，可以在血液中自由运动，因此可以注入各种对机体无害的纳米粒子到人体的各部位，检查病变和进行治疗。很多不溶于水的物质做成纳米粒子后可溶于水，这对发展中药有意义。因为中药之所以难以做成注射剂是因有效成分不溶于水，做成纳米颗粒就能溶于水中。

在能源方面，纳米碳管的直径为 10～30 纳米，长度为 150 纳米，是导电率良好的材料，经处理后可做成纤维，再制成相应的编织布作为电池的正负极板，比表面积可达 2 000 平方米/克，每根纤维上有上亿个小孔，可存储大量离子电量。

电动自行车的发展由于铅酸电池重量大、寿命短而受到限制。纳米碳纤维电池体积特别小，只有普通电池的 1/16，质量是其 1/7～1/10，而比能量却是铅酸电池的 10 倍。纳米碳纤维电池的出现无疑给电动自行车带来新的生机和市场。

汽车尾气排放是城市空气污染的主要来源，因而电动车的开发成为热点。但如采用铅酸电池，一部 1.2 吨重的小轿车，电池重量就要达到 540 千克，一次充电只能跑 144 千米；如用氢镍电池，重量也要达到 450 千克，也只能行驶 210 千米，能源与载重比极不相称。只有采用纳米电池才能产生根本变化。一般电池的比功率只有 60～135 瓦/千克，而纳米电池可达 1 000 瓦/千克以上；一般铅酸电池寿命为 200～300 次，而纳米电池大于 1 000 次。以电动轿车为例，纳米电池一次充电可行驶 483 千米以上，已具备了同汽油竞争的能力，而使用成本只有汽油车的 1/3～1/2，是未来的清洁能源。

纳米电池体积小、质量轻、能量大，可广泛用于微电子学。如外径为 1 毫米、厚度为 3 毫米的贴片电池，可用于电子手表、电子仪器、手机等。

美国制成的能放在人体血管里的超微型马达，装上纳米碳电池可疏通人体血管里的脑血栓。

由于可做成超微型，纳米电池在军事上也有广泛用途，可用于导弹、潜艇、飞机、通讯、雷达、人造卫星等。一个放在项链里的窃听器，电池只有一克重，而工作时间可达两年之久；老式潜艇电池每个重达 1.6 千克、高 1.3 米，采用纳米碳纤维电池后重量只有 177 千克，高 38 厘米；背负式电台，老式的重 7 千克以上，主要重量来自电池，采用纳米碳纤维电池后只有 500 克。

虽然纳米技术的研究和应用还不成熟，离产业化还有距离，但纳米技术无疑将会像信息技术一样对人类生活产生广泛而又深刻的影响。但也应该看到，纳米技术与核技术一样也是一把双刃剑。纳米产品在生产和使用过程中存在安全问题。一些纳米粉体被吸入人体后，将对人的身体产生严重的负面作用。纳米在军事上如使用不当，人类和地球的生态环境将面临一场可怕的灾难。

（林祖镶）

纳米材料

纳米级结构材料简称纳米材料，是指其结构单元的尺寸介于 1 纳米～100 纳米范围之间。由于它的尺寸已经接近电子的相干长度，它的性质因为强相干所带来的自组织使得性质发生很大变化。并且，其尺度已接近光的波长，加上其具有大表面的特殊效应，因此其所表现的特性，例如熔点、磁性、光学、导热、导电特性等，往往不同于该物质在整体状态时所表现的性质。纳米金属材料是 20 世纪 80 年代中期研制成功的，后来相继问世的有纳米半导体薄膜、纳米陶瓷、纳米瓷性材料和纳米生物医学材料等。

灵敏的人工鼻——半导体气敏陶瓷

煤矿矿井发生瓦斯爆炸事故常常给国家、企业和家庭造成重大的生命财产损失。我国是世界上最大的产煤大国，拥有一支全球最大的采煤工人队伍，每年因为瓦斯爆炸所造成的直接损失接近 1 000 亿元，加上间接损失则接近 2 000 亿元。

如果能对这些有害气体做到早发现、早预报，从而将危险消弭于萌芽状态该多好啊！

为此，科学家研制出了专门探测、预报和监控这些有毒、易燃、易爆气体的“人工鼻”。

这种“人工鼻”的学名叫气敏检漏仪，它的“鼻子”是一块“半导体气敏陶瓷材料”。这种半导体气敏陶瓷是用二氧化锡、氧化铁、氧化钨、氧化铝、氧化锌等陶瓷材料经压制烧结而成的。它们通过有选择地吸附气体，使半导体气敏陶瓷的表面状态发生改变，从而引起它的电阻等物理化学性质的变化，以此确定某种未知气体及其浓度。当探测到某种气体时，气敏检漏仪就会自动发出警报。如氧化锌半导体气敏材料可检测氢气、氧气、乙烯和丙烯气体；在半导体气敏陶瓷中掺入铂作催化剂时，可以检测乙烷和丙烷等烷烃类可燃性气体；氧化锡气敏材料可检测甲烷、乙烷等可燃性气体；氧化铱系列材料则是测量氧分压最常用的气敏材料。

应用半导体气敏陶瓷材料制成的“人工鼻”灵敏度非常高，通常对百万分之一浓度的氢气即能显示。此外，这种“人工鼻”还具有响应快、稳定性好等优点，在一氧化碳、乙醇、煤气、苯、烷烃、氢气、二氧化硫等有毒、易燃、易爆气体的检测方面得到了广泛的应用。这种“人工鼻”被普遍应用

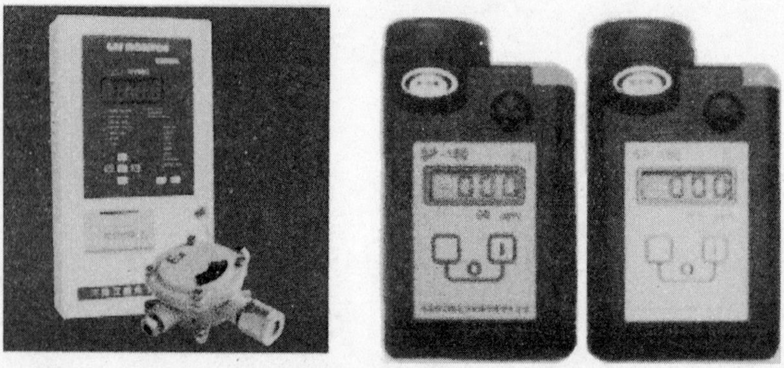

半导体气敏检测仪

于煤矿开采中的瓦斯,煤气输送和化工生产中管道气体泄漏,工厂车间、石油化工厂、造船厂、矿井隧道、浴室、厨房等处的可燃性气体和有毒气体的监测和报警等。

有了这种“人工鼻”,矿井、工厂车间、娱乐场所和家庭再也不用为那些有毒、易燃、易爆气体而提心吊胆了。因为只要空气中这些气体超标,就会发出警报,人们就可以采取通风、检漏、堵漏等措施化险为夷,使生命财产得到保障。

(林开利)

半导体陶瓷

半导体陶瓷是具有半导体特性、电导率约在 10-6～105 S/m 的陶瓷。半导体陶瓷的电导率因外界条件(温度、光照、电场、气氛和温度等)的变化而发生显著的变化,因此可以将外界环境的物理量变化转变为电信号,制成各种用途的敏感元件。半导体陶瓷生产工艺的共同特点是必须经过半导化过程。

半导体陶瓷敏感材料的生产工艺简单,成本低廉,体积小,用途广泛。半导体陶瓷敏感材料有——热敏陶瓷,指电导率随温度呈明显变化的陶瓷,主要用于温度补偿、温度测量、温度控制、火灾探测、过热保护和彩色电视机消磁等方面;光敏陶瓷,指具有光电导或光生伏特效应的陶瓷,主要用作自动控制的光开关和太阳能电池等;气敏陶瓷,指电导率随着所接触气体分子的种类不同而变化的陶瓷,主要用于对不同气体进行检漏、防灾报警及测量等方面;湿敏陶瓷,指电导率随湿度呈明显变化的陶瓷,它们的电导率对水特别敏感,适宜用作湿度的测量和控制。

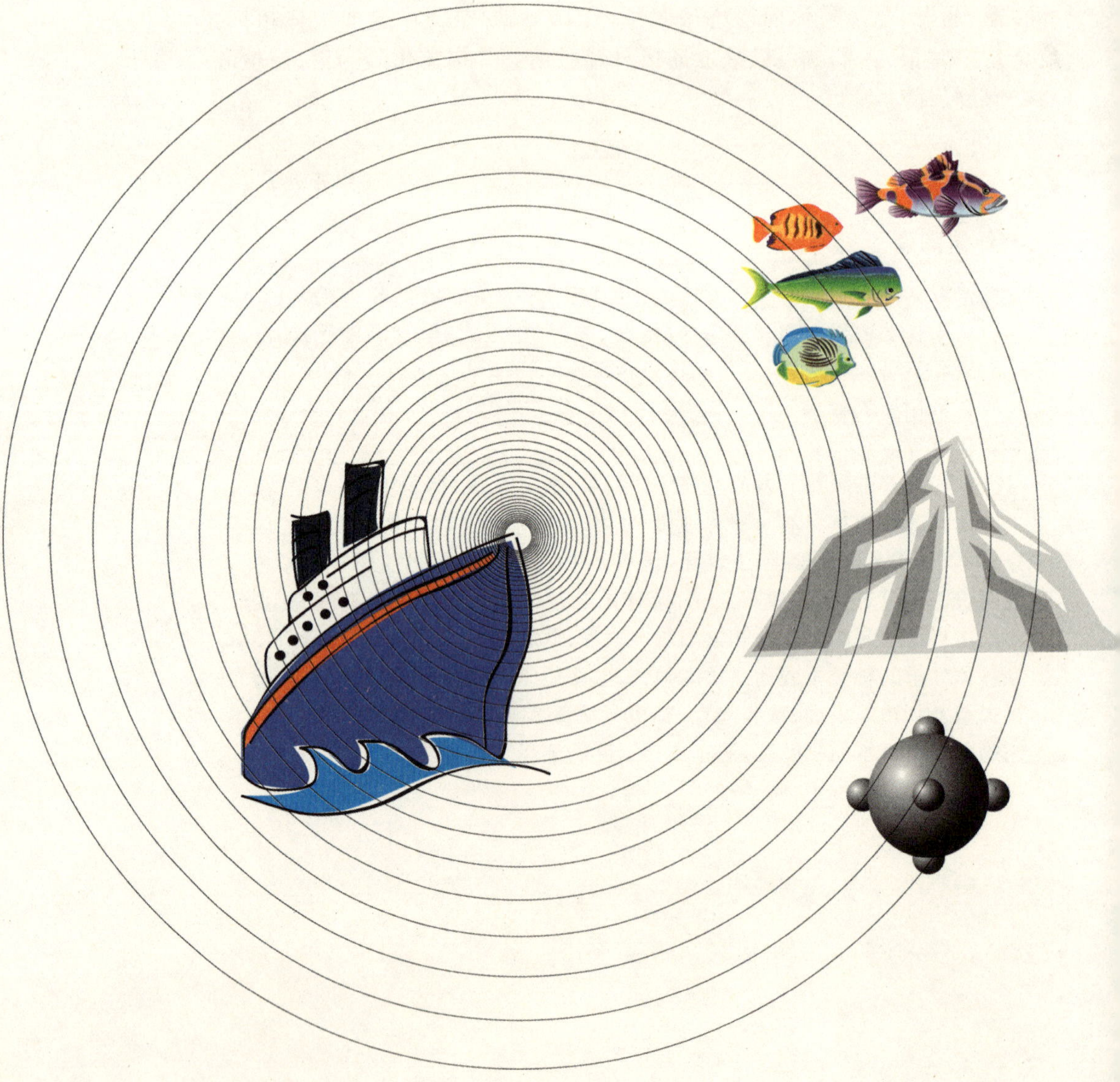

逆压电效应

“泰坦尼克号”海难的启示

你看过《泰坦尼克号》这部风靡全球的描写海难的电影吗？看过很多海洋战争片中令人炫目的潜艇大战吗？你可能会疑惑，“泰坦尼克号”这样一艘号称不沉之船的豪华客轮为什么在撞上巨大的冰山之前没能及早发觉？而在海底战争中，漆黑一片，交战双方潜艇怎么能准确地识别并锁定敌方目标？原因在于，“泰坦尼克号”识别前方物体凭借的是航海员的肉眼，在观察上受天气和海员自身判断力的影响，而军事战争中的潜艇里安装了声纳装置系统，利用声纳技术来辨别水下的物体，准确性高。我们假想，要是声纳技术早已发明并利用，“泰坦尼克号”也许就不会撞冰山而沉没了。

有所失必有所得，人类是聪明和善于吸取教训的。“冰海沉船”是人类历史上一次灾难性的航海事故，正是这次海难促使了人们对海底物体进行探测研究，所以，这次灾难在海洋研究领域中具有里程碑意义。英国气象学家理查逊首先提出可以利用回声来探测水底物体；美国无线电先驱费森顿教授在 1913 年率先通过试验，成功地研究出回声探测技术。利用回声探测技术可以有效地探测出海底暗礁、冰山及水下体积较大的物体，这极大地提高了海洋航行和运输的安全性。在第二次世界大战期间，交战双方共损失了 1 000 多艘潜艇，其中大部分潜艇就是利用声纳技术探测发现的。

声纳技术如此神通广大，它的工作原理是什么呢？我们知道，水是声音的良好传播介质，声波在水中传播的衰减很小，在深海中爆炸一枚几千克的炸弹，两万千米外还可以收到信号。声纳技术利用声波在水中能有效传输这种特性，通过一种特殊的压电材料发射声波，并感应从探测物表面反射回来的声波信号，来对水下目标进行分析定位。压电材料是声纳装置的心脏，压电材料具有压电效应特性，能够实现机械能与电能间的相互转换。压电效应有正、逆之分，正压电效应指的是压电材料在外力(如声波)的作用下可产生电极化现象，逆压电效应是正压电效应的相反过程，表示材料在外加交变电场的作用下能发生伸缩等形变。声纳装置主要就是借用压电材料的正、逆压电效应来实现探测的。声纳装置通过交变电场，利用逆压电效应使压电材料形变振动发射声波，反射回波再经过正压电效应产生电信号进行计算识别，来探测冰山、暗礁、沉船、海深、鱼群、水雷和潜艇等。

人们一般用压电常数、机电耦合系数等来表征压电材料的性能。压电常数的单位是库仑/牛顿(C/N),反映了外力和电场间的关系;而机电耦合系数表示的是压电材料机械能和电能之间的耦合关系,例如某种压电材料的机电耦合系数为90%,说明该材料90%的机械能可转换为电能,而剩余10%的能量耗散损失了。声纳装置一般要求压电材料具有优异的压电常数和机电耦合系数,科学家们一直试图在自然界和实验室寻找或合成电学性能优良的压电材料。天然压电石英(α-SiO_2)晶体早在1916年被用于制作水下发射/接收换能器来探测沉船和海底。第二次世界大战期间,天然压电石英晶体是战略物资,资源稀缺,科学家在实验室通过高温、高压、水热温差等条件成功地合成出了人造石英晶体。然而石英晶体的压电效应很微弱,需要发展性能更加优异的压电材料。过去一段时间应用比较广泛的是锆钛酸铅(PZT)压电陶瓷材料,但该材料也有其缺点,这种材料制造的声纳器件频率高,同时发射功率小,体积大,笨重。低频大功率是声纳装置今后的发展方向,低频可打破敌方舰艇的隐身技术,大功率可探测更远距离的目标,同时体积小,重量轻,可提高舰艇的作战能力。近年来,由美国海军倡导研制的铌镁酸铅(PMN)电致伸缩陶瓷,是一种优良的可潜在地用于低频大功率声纳装置的材料。

和许多科学技术的发展一样,社会的需要和科技的进步促进了声纳技术的发展。声纳技术把材料科学和信息科学及其他学科紧紧地联系在一起,在军事和民用中扮演着重要角色。

(金　敏)

漫话压电晶体

你也许会对“压电晶体”这个名词感到陌生,其实我们日常使用的电子手表里就有它的“身影”。

电子手表的“内脏”最主要的是三件东西:一片大规模集成电路;一只晶体振荡器,它比一般火柴还小;还有一颗小纽扣那样的微型电池。其中晶体振荡器起着像控制人体脉搏跳动的心脏那样的作用。电子手表最让人喜欢的是它走得很准,一年里的误差只有几秒钟,这就是压电晶体——人工水晶制成的晶体振荡器立下的汗马功劳。这就要从水晶晶体的压电特性谈起了。

早在 1880 年,法国科学家居里兄弟首先发现了水晶晶体的压电现象。如果沿一定方向对水晶晶体施以压力,会使相应的两个面上分别带正电荷或负电荷,相反,如果水晶晶体受到拉力时,则所带的电荷符号与受压力时的相反,晶体带电的强弱与所受的机械力的大小成正比,这样就把机械能变成了电能。反过来,如果往水晶晶体上加上电场,则水晶晶体会在一定的面上产生相应的形变,把电能变成机械能,形变的程度和方向随外加电场的变化而变化。

电子手表中的晶体振荡器就是利用了水晶具有的压电现象,把水晶沿特定的方向切割成所需要的尺寸,经过精细研磨抛光,加上电极制成振荡器。由于在这个方向上的振动频率受周围环境温度的影响非常小,很稳定,所以用它做成的振荡元件能在振荡电路中起着控制和稳定频率的作用。这就是电子手表走时准确的奥秘所在。此外,在水晶晶体上还可找到特定的方位,即在这个方向上的振动频率随温度的变化很大,因此如果把水晶沿这特定的方向切割后做成振荡器的话,就能利用这种振荡器把温度信号转变成频率信号,经过处理再用数字显示出来,就成了一个高精度的温度计。

天然水晶外观

压电晶体除了做成振荡器以外,还可以做成滤波器,

人工水晶外观

在电子线路中起到滤波的作用，这些器件大量应用于移动通信设备如手机等。还可以把压电晶体做成电能与机械能之间的转换元件，这种换能元件的应用也是很广泛的，例如汽车发动机内压力的测定、爆炸时冲击波的测量等都是通过把机械能变成电信号来测量的。如果在压电晶体薄片上加上频率为超声波频率的交变电场时，它便会产生超声振动，发出超声波，成为一个超声波发生器，反过来，这个压电晶体薄片又是一个超声波的接收元件。随着超声波技术的发展，出现了许多超声仪器，如材料探伤仪、厚度计、液面计，这些都要用到压电晶体做成的换能元件。

过去，人们都是向大自然索取“水晶”的，这就是天然水晶。可是自然界里的水晶是不多的，根本满足不了日益增长的需要，于是人们发明了用人工方法来培育水晶。人工培育水晶是在一个叫做高压釜的大型钢筒内进行的，在釜的下部放置天然水晶的碎块作为原料，然后放入氢氧化钠和氢氧化钾的混合溶液，框架上挂满片状的籽晶，这框架吊在釜的上部，将釜盖紧后进行加热，加热温度通常为 400 ℃左右，并使釜下部温度比上部高些，釜内压力在 800～2 000 大气压。随着温度的升高，釜内压力增大，在温度和压力的作用下，釜底的碎块水晶逐渐熔解，并达到饱和状态。由于釜内上部温度比下部低，下部的饱和溶液通过对流作用上升到上部而成为过饱和溶液，就能在引入的籽晶上逐渐进行生长。

具有压电现象的晶体除水晶以外，还有许多别的晶体。生成这些压电晶体的方法也各不相同，例如有从水溶液中培育的酒石酸钾钠、磷酸二氢铵等，还有从高温熔体中生长出来的铌酸锂、钽酸锂、四硼酸锂等，它们都获得了广泛的应用。值得一提的是近年来研制成功的 PMZT 和 PZNT 新型压电晶体，由于它们的性能显著优于传统的压电陶瓷而受到人们的青睐。例如在研究材料微观结构的扫描电声显微镜中，采用这种新型压电晶体制成的压电换能器后，其成像清晰程度显著提高，它还可应用于医用 B 超探头，使超声成像更加清晰，从而能观察到以往压电探头发现不了的微小病灶，为发展新一代 B 超装置提供了物质基础。此外，这种新型压电晶

刚从高压釜中吊出的生成好的人工水晶晶体

体可望代替目前常用的压电陶瓷来制造新一代的压电换能器,在海军舰艇的“水下耳目”——声纳中得到应用,从而大大提高舰艇的战斗能力。

(李培俊)

神奇的等离子喷涂人工骨骼

有没有什么办法帮助那些遭受骨骼损伤而难以自愈的人享受健康人的生活呢？许多科学家已经开始探讨研制各种人工骨骼来植入患者的体内。有的研究成果已经开始应用到临床上，取得了令人欣喜的效果。人工骨骼的最大优点是它可以代替已经损坏的人体骨骼，使人重新恢复心灵和身体的健康。

现在，在众多的人工骨骼制造方法中，羟基磷灰石等离子喷涂是最为简单实用的方法之一。

简单地说，羟基磷灰石等离子喷涂是在已有的金属复合材料表面，通过等离子高温火焰喷涂上一层几十微米厚的羟基磷灰石。目前医学界公认的人工骨骼替代材料是金属钛的合金材料和羟基磷灰石材料，但它们各自存在着不可克服的缺陷，使众多的科学家为之苦恼：钛合金材料虽然具有良好的韧性和强度，十分接近生物骨骼的要求，但单纯的钛合金材料所制备的人工骨骼植入人体或生物体后，往往难以产生理想的生物相容性，造成生物体中不同程度的组织反应，如癌变、过敏，甚至产生强烈的排斥反应。在长期的体液环境中，钛合金材料的耐腐蚀性成为一个令人担忧的问题。对羟基磷灰石来说，尽管它的成分和结构与人体的骨组织的

成功应用于人体的等离子喷涂羟基磷灰石人工髋关节

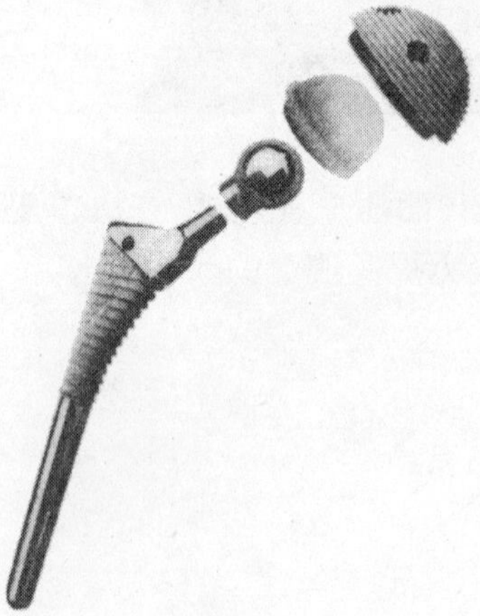

左图：等离子喷涂羟基磷灰石人工髋关节

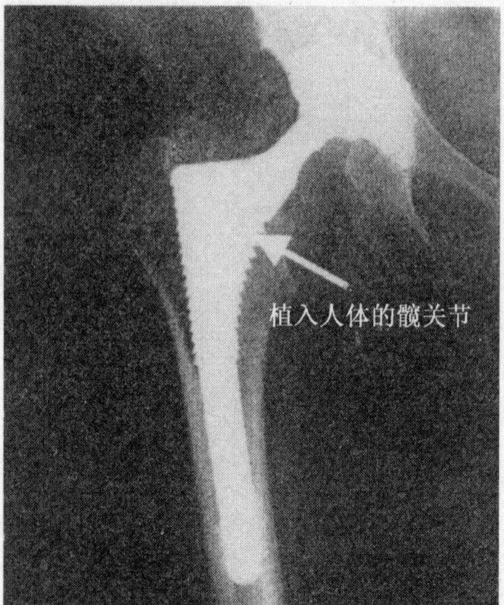

右图：植入人体后的 X 光图片

自然矿物成分一致,具有良好的生物相容性,能与人体骨及骨膜进行有机的骨性结合,不会产生排异现象,而且通过骨传导作用,羟基磷灰石可以与邻接骨组织形成直接的骨性结合。但是,只用羟基磷灰石制备的人工骨材料在人体体液环境下,强度和韧性却不足,难以承受人体的自重,难以满足人体各种运动的需要,因此,始终不能成为人工骨骼的理想替代品,这极大地限制了它在医学领域的应用。

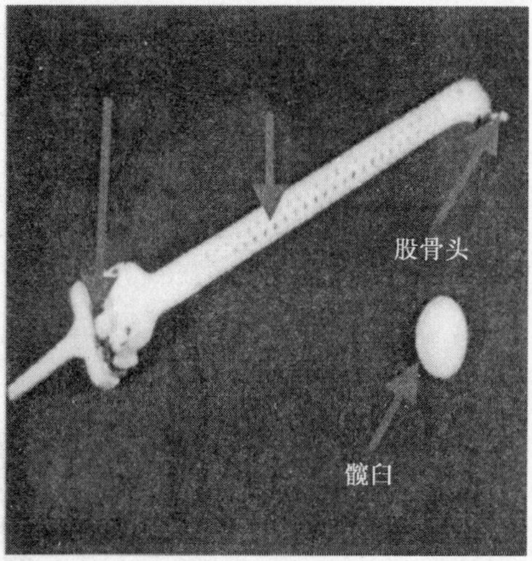

已经商业化的等离子喷涂产品

将以上两种材料的优点结合起来,克服它们缺点的一个行之有效的方法就是等离子喷涂。等离子喷涂是利用电弧等离子发生器,将电能转化为热能,产生 8 000～10 000 ℃的高温,将喷入的羟基磷灰石粉体快速熔化,形成液体或半流态的质点,并以 180～480 米/秒的速度撞击钛合金基体表面,经固化形成羟基磷灰石涂层。这种由钛合金基体和羟基磷灰石涂层组成的人工骨骼材料,可以与人体骨组织进行生物结合,无毒性,不产生有害组织,无炎症无排异反应。研究表明,植入人体后,在体液环境中短时间内就具有较大的附着力,有利于人工骨骼的初始固位,还具有骨传导和骨支撑作用。尤其是新骨组织可以在涂层表面生长并进入涂层的表面微孔中,这使得等离子喷涂羟基磷灰石人工骨骼在医学生物材料的应用上向前迈了一大步。目前,已经在医学领域成功运用的等离子喷涂羟基磷灰石产品有人工髋关节、人工骨柄、骨托等。这些产品的出现,已经成功地解除了许多股骨头坏死病人的痛苦,为人类的健康做出了巨大的贡献。中国科学院上海硅酸盐所等离子组制备的等离子喷涂人工骨件植入人体多年后仍然效果良好,很好地解除了病人的痛苦。

目前，从生物材料的研究结果来看，等离子喷涂法由于简单实用而在生物活性材料领域得到广泛的关注。而且，这种方法制备的产品不断在人体体内成功应用，也促使了对该方法的广泛研究。可以预测的是，在不久的将来，等离子喷涂羟基磷灰石人工骨骼会越来越多地造福于那些饱受骨骼损伤的车祸或战争受害者。

（梁　波　刘宣勇　丁传贤）

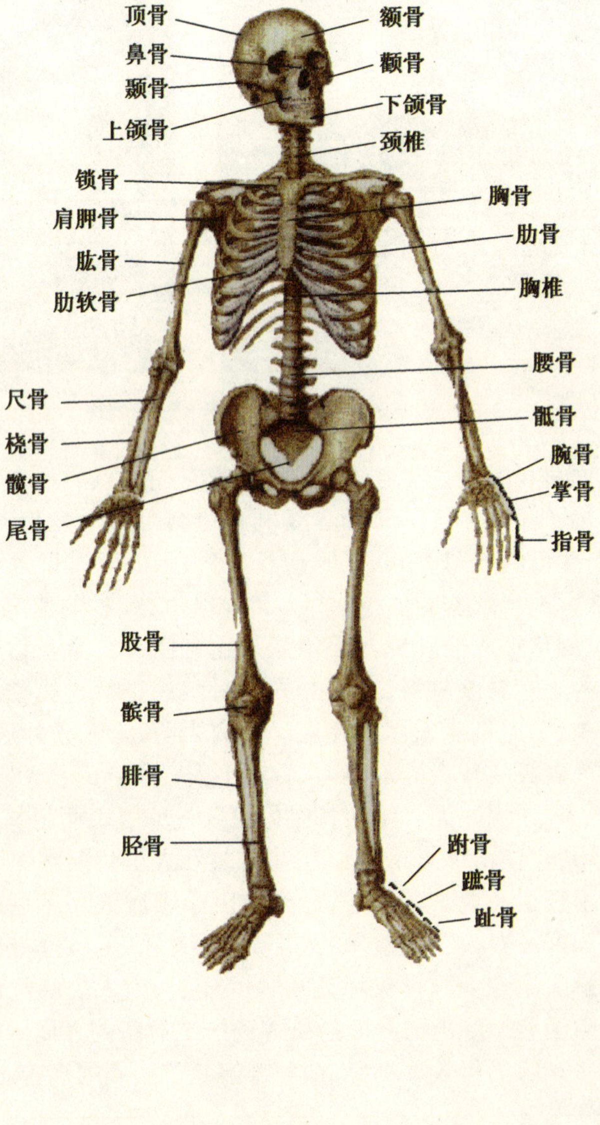

人体骨骼示意图

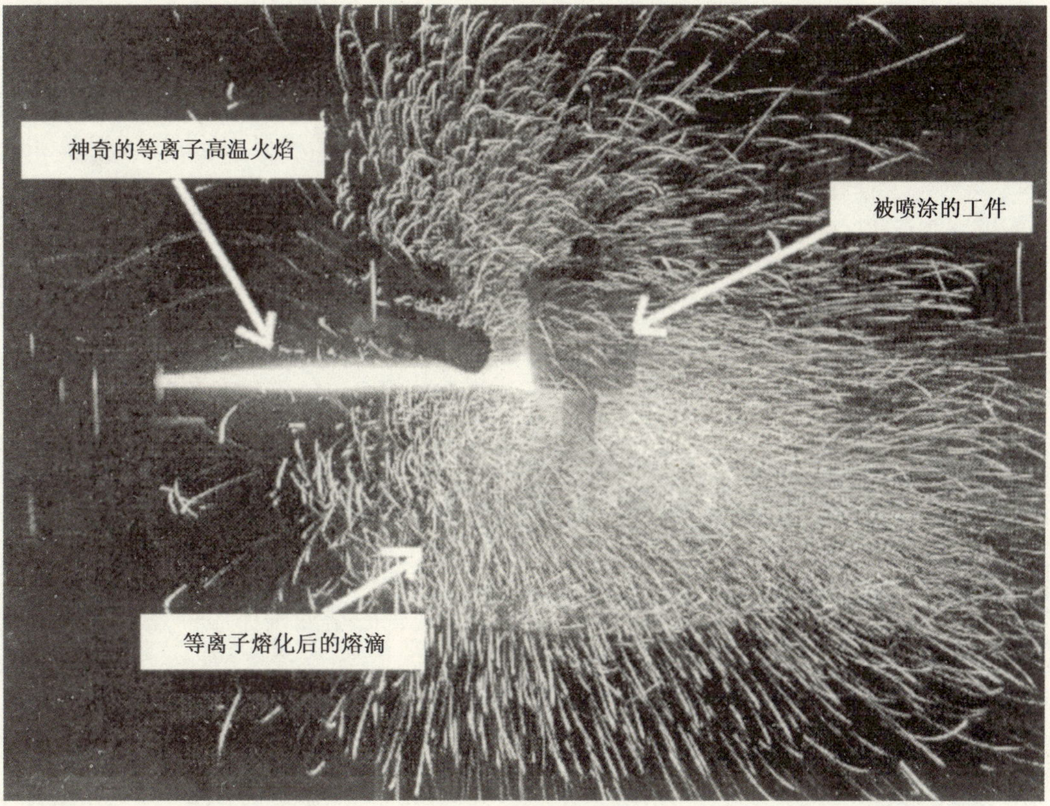

典型的等离子喷涂过程

潇洒一挥铁电 IC 卡

自从我国启动"金卡工程"以来，IC 卡逐渐被人们所接受。那么什么是 IC 卡？IC 卡是含有集成电路（IC）芯片的塑料卡片的简称，它有别于一般磁卡，如银行磁卡。磁卡存在固有的缺点，如卡内的内容易被篡改，系统的安全性较差，多次使用后数据容易损坏，误读率也较高，因而可靠性较差。IC 卡内含有一个微型计算机，能存储代码，具有逻辑运算和数据管理能力，甚至可以把持卡人的指纹、容貌、声音等存进半导体芯片上，以供验证，因而无法伪造和假冒，例如，我国开始换发的第二代身份证卡。此外，采用了加密措施的卡，可做到联机作业时，任何电子设备都无法盗用它的资料。因此，IC 卡在交通、金融、公安、医疗、电信等国民经济各个领域的应用十分广泛，在保密和安全敏感场合的鉴别，更是十分适宜。高级一点的 IC 卡有时叫智能卡。

IC 卡有两种基本形式：接触式卡和非接触式卡。接触式 IC 卡如电话卡、上海出租车龙卡等，在卡片上有一厘米见方的涂有黄金的接触电极。这种卡在使用中有许多缺点，如卡上接触电极点的磨损问题、读卡器接触部分的频繁保养维修以及插卡位置的精度确保等问题。非接触卡 IC 卡，如交通卡、伙食卡等等，卡片表面看不到有任何电气连接，而在卡内加装了一个天线线圈，在一定距离内天线线圈能感应读卡器上发出的射频信号而完成信息传输和处理功能。所以，你只要在读卡器面前一挥就行，操作快捷而方便，设备不需经常维护，因而特别适合于诸如道路收费、地铁交通、空港包裹处理、邮件以及身份识别系统等。现在还正在发展结合接触式卡和非接触式卡优点的双面组合卡，使之兼具安全性和灵活性，既可用作安全性较高的接触式卡，在读卡机上实现信息的读取，又

IC 卡改变了人们的生活方式

可在非接触式读卡机上操作，从而实现应用于银行金融、公交地铁、城市公共事业、身份识别等领域的真正的“一卡通”目标。这样，你身上只要有一张卡就行了，不必带各种各样的IC卡了。

IC卡的核心和关键部件是集成电路芯片，而存储信息的芯片更是关键中的关键，它直接决定了IC卡的信息处理速度、使用寿命及功率消耗等性能指标。以往，IC卡中最常用的存储器是EEPROM（电可擦可编程序存储器）和FLASH（快闪存储器）。20世纪90年代初，一种称作FeRAM（铁电随机存取存储器）的新型存储器问世，由于FeRAM的显著优点，已成为IC卡用最为看好的存储器，得到用户和行业的认可，国际上一些存储器制造商都在大力发展和生产铁电存储器。

铁电体是一种电介质材料。早在1921年，人们在一种晶体中观察到铁电性，它在自然状态下基本晶胞内存在固有的不对称性，分为正极和负极，即具有自发极化特性，加上电压时自发极化会改变方向，如果关断电源，其极化方向也不会改变，这就表明它有记忆本领或存储特性；只有加上反方向电压后，极化方向才能被改变，即原来记忆或存储的东西（数据或信息）被取出或被抹掉了，新的数据或信息又可被存储起来。这一特性和铁磁体十分类似，所以人们就管它叫做铁电体。其实，铁电体里是没有铁的。后来，在钛酸钡（$BaTiO_3$）、锆钛酸铅（$PbZrTO_3$，即PZT）等人工单晶和陶瓷中也观察到这种特性。FeRAM就是根据这一特性实现数据或信息的存储或读出，成为一种即使断电，信息也不会丢失的新颖不挥发性存储器。铁电存储器是用特殊的技术，将铁电材料如PZT等制成薄膜形态，借助集成电路技术与半导体集成电路结合而做成的。现在，国际上一些著名的半导体公司已把FeRAM作为IC卡的存储芯片，以取代EEPROM。这是因为作为IC卡的存储芯片，有许多要求，例如数据（或信息）写入或读出的速度永远是第一要求，铁电存储器比EEPROM要快5 000倍，而工作电压更低；在功率消耗方面，铁电存储器比EEPROM小100倍。又例如IC卡的使用寿命决定于芯片的数据（或信息）可擦写次数，铁电存储器要比EEPROM多100万倍以上，芯片尺寸是EEPROM的1/3；通信距离，即卡内的天线线圈能接收到读卡器发出信号的距离，也就是IC卡离读卡机的距离，铁电存储器比EEPROM长得多。因此，普遍认为铁电存储器是IC卡芯片用最好的和最为看好的存储器。用铁电存储器作芯片的IC卡我们称它为铁电IC卡。而且，如上所述，铁电存储器在信息处理的速度、使用次数、信号传递的距离等都比其他存储芯片要好得多。所以，要真正实现IC卡的一卡通，非铁电IC卡莫属了！

（罗维根）

壮观故宫话琉璃

原始青釉的发明，不仅完全克服了古陶表面易污染和吸水等弱点，而且使古陶器皿粗糙幽暗的表面从此闪光生辉。

那么，使古陶生辉的釉到底是什么呢？

前苏联有一个叫斯维士尼柯夫的人，在他写的《玻璃的秘密》一书中曾叙述了一个关于釉的故事。大意是说，在一个刚制好的陶坯上，由于偶然的机会沾上了一些苏打（碳酸钠）和砂粒的混合物。当这个陶器坯烧成后，发现在其表面附着一层既光又亮的薄壳——釉。

我国3 000多年前商代遗址中的古陶文物却表明事实并非如此。根据我国科学工作者的分析鉴定，这些古陶表面上的灰黄色和青灰色釉，是用石灰石和黏土配制而成的石灰釉，即原始青釉，不是用苏打和砂粒烧成的那种釉。

根据石灰釉的成分和形态，我们查一下材料王国中三大家族的家谱就可确定，釉不属于金属和有机材料这两个家族，而是无机非金属材料家族的一个成员——无机涂层。

故宫建筑

所以，我们说釉是无机涂层材料的老祖宗。釉的发明，标志着无机涂层材料从此登上了人类生活的舞台。说到釉的应用，我们马上会想到北京故宫的琉璃瓦。从景山之巅极目远眺故宫建筑群，像是一片金色的海洋，正是千千万万块琉璃瓦构成了这金色海洋的每一个波浪。

琉璃这么美，它实际上就是陶胎器上的无机涂层——釉。在我国古籍里，“琉璃”又写作“流离”，以形容它有光怪陆离的色彩。

从考古中发掘出来的文物告诉我们，在公元前 10 世纪的西周时代，我国琉璃的制作工艺即已相当成熟。从公元 5 世纪我国北魏时代开始，琉璃就在建筑上大量应用了。到了唐代更盛行制作琉璃釉冥器(即唐三彩殉葬器)，有驼马人物等埋在坟墓中，这种琉璃冥器成为 8 世纪的特种雕塑工艺而闻名于世。唐末五代至宋朝已出现整体建筑使用琉璃构件。如今河南开封还有一座宋朝建造的全部用黑色琉璃砖瓦砌成的琉璃塔，虽经 1 000 多年的风霜雨雪，至今仍完整无缺，气势挺拔，光可鉴人。建于元代的山西霍山飞虹塔，则又别具一格，它是一座由各种彩色琉璃构成的琉璃塔，可谓是一件五光十色、绚丽多彩的艺术品。至于北京故宫西苑太液池琼岛北岸的九龙壁，那就更为人所熟知，它与附近的许多座琉璃宫殿、牌坊和塔等构成一片琉璃世界，实为世界罕见。

可以说，琉璃几乎在祖国的每一个角落都有它的踪迹。究其因，一是琉璃在色彩和光泽上给古建筑锦上添花；二是琉璃具有保护底坯的作用，这正是无机涂层的一个重要功能和特点。

琉璃源于使古陶生辉的石灰釉，但其配方、工艺等方面都又更上一层楼，有了新的发展。宋代人所著《营造法式》一书中载“凡琉璃瓦之制以黄丹洛河石和铜末用水调匀……”，文中的黄丹是铅所炒成，洛河石为石英类物质，再加上铜末后，即能制成绿釉。如把这种绿釉的釉浆浇涂在陶瓦胎表面经窑烧制，就可制得绿色琉璃瓦了。因为釉内含有铅，熔点可降低，故窑温仅需 800 ℃左右，就可使釉完全熔融，在陶瓦上形成均匀的琉璃层。

琉璃层在匠人手中变化万千，他们通过加入各种金属离子着色，可使琉璃或黄或绿，或碧或青，或白或黑。琉璃构件虽经千年日晒雨淋仍光彩夺目、完整无缺，都足以说明从西周开始，特别是唐宋时期，我国琉璃的配方设计及工艺水平就有了高水平的发展，并始终冠于世界。

（奚同庚）

形形色色的新型玻璃

相传早在五六千年前,古埃及人就发现和制造了玻璃。最迟在 3 100 多年前的西周时期,我们的祖先就掌握了玻璃制造技术。随着科学技术的发展和应用的需求,各种各样的新型玻璃不断涌现,并在不同领域中发挥着重要作用。作为材料大家族中的重要一员,形形色色的新型玻璃可谓“人丁”兴旺。

纤维增强复合玻璃:这种玻璃是利用碳化硅晶须、陶瓷纤维、玻璃纤维等作增强剂而制成的复合玻璃,它具有轻质、高强、高韧性和抗冲击等一系列优异性能,因而有望在航空、航天等领域一显身手。

玻璃微珠:是直径 2～200 微米的微小玻璃珠,具有透明、折射率可调、定向反射、表面光滑、流动性好、性能稳定、耐热及机械强度高等特点,广泛用于道路反光标志带、广告牌、海上救生器材和固体火箭燃料填充剂等。

吸热玻璃:是一种能透过可见光、吸收红外热辐射阻止一定量热辐射透过的玻璃。通过向玻璃中添加微量的 Fe、Ni、Co 等元素,可制得不同色调的玻璃。这类玻璃除具有吸热功能外,还有改善采光色调、节约能源和装饰的效果,广泛用于汽车玻璃、变色眼镜和窗户玻璃等。

热反射玻璃:它通过化学热分解、真空镀膜等技术,在玻璃表面形成一层热反射镀层玻璃。对来自太阳的红外线,其反射率可达 30%～40%,甚至可高达 50%～60%,具有良好的节能和装饰效果。

中空玻璃:由两块或两块以上的平板玻璃将周边密封、层间内充以干燥的空气或惰性气体构成的新型玻璃。中空玻璃具有隔音、隔热、防结霜、防潮、抗风等优点,并可节能 20%～25%。据测量,当室外温度为－10 ℃时,单层玻璃窗的室内温度为－2 ℃,而采用中空玻璃可以达到 13 ℃。夏天,它可以挡住太阳光中 90%的红外波段的辐射热,而阳光中的可见光依然可以透过玻璃墙,使居室冬暖夏凉,可极大地改善生活环境。

中空玻璃

防静电和抗电磁波玻璃:这是一种具有导电性能,并能够屏蔽、吸收电磁波的功能玻璃，可有效防止静电和外部信号的干扰，并防止内部信号的泄露。它在微波和无线电通信、国防保密、抗电磁波干扰的仪表等方面得到广泛的应用。

导电玻璃：这是一种能整体导电或表面导电的玻璃。用它制成电加热元件，除用于建筑外，还可用于飞机、舰艇、汽车或寒冷地区观察哨所的除冰、防霜。

“记忆”玻璃：我国科学家首次开发了一种具有“记忆”能力的新型智能玻璃。将印有文字和图像的纸片盖在一块透明的玻璃上，然后用短波紫外线、X 射线、γ 射线进行辐射，玻璃就能自动“默记”这些文字、图像。当受到日光等长波光源照射后，能再现出“记忆”的内容。

既坚又韧的防弹玻璃：防弹玻璃是由坚韧的塑料内层将两片玻璃粘贴而成，其塑料内层可以吸收冲击和爆炸过程中所产生的部分能量和冲击波压力，即使被震碎也不会四散飞溅，具有良好的安全性、抗冲击性和抗穿透性，广泛用于贵重物品陈列柜，银行、监狱和教养所的门窗等场所。1998 年 2 月 9 日夜，防弹玻璃就拯救了格鲁吉亚总统谢瓦尔德纳泽的生命。20 多个杀手的疯狂扫射和大量的手榴弹在总统的“坐骑”上留下了累累伤痕，但幸运的是总统本人竟毫发无损！

能与太阳“对话”的半导体玻璃：应用硅、砷化镓、硫化镉等材料制作的半导体玻璃能够很好地将太阳能转化为电能、热能并存储起来，这就是用半导体玻璃制备的太阳能电池。人造卫星安装上太阳能电池后，可以长期为卫星提供能源。将来，家家户户都可以在楼顶上铺一层半导体玻璃薄膜材料，有阳光照射时就会产生电能，把多余的电能存到蓄电池中，到了夜间或阴雨天，再由蓄电池向家庭供电。这样，我们做饭、取暖、洗衣、看电视，就不再需要消耗别的能源了。

自洁玻璃：在玻璃表面镀上一层 TiO_2 膜，可以制备得到自洁玻璃。这种玻璃在光照下能够自行分解附着的油污、动物粪便和微生物。同时，这种材料有极强的亲水性，水在玻璃表面扩散迅速，不易形成水珠，并将大量尘土等无机物冲走。装上自洁玻璃，你再也不要为清洗玻璃这类繁杂的事情而烦恼了。

形形色色的新型玻璃的类型和应用不胜枚举。相信随着科学技术的进一步发展，人类也必然会制造出更多的新型玻璃，并将其派上各种各样新用场。

（林开利）

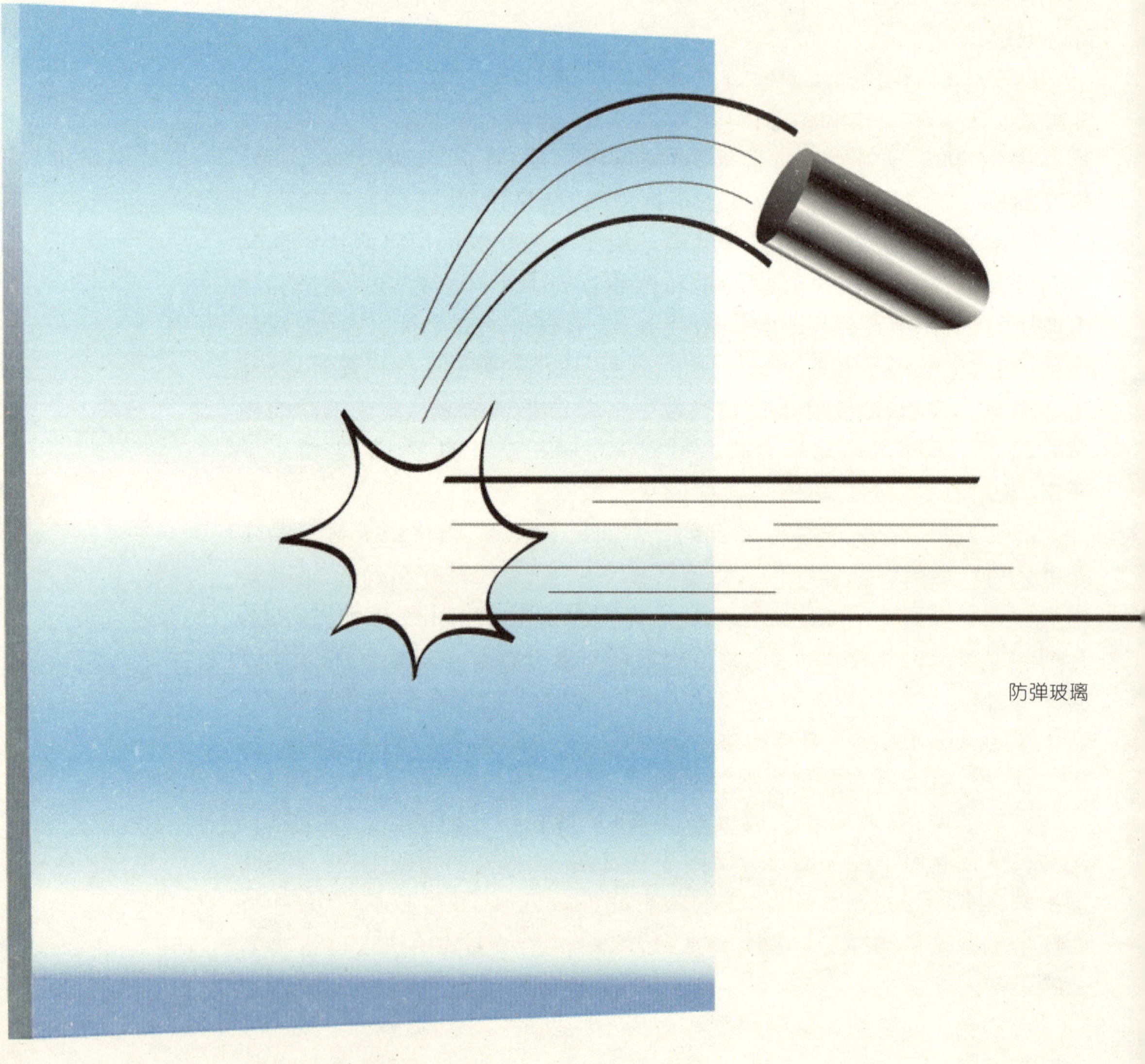

防弹玻璃

“洁身自好”的新材料——纳米二氧化钛

世上有不用洗的衣服，有不用擦的玻璃，马路也能自动净化空气，你相信吗？

这一切得从一种奇妙的材料——二氧化钛讲起。

1972年，日本科学家藤岛昭发现二氧化钛在太阳光的照射下，可使水分解为两个氢原子和一个氧原子，或使其他一些物质如有机物，在一定条件下分解成二氧化碳和水等小分子。这是因为二氧化钛受太阳光中的紫外光照射时，钛原子上的电子被紫外光激发，运行轨道发生变化，从而产生极强的氧化能力，因此能够分解部分无机物和有机物。人们根据这一原理开发了光催化技术，即利用二氧化钛作为催化剂，使物质吸收光的能量而发生分解，从而达到杀菌、自清洁、净化空气、除臭等目的。

但是，普通的二氧化钛活性低，要想彻底分解其他物质，可能得等几天甚至几个月。进入20世纪90年代，人们把纳米技术应用到二氧化钛中，研制出了纳米二氧化钛。我们知道，1纳米等于十亿分之一米，相当于针尖的百万分之一大小。纳米二氧化钛就是指颗粒大小不超过100纳米的二氧化钛，可谓是二氧化钛家族中的小不点。正是因为它个头小，“手脚灵活”，易于和其他原子团等结合，在参加化学反应时比一般的二氧化钛要活泼成千上万倍，所以纳米二氧化钛在各个领域大受青睐。

现在，让我们来看看纳米二氧化钛是怎样大显身手的。我们先来瞧瞧不用洗的衣服。香港理工大学的科学家最近研制出一种能自我清洁的布料。他们使用一种特殊的工艺使二氧化钛附着在布片上。阳光照射在二氧化钛上，会使电子从中逸出。这一部分电子与空气中的氧反应，生成具有强氧化作用的氧自由基，将污物分解成二氧化碳和水等小分子，这样就达到了自清洁的目的。作为催化剂的二氧化钛并不会损耗，因此只要有阳光，布料就能发挥自我清洁功能。

我们再来见识一下不用擦的玻璃吧。科学家们利用纳米二氧化钛开发出了一种自清洁玻璃。这是在普通玻璃表面涂覆了一层透明的纳米二氧化钛光催化剂涂膜，当膜受到太阳光或荧光灯照射后，就会吸收光的能量产生清洁功能，分解、清除掉尘土和其他的有机污物，变成二氧化碳和水，且自动消除。而且自清洁玻璃具有亲水性，下雨时雨水会形成薄帘流过玻璃的表面，所以，雨停后不会留下条痕和斑点。目前它已被广泛用于建筑物的门、窗、外墙，汽车玻璃窗以及装饰玻璃等。没准你家的门窗就用上了这种纳米二氧化钛哟！

有句俗话说“各人自扫门前雪，哪管他人瓦上霜”。纳米二氧化钛可不是这样的哟。除了自清洁，它还乐于帮助别人清洁呢！大家最常用的交通工具恐怕就是汽车了。我们知道，汽车尾气会向空气排放一氧化碳等有害气体，严重影响人体健康。同时，车内装饰材料中含有多种有毒气体，另外霉菌会在汽车通风系统内长期存活，对健康也极为不利。目前，已被普遍运用于净化车内空气的是一种叫做光触媒的技术。光触媒的主要成分就是纳米二氧化钛。纳米二氧化钛吸收阳光中的紫外线后，内部电子被激发，形成超氧化物和羟基原子团，它超强的氧化能力可以破坏细胞的细胞膜，凝固病毒的蛋白质，抑制病毒的活性，杀菌能力达到99.997%。同时，二氧化钛受光后生成的氢氧自由基可将有机物质和有害气体转化为水、二氧化碳和盐，从而达到净化空气的功效。

除此之外，把纳米二氧化钛用到马路上也可以净化空气呢！日本三菱材料公司研制出一种含有纳米二氧化钛的新路面材料，叫做 Noxer，它能吸收汽车尾气中的氮氧化物。其中纳米二氧化钛起着催化剂的作用，当路面材料被阳光照射时，能生成活性氧分子。这种分子能与尾气反应，一遇下雨，就变成稀硝酸溶液，刚好被混凝土中的弱碱溶液中和。

纳米二氧化钛的用途还远远不止这些，随着科技的进步，它将在我们的日常生活中发挥着越来越广泛的作用，也许纳米二氧化钛的新用途正等着明天的你去发现呢！

（储德韦）

水泥——从都市的“脊梁”到人体的脊梁

说到脊梁，它本是指支撑我们人体站立行动的骨骼中枢，那些水泥马路也配戴上这顶高贵的“礼帽”吗？殊不知，在科学高速发展的今天，这种极其普通的建筑材料不仅默默地承载着文明的车轮，而且已经卸下平凡的外衣，正走进科学家的视野，进入我们高贵的人体。下面我们就谈谈水泥是如何走进人体的。

铺设马路、桥梁的水泥材料是由含钙、硅等几种无机元素的化学物质在1 000多摄氏度的高温下烧制而成的，这种材料一旦接触到水就会自行凝固，形成坚硬的块体。两个多世纪前，英国人斯米顿首次发现这种材料的独特性能，并用它在海上建造导航灯塔。从此，水泥便被用于建设桥梁和马路，开始走进人类的生活，这也是人类从认识自然到利用自然服务于自身生活的一次创举。随着人类物质条件的改善，我们对自己的身体健康和生命质量提出了更高的要求，但是，环境污染造成的先天性疾病、各种运动和事故导致大量的骨组织损伤，年长者面临的关节性疾病、牙根疾病等等，都时刻困扰着我们周围各种年龄段人的正常生活，他们眼神中流露的那份无奈和期待，时刻刺激着科学家的心灵。

“水泥材料是否可以像铺设马路的建筑工人向碎石缝里填塞一样，也填充到这些患者的骨齿组织的创口上，给他们带来福音……”这个大胆的设想成为科学家研究的课题。首先，他们应用探针扫描技术，对幼小老鼠体内骨组织元素进行扫描分析，一个备感意外的现象出现了：作为一种体内含量极低的微量元素——硅，却以高达0.5%的含量富集在老鼠骨组织的发育区，并且协同钙元素完成骨组织的发育，形成健康的骨，这样老鼠就可以自由自在地四处活动。硅在动物体内发挥了如此奇妙的作用，它在人体内又会扮演什么样的角色呢？带着这个问题，他们又将一些含有钙、硅元素的玻璃材料植入患有骨病的人体内。结果发现，这些材料也能够快速地促进骨组织或者牙根的创面愈合，让患者恢复健康。最近，科学家们又将水泥中的主要成分硅酸三钙、硅酸二钙、铝酸三钙等物质的粉末混合，并加适量水调和，形成类似于铺设马路的水泥，并让材料自然凝固再进行深入研究。他们在这种自固化材料表面种植来自于人体骨骼的成骨细胞，再放置到无菌环境中培养。他们发现，几个小时后这些细胞就牢牢贴附在固化物表面，并且随着时间延长，细胞数量越来越多，而且细

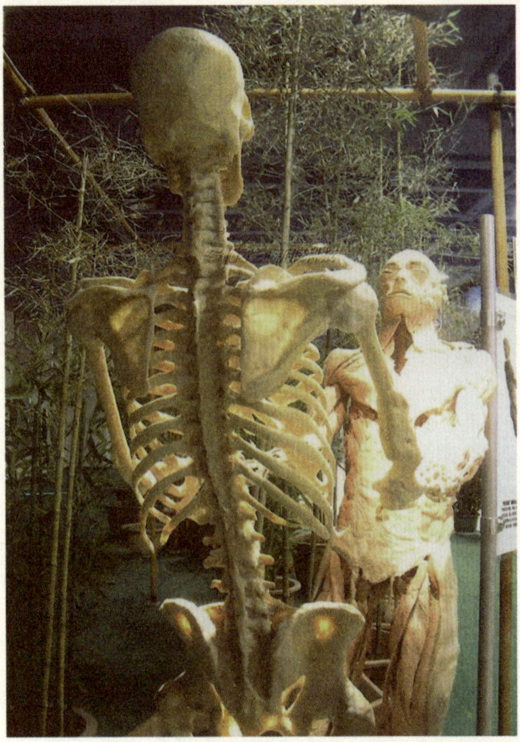
人体骨骼

胞还分泌出大量蛋白和酶,这些蛋白和酶都是新生骨组织形成所必需的物质。这些研究都证明不仅水泥表面对成骨细胞具有优良的相容性,而且从水泥中释放出来的钙、硅元素对细胞生长和增殖发挥了重要作用。不仅如此,近来科学家们又将这种材料调和形成的糊状物用注射器注入到牙病患者的根管之中,结果发现水泥凝固后不仅治愈了患牙,而且对人体其他组织和器官也没有产生副作用,说明这种材料在人体内是完全安全可靠的。

但科学家们并不满足于目前所取得的研究成果,他们还在设计许多更为精细和科学的实验,准备更充分深入地认识水泥材料能治疗骨相关疾病和损伤组织修复的基本原理,争取早日真正用在人体骨骼中或者牙病患者身上。因此,我们可以理直气壮地说,不久的一天,医院里的大夫也可以像建筑师傅一样,把修筑马路的水泥填充到那些不能行走的骨病患者身上,让他们从轮椅上站起来。

水泥从城市建材变成人体建材,科学真是太奇妙了。

(苟中入　吴　芸)

水泥与骨头

1962年,经过大量的生物材料摩擦试验,英国医师设计出金属股骨头和超高分子聚乙烯髋臼组合的假体,用聚甲基丙烯酸甲酯(骨水泥)固定,从而创建了低摩擦的人工关节置换术。此后,人工关节元件的表面便开始被设计成特殊结构以利骨长入,除髋臼假体采用非骨水泥固定外,各种各样的非骨水泥固定股骨柄不断涌现。

从景泰蓝说起

当你看罢雄伟、绚丽、光彩夺目的故宫外貌，再走进宫殿和宫苑的时候，你一定又会被许多巧夺天工的花瓶、香炉、如意、酒杯、珠宝匣和鼻烟壶等景泰蓝艺术品所吸引，并为这些器皿光彩夺目和玲珑剔透赞叹不已。

景泰蓝器皿这种神奇的美，源自器皿表面烧制的一层珐琅涂层。但是，你也许不知道景泰蓝上的珐琅竟和琉璃是"嫡亲兄弟"吧！它们不仅外貌相像，而且同属一个"血统"，都是原始青釉的子孙，因而都保持着原始青釉遗传给它们的特性——身上充满着玻璃质，这也正是它们外貌光彩出众的原因。

当然，即使是"亲兄弟"，总还是有差别的。我们通常把涂在砖瓦等建筑构件上的釉叫做琉璃，把涂在金属基体上的釉叫做珐琅，而把涂在陶瓷器上的釉，根据传统的习惯仍叫做釉。

景泰蓝的问世，标志着我国的釉又发展到了一个新的水平。大家知道，金属铜的熔点一般要比陶瓷器上釉的熔点要低，高温釉不可能熔烧在熔点低的金属表面。即使熔烧上去了，也会由于它们的热膨胀系数相差太大，冷却产生的应力把珐琅从金属基体上崩掉。

我国古代的劳动人民为了解决这个难题，便在一般釉中注进了新的"血液"：碱和碱土金属（钾、钠、钙、镁等）的化合物。这些化合物具有两个特点：一是熔点低，二是热膨胀系数较高。这样便做到了对症下药：既降低了釉的熔点，使之接近坯体金属的熔点，便于烧制；又提高了它的热膨胀性能，比较接近于金属坯体的膨胀系数，减少了烧制过程中产生的热应力，真可谓一箭双雕。景泰蓝表面以蓝色为基调，但为了使色彩更丰满，

景泰蓝器皿

富有层次感，增强艺术表现力，在珐琅中加入各种金属离子进行着色处理，便可烧制出不同色调的珐琅。

所以，景泰蓝放射的不仅是艺术的奇光，而且是科学的异彩。据考查，在元朝，我国就已有珐琅艺术品，到明朝有了更大的发展，并驰誉世界，以致明朝景帝用自己的年号——景泰冠称，故得名景泰蓝。到了清代，统治阶级为了满足奢侈生活的需要，更加重视景泰蓝的制作。乾隆帝亲自指定金、银和铜为景泰蓝的底坯，并分别以金丝、银丝和铜丝镶嵌珐琅。珐琅工艺及艺术水平又都有了新的大发展。

景泰蓝作为珐琅艺术珍品，不仅为祖国赢得了荣誉，而且在科学技术上亦为现代金属抗氧化防腐蚀无机涂层开创了先河。

在第二次世界大战期间，战争的巨大破坏和消耗，使许多国家的战略物资日趋短缺，飞机和坦克中必不可少的耐热合金元素如镍和铬等尤感不足。于是，一些国家便加紧研制既能耐高温又能抗氧化腐蚀的珐琅型涂层，企图通过在金属部件上加涂这种涂层的办法来降低钢号，即用低合金钢来代替高合金钢，用碳钢来代替低合金钢和不锈钢，从而大大减少稀缺的镍、铬等合金元素的用量。

经过反复试验，高温抗氧化耐腐蚀珐琅涂层首次在坦克的排气管里崭露头角，获得了成功；不久又在飞机的“内脏”——发动机里再露锋芒，在导向叶片、换热器、尾喷管、燃烧室及排气管等许多经受高温和氧化腐蚀的部件上得到了广泛的应用，既提高了发动机的工作温度，又大大节约了镍、铬等贵重的材料。如涡轮喷气发动机燃烧室的内衬，一般都是使用高温下抗氧化腐蚀性能好的高级高温合金，它所含的镍和铬很多。加涂高温珐琅涂层后，就可用只含18%镍和8%铬的一般合金来代替，仅此一项即可节省大量成本。后来，在冲压式喷气发动机燃烧室里应用涂层后，也收到了同样的效果。

你也许会问，飞机“内脏”里温度高达八九百摄氏度，涂在景泰蓝上的那种珐琅吃得消吗？

当然吃不消。所以要在一般珐琅涂层中注进新的“血液”——氧化锆、氧化钛、氧化铝、氮化硼和硅化钼等耐熔、耐温化合物，从而大大提高珐琅的耐高温本领。

在这同时，它仍旧保持着玻璃态的传统，因此仍具有很好的气密性，能使被加涂的金属底材与高温的大气及腐蚀性气体完全隔绝，所以它仍是一种珐琅。不过为了与一般常温下使用的珐琅有所区别，就把它称为高温珐琅涂层。

这种高温珐琅涂层的作用可不小，一般碳钢加上这种涂层以后，就可以在 800 ℃以上的高温下长期使用。至于低合金钢加上这种涂层以后，身价也大为提高,它的使用温度一下子就提高了 200 ℃。

这种涂层在金属身上就像穿了一件外衣,不但要做得“天衣无缝”,而且连一个针眼也不能有。否则,空气里无孔不入的氧气就会钻进去,照样把金属底材“吃”掉。

随着 20 世纪 50 年代末航天技术的发展,珐琅涂层不断创新,并在其中立下了新功。

飞机

坦克

（奚同庚）

反光材料

夜幕下当你驾车行驶在高速公路上时，你不但会发现路边的标志闪闪发光，而且会看见路面标线像一条条晶亮的光带，这真令人惊奇。但是，汽车开过以后再向后望去，那些发光标志却不见了，留下的只是茫茫夜色。这是怎么一回事呢？原来是一种新型回归反光材料起的作用。这种材料能够将汽车前灯的大部分光线按原路反射回去，使驾驶员轻松看清路标。这种新型照明材料对光的定向反射率比普通油漆高许多倍，可见度高达几百米甚至数千米。

大家都知道光的反射有漫反射和镜面反射，为什么回归反光材料能将光线按原路返回呢？其实，这主要归功于其中含有的高折射率玻璃微珠。当一束光线在一定范围内以任何角度照射到微珠前表面时，由于微珠的高折射作用而聚光在微珠后表面反射层上，反射层将光线沿着入射光线方向平行反射回去，就形成回归反射。当许多玻璃微珠同时反射时，就会出现前面的光亮景象。

实验表明，当玻璃微珠的折射率接近 1.9 时，入射光线能够很好地聚焦在玻璃微珠的后表面，这时的回归反射效果最好。当折射率小于或者大于 1.9 时，入射光线分别聚焦在玻璃微珠的外面和内部，这时的回归反射效果会有所降低。实际使用中由于客观条件的影响，玻璃微珠的折射率通常在 1.9～2.1 之间，而它的直径通常小于 0.8 毫米。如果在玻璃微珠的后面添加一层反射层，那么回归反射的效果就更好了。

玻璃微珠反射光路示意图

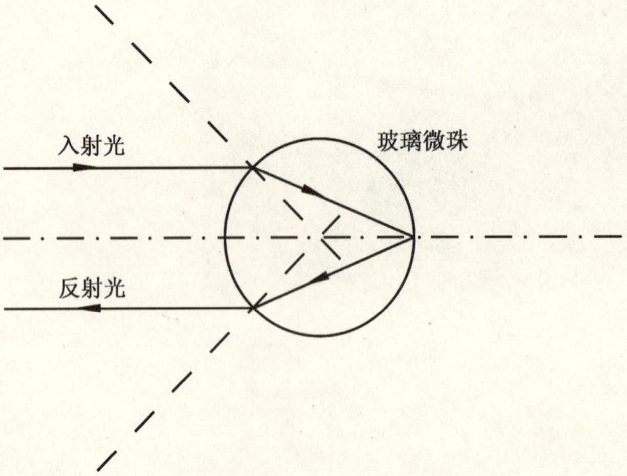

如此神奇的玻璃微珠是怎样生产出来的呢？生产过程是这样的：先把原料在非常高的温度下熔化成玻璃液，玻璃液经过特殊的喷嘴形成许多雾状的液滴，这些液滴在表面张力的作用下自动形成规则的球形，冷却后再经过一定的处理，就得到非常有用的玻璃微珠。

用玻璃微珠可以制造许多回归反光材料，比如反光贴膜、反光布、反光涂料、反光油墨等等。这些材料的使用范围遍及公安交通、交通监理、消防、铁路、煤矿等部门，在劳防用品及民用产品中都可以见到它们的身影。

夜间行车的驾驶员，由于受到对面车辆灯光、路边灯光、高楼探照灯及广告霓虹灯的影响，容易造成交通事故。而反光材料标志牌在车灯的照射下发出的光线特别明亮醒目，能够提醒驾驶员相关路况信息，提高行车安全。在雨、雾、风沙等能见度较低的天气下，反光材料就更能凸显其价值。所以，许多发达国家规定公路、铁路的交通标志，车身前后都必须使用反光材料；国际海洋救生机构也规定救生设备必须配备反光材料，以极大地方便夜间搜寻和救生工作。

说到这里大家就不难理解，为什么交通警察、消防队员、道路清洁工、养路工人都穿戴带有反光材料的制服了。这些服装上的反光带或者反光标志能够有效地警示驾驶员谨慎驾驶，提高了穿戴者的人身安全。现在许多品牌如耐克、格威特、康威等公司都采用反光材料装饰自己的产品，使服饰在美观、实用的基础上，又增加了安全功能。

当然，要把玻璃微珠制成反光材料也不是一件容易的事情，所以反光材料也被应用于商品防伪。比如五粮液酒厂采用的“3 M 回归反射防伪胶膜”就是其中最好的例子。在五粮液专用的防伪酒瓶盖上，把直径为 0.06 毫米的玻璃微珠通过特殊技术，涂布在可视印刷品的表面上，形成特定的五粮液厂徽图案。消费者通过专用检测器可以看到耀眼夺目的五粮液酒厂厂徽，真伪立即可辨，令制假者无计可施。

这种神奇的反光材料给我们的生产和生活带来许多便利，它还有许多用武之地等待着我们每一位热爱科学、勤于思考者去开发。

（毛小建）

新型吸附材料——活性炭纤维

木炭作为一种吸附材料而使用,已有悠久的历史。主要是利用其内部复杂的微细孔道结构吸附一些其他的物质,已广泛应用于水源的净化、防毒面具等方面。为了不断提高碳材料的吸附性能,科学家为此进行了不懈的努力,开展具有优异吸附性能的新型碳材料的探索。

活性炭纤维(简称 ACF)的研究可以追溯到 20 世纪 60 年代,美国科学家阿伯特等首先研制成功了粘胶基活性炭纤维,揭开了高效吸附功能材料的新篇章。此后,相继开发出聚丙烯腈基活性炭纤维、酚醛基活性炭纤维和沥青基活性炭纤维等。活性炭纤维主要由碳原子组成,还有少量氢和氧等元素。根据实际需要,可以采用特殊的纤维原料和制备工艺,在活性炭纤维表面引入氮、硫等杂原子及各种金属化合物。

活性炭纤维是在高性能炭纤维(简称 CF)研究的基础上发展起来的,它是以高聚物为原料,经过高温碳化和活化而制成的一种纤维状高效吸附/分离材料。高温碳化就是在惰性气体保护的条件下,控制一定的温度,排除纤维内的可挥发性组分制造孔道空间,并使残留碳重排生成类似石墨的微晶结构。经高温碳化后的纤维,再在高温下用氧化性气体如水蒸气、二氧化碳和氧气等进行活化处理,使其生成具有丰富空洞、高比表面积形成含氧官能团的活性炭纤维。

国际纯粹与应用化学联合会根据各类孔的结构和尺寸对孔进行了分类:孔径<2.0 纳米为微孔,孔径>50 纳米的为大孔材料,孔径介于两者之间的为介孔或者称为中孔。活性炭纤维主要由微孔组成,也有大孔,根据原料或活化条件的不同,有少量中孔。

其吸附过程主要包括以下两个过程:环境中的气体分子被不断输送到微孔孔道附近;当气体分子等到达微孔孔道附近时,被微孔孔道所束缚。活性炭纤维的孔道直径分布范围比较小,主要由微孔组成,同时有少量的中孔孔道,没有大孔孔道。大量存在的微孔使得活性炭纤维的表面积较大,同时,也使其吸附量较高。在活性炭纤维丝束之间存在空隙,可以从外表面向内部输送被吸附分子,具有控制吸附速度的功能。介孔孔道也起输送分子的作用,可以控制吸附速度,同时还可作为较大分子的吸附点。

活性炭纤维是继粉末活性炭和粒状活性炭后的第三种活性吸附材料。由于其特殊的化学和孔洞结构,具有很多优异性能。如直径较细,与被吸附物的接触面积大，可以均匀接触，因此吸附量高、吸附力强，具有耐热、耐酸碱性，导电性和化学稳定性也好；强度高，不易粉化；纯度高，杂质少，可用于食品、卫生、医疗等行业。

当活性炭纤维失效后，也就是孔道内吸附满了气体分子等异相物质后，可以通过高温处理等再生手段，将吸附的异物释放出来（脱附），使活性炭纤维再度具有吸附活性，从而可以反复使用，节省大量的资源。

活性炭纤维将是21世纪最优秀的环保材料之一。目前，由于活性炭纤维对低浓度物质具有很强的吸附能力，能够有效地吸附空气中的油漆、涂料等有机物质，对空气净化具有很明显的效果。活性炭纤维除了能够吸附自来水中的三氯乙烯外，对浑浊的自来水有澄清作用，在饮用水的净化方面，发挥出很重要的作用。另外，在废水处理、贵金属的富集分离和回收，制备医疗器械和作催化剂载体，以及制作电容器和燃料电池等方面也发挥出日益重大的作用。

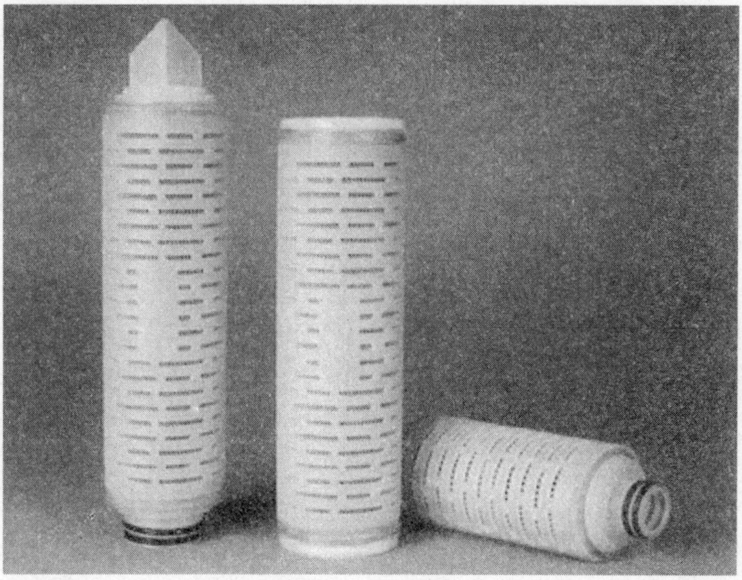

用于水处理、防毒面具等的活性炭纤维滤芯

（陈红光）

不可等闲视之的碳/碳复合材料

碳/碳复合材料(C/C)是以碳纤维为增强相的碳基复合材料。该材料密度小,具有优良的热学、力学、化学和摩擦性能,在冶金、化工、原子能、半导体和汽车领域都有很大的市场需求。特别是作为飞机刹车片已取得巨大成功,创造了良好的经济效益和社会效益。不仅如此,由于在高温下碳/碳复合材料具有优异的力学性能如高强度、良好的断裂韧性和耐磨性能,更特别的是碳/碳复合材料在一定的温度范围内,随温度的升高,强度反而升高,因而在航空、航天、核能及许多民用工业领域受到极大瞩目。

有数据表明,飞行器的速度越高,减小质量时所带来的成本节约就越显著,飞机性能2/3靠材料来实现。对于人造卫星、战略导弹、火箭及航天飞机等宇宙飞行器,质量的减轻更为重要。比如卫星的质量每减轻1千克,运载它的火箭就可以减轻几百千克。同时,宇宙飞行器在飞行过程中还要经受超高温和温度剧变等特殊环境和极限条件的考验。对于碳/碳复合材料,其耐热性远远优于其他任何高温合金和复合材料,这类材料在2 500 ℃的高温下仍具有相当高的强度和韧性,且密度只有高温合金的1/4。从1980～2000年,世界上的飞机平均减轻约20%的质量,主要是靠碳/碳复合材料等的应用。导弹壳体材料也与射程有紧密关系,如火箭的铝合金部件改为碳/碳复合材料后,射程可增加1 000多千米。

碳/碳复合材料在航空领域应用的最成功范例是作为摩擦材料用于飞机刹车盘。采用碳/碳复合材料做喷气式飞机刹车盘,其质量只相当于钢盘的1/5,并且由于碳的热容为钢的2.5倍,其使用寿命也大大提高。采用钢制成的刹车盘,可降落1 500次,而采用碳/碳复合材料后,可提高到3 000次,为钢质刹车盘的2倍。碳/碳复合材料作为一种新型刹车盘材料,从20世纪70年代起开始在军用飞机,如美国F14、F15、F16、F18和F22以及法国幻影2000等刹车装置中使用,现在已经广泛应用于大中型民航客机,如波音747、777,麦道90,空中客车A300、A320、A340系列和Bae146-200等。目前,已有60余种飞机采用了碳/碳复合材料刹车装置,欧美公司生产的民航飞机的刹车系统已基本用C/C复合材料盘取代钢盘。如空中客车公司的所有飞机都采用了碳/碳复合材料刹车装置,波音公司出售的B757和B767飞机可任选刹车盘,B747-400以及B777

则只提供碳/碳复合材料刹车盘，军用飞机基本都采用碳/碳复合材料刹车装置。

由于碳/碳在 2 000 ℃以上仍能保持其优异的力学性能，在许多航空航天应用领域，碳/碳是理想的高温材料。20 世纪 70 年代初，由于航天飞机的需要，美国开展了热结构用碳/碳复合材料的研究工作，使碳/碳复合材料由烧蚀防热材料向热结构材料发展。碳/碳复合材料作为热结构材料可用于燃气涡轮发动机结构部件、航天飞机的鼻锥、机翼前缘、小翼翼盒和机身襟翼等。美国 LTV 公司就采用碳/碳复合材料制备太空飞船机翼前缘、鼻锥，使飞船进入大气层后，在高温环境下，这些部件仍具有强度高、耐高温的特性，并且在保持力学性能的同时，还能经受急冷急热的环境变化。在美国国家航天飞机计划的一个项目中，为尽量减轻质量并保持强度，使用碳/碳复合材料做鼻锥和机翼及尾翼前缘，预计使用温度分别约为 2 760 ℃和 1 930 ℃。

此外，由于碳/碳复合材料的高温性能及低密度、耐高温等特性，使它可能成为工作温度达 1 500 ℃以上的航空发动机理想的轻质材料。航空发动机最重要的是提高涡轮前温度，涡轮前温度每提高 100 ℃，推力可提高约 20%。由于发动机转动件的工作条件苛刻，碳/碳复合材料首先在航空发动机的静止件上使用。在美国 F22、F100、F119 军机和俄罗斯航空发动机上已经采用碳/碳复合材料研制燃烧室、导向器、内锥体、尾喷鱼鳞片和密封片及声挡板等。法国幻影 2000 飞机发动机上也已采用碳/碳复合材料制作的喷油管、隔热屏、鱼鳞片。美国甚至已经试制了用碳/碳复合材料制造的整体涡轮盘及叶片，运转温度为 1 600 ℃以上，比一般涡轮盘高出 500 ℃。此外，德国、俄罗斯和日本也试制了整体碳/碳复合材料涡轮叶片或涡轮盘，应用前景非常诱人。由于碳/碳复合材料质量只有高温合金的 1/4，但比强度高 5 倍，因此，普遍认为是在发动机推力与质量比在 20～30 时的热端件优选材料，它对宇航飞机、发动机减重、节油、提高发动机推力与重量比值、增大飞行半径与航程、提高战技术比能均是极具前景的材料。

（周　清）

21世纪的绿色能源——固体氧化物燃料电池

按照现有的消耗量推算，到2020年，我国将需要一次能源32亿吨标煤。与此同时，由于火力发电产生的废水、废气、废渣造成了酸雨危害、温室效应和破坏臭氧层等不良后果，严重危害人类健康。

能不能开发一种清洁、高效、无污染的发电技术呢？答案是肯定的，SOFC(固体氧化物燃料电池)就是其中之一。

SOFC是一种将化学能直接转化为电能的发电装置，主要由阳极、电解质、阴极3部分组成。阳极和阴极呈多孔结构，电子电导率高、催化活性好。致密的电解质位于阳极和阴极之间，可以阻止两极气体的相互渗透，由于其具有单纯的离子电导性，氧离子可以在电解质内部传输。当向阴极和阳极分别通入氧化气体(如空气)和燃料气体(如氢气)时，在氧浓度差的推动下，氧化气体中的氧气在阴极/电解质界面上产生氧离子，氧离子经过致密的固体电解质到达阳极界面，与阳极/电解质界面的氢气结合成水，释放的电子经外电路到达阴极，形成闭合回路。只要保证氧化剂和燃料气体的连续供应，SOFC就能源源不断地输出电能。

1839年，格罗夫发表了世界第一篇有关燃料电池的报告。1932年，培根利用氢气和氧气，成功地试制出第一台燃料电池。20世纪60年代，燃料电池系统作为阿波罗登月飞船的主电源，为人类登月做出了贡献，这预示着燃料电池技术的蓬勃发展。进入20世纪70年代，由于燃料电池在航天飞行中成功应用和世界性能源危机的出现，提高燃料有效利用率的呼声日高。SOFC是继磷酸盐燃料电池和熔融碳酸盐燃料电池之后的第三代燃料电池。由于工作温度较高(800 ℃～1 000 ℃)，除氢气外，SOFC还可以采用天然气、煤气或其他碳氢化合物作为燃料气体，余热可以与燃气、蒸汽轮机联合循环发电，因此引起人们更大的兴趣。

区别于传统的发电装置，SOFC直接将燃料的化学能转化为电能，不经过中间的燃烧过程，这就避免了由化学能⟶热能⟶机械能⟶电能这一复杂转换过程中的能量损失，具有高达45%～60%的能量转换效率；而且，燃料电池系统释放的污染物比传统的直接燃烧要降低几个数量级；运行噪声低；使用全固态组件，规模容易放大。SOFC的另一个显著特点是除了传统的氢气以外，还可以使用多种碳氢化合物作为燃料，这样就能大大地降低运行成本。

大规模的SOFC是由单体电池通过串联或并联堆叠而成的电池堆。1987年,美国西屋电气公司与日本东京煤气公司、大阪煤气公司共同开发了3千瓦圆管式电池模块。1997年12月,西门子西屋公司在荷兰安装了第一组100千瓦的管状SOFC,由1 152个单体组成。1995年,三菱重工开发出10千瓦级平板型SOFC,运行了500小时。此外,加拿大的环球热电公司、美国GE和ZTek等公司都在从事平板式SOFC的研究。

在国内,SOFC技术近几年也获得了充分重视。中国科学院上海硅酸盐研究所、中国科学院大连化学物理研究所、吉林大学、清华大学、中国科技大学等单位在“九五”期间就开展了SOFC的研究。上海硅酸盐研究所在探索了各种电池组元件的基础上,于2001年3月组装了由80个单电池组成的平板型电池堆,功率达到800瓦。

目前,仍有许多技术难题亟待解决。例如,SOFC的发电性能还没有达到理想状态,燃料利用率相对较低,长期稳定性也有待提高,生产成本远高于传统的火力发电,SOFC的潜力还没有完全显现出来。国内外无数的科学家正在用他们的聪明智慧为我们描绘明天的蓝图。

相信在不久的将来,SOFC就可以进入我们的生活。它既可以作为分散小型发电设备,为偏远的山区或私家别墅提供电能,省去庞杂的输电线路,也可以作为轮船舰艇以及宇航等特殊场合的辅助电源,当技术成熟后还有可能作为大型电站缓解日益突出的能源危机。到那时,我们就不必为日趋污浊的天空叹息,不必为隆隆的噪声所干扰,不必为日渐紧张的电能忧心忡忡……憧憬明天,那一定是件很美好的事情。

(李松丽)

固体氧化物燃料电池研究获两项重大进展

据美国物理学家组织网2010年11月17日报道,美国哈佛大学的科学家最近报告了其在固体氧化物燃料电池领域取得的两项进展:其一是电池中不再使用铂材料;其二是将电池的运行温度降低至300摄氏度到500摄氏度之间。研究人员表示,基于固体氧化物燃料电池在更低的操作温度、更丰富的燃料来源以及更便宜的材料方面取得的进步,固体氧化物燃料电池可能很快成为一项主流技术,未来将能给手提电脑或手机供电。

看得见原子的显微镜

人类很早的时候就注意到生活中客体的大小，在形容大的时候，就说“须弥”、“泰山”，形容小的时候就说“芥子之微”、“秋毫之末”。可见在古人的眼光里，“芥子”和“秋毫”是最小的东西了，但这些远远没有达到我们所说的纳米量级（10^{-9}米，即10亿分之一米）。

在人工制作的小尺寸的世界里，微型艺术是最先闻名于世的。首先是“微雕”。大家也许读过著名的《核舟记》一文，那里描述了一艘用橄榄核刻的船，窗子可以开合，上面居然还写着“山高月小、水落石出”8个字，令人叹为观止。这艘船的最小部件只有0.1毫米，即100微米。而“方寸之上写一部大书”指的是《红楼梦》，当然极其不易，但探究起来，在30毫米×30毫米上写1 107 000字，平均每字占的面积（连周围空隙）约为30微米×30微米，这些比起纳米世界的东西来，简直是庞然大物。

从具体的物质来说，人们往往用“细如发丝”来形容纤细的东西，其实人的头发一般直径为20～50微米，并不细。单个细菌虽然用肉眼看不出来，但用显微镜测出直径为5微米，也不算小。最小可组成物质的基本单位是原子，氢原子的直径为0.1纳米，一般金属原子为0.3～0.4纳米。1纳米大体上相当于4个原子的直径。每边2.5纳米的立方块可容纳1 000个原子。

微雕用放大镜就可以看清楚，但是原子那么小，我们怎么才能看得到呢？

有了想法和动力，聪明的人类就发明了可以看原子的显微镜——STM（扫描隧道显微镜）。

STM本来是一种用来观察表面形貌的仪器，其基本结构主要包括一个用压电陶瓷驱动的针尖和一个放置固体样品的平台。针尖尖端的尺寸可以小到原子尺度，它所加的电压不大，仅为1伏左右，但它同平台上样品之间的距离很小，可以是零点几纳米到几纳米，因此它们之间有很强的电场。由于量子效应，这个电场使针尖发射隧道电流。这个电流与距离之间作指数的反比关系，定量地说，距离越小，电流越急剧增加。于是在尖端做从左到右和从上到下的扫描时，测量这个电流就可以得到样品表面（高低）的显微图像，在一定的条件下可以达到原子分辨率，即成为“看得见原子的显微镜”。

由于STM结构简单却能观察到原子分辨级的表面图像，发明者比尼格和鲁勒因此获得了诺贝尔物理奖。20余年来，已经发现除观察表面形貌（只能是导电材料）外，STM针尖所产生的强电场还有很多其他用途，例如制作纳米厚度聚合物薄膜、纳米导线、非易失性存储器等。最后它还可以用来探索一种新的可能性，即制作基于原子操纵的电子器件（原子器件）。因此，STM 的发明彻底改变了人们对于介观（介于宏观和微观之间）材料世界的认识。

大家知道，常用的光盘存储器的容量最终取决于“写入”和“读出”用的激光光斑的作用范围，至今在 100 纳米数量级。但如果用 STM 的针尖在电双稳薄膜表面“写入”和“读出”信息，则作用范围很容易做到直径5～10 纳米，因此，存储密度更可高达数百吉位（Gb），相当于数十张 DVD。

更神奇的是，使用 STM 人类首次实现了“分子算盘”的拨算，而这都归功于基于 STM 的原子操纵。所谓原子操纵是指把单个原子安放在选择好的位置上，或者把原子一个接一个地排列为按设计规定的结构，它分为平行式和垂直式两类。前者是使吸附在固体表面的原子沿表面迁移；后者是使吸附原子从表面迁移到 STM 针尖上，然后从针尖迁移到表面，也可以直接把构成针尖的原子洒向表面。

1990 年美国 IBM 研究实验室利用 STM，在低温、真空下，在镍表面将 35 个氙原子排成最小的“IBM”字样。同年，IBM 又利用 STM 操纵分子，将 28 个 CO 分子在铂表面上排布成世界上最小、高仅为 5 纳米的“分子人”。中国科学院北京真空物理实验室在超高真空条件下，用 STM 对清洁的 Si(111)-7 * 7 表面进行了多次试验，可取出单个原子、挖沟（刻蚀）、堆垛、“移山填海”等各种工艺，并写出“中国”两个字。

如果在单晶硅的规则表面上用原子操纵法挖沟，留下一排两边都是沟道的原子堤岸（“原子线”），然后在这条线上放上一个原子（任何元素）。这里的“无”和“有”外来原子就形成两种状态“0”“1”，也就有开关或存储信息的作用。

由于 STM 只能对表面导电的材料进行观测，因此 Binnig 苦思冥想，希望能解决绝缘材料表面原子级的观察。一天，他躺在正在装修的屋子里，看到工人正在用台阶仪针尖不停敲打以测量天花板的平整程度，于是他大受启发，发现利用微针尖不停敲打样品表面时，针尖受到的范德瓦尔斯作用力不同，从而反映样品表面原子高低起伏轮廓的原理，并因此发明了原子力显微镜（AFM），从而彻底解决了人类对各种材料的原子级观察。

将来的某一天，如果美国国会图书馆内所有的信息可以压缩在一块方糖那样尺寸的器件之中，如果癌病变只有几个细胞那样大小时就可以探测到，如果我们现在的庞大笨重的个人电脑可以用比手掌还小的一块极轻的薄膜来代替的话，你是否也会发出“盖技艺灵哉”的感慨呢？

（蔡闻捷）

“战略新材料”碳化硅

我的名字叫碳化硅，是由地球上最丰富的硅元素与碳元素组成，我的化学符号为 SiC。我的出生非常特别，在 18 世纪时，人们在合成人造金刚钻过程中，企图用硅作为催化剂，促进金刚钻的合成，偶尔发现了一种新的物质——碳化硅，从此我就诞生了。由于是在合成金刚钻过程中发现的，人们就对我特别重视，科学家们纷纷对我进行了深入、仔细的研究。经过一个多世纪的培育，使我身上的许多优越性能充分被挖掘出来，今天，在航天、航空、电子工业、石油化工、汽车、机械、机车、冶金、船舶等领域均能见到我的身影。人们对我越来越重视，不仅使我原先的结构性能得以发展，而且也将我功能方面的性能也发挥了出来，使我成为集结构、光学、电子等各种性能于一身的材料。难怪有些人将我叫成“战略新材料”。

为什么我有这么多的功能呢？因为我的内部有非常特殊的结构，我的体内是由像积木一样的硅碳四面体单晶胞通过不同的堆积方式而成的各种多型体，由于堆积的方式不同，至今已发现有几百种晶体结构的碳化硅多型体，但密度却基本相同，约为 3.21 克/厘米^3 左右，因此我是一种较轻的化合物。我具有相当优良的力学(高强、高硬度、耐磨损)、化学(耐酸、碱腐蚀)、热学(高热导、无熔点，分解温度 $>$ 2 600 ℃)、电学(从绝缘、半导到导体可通过掺杂来调节)性能，而且还具有耐辐射和吸波等特性。

物理学家在研究我的各种性能特点过程中，发现我具有很独特的物理与电子学特性，将铝、硼、氮等离子掺杂进我的内部结构中，可以制备成高温、高频、大功率和抗辐射的宽带隙半导体材料。众所周知，航天航空、核能仪器、人造卫星、太空探测和地热勘探，以及汽车等领域要求电子系统不仅能够在较高温度下，还能在大功率、高频及强辐射环境下使用，就像人们在探测太阳系的行星——金星时，所有的仪器元器件均要经受 560 ℃的高温。这样，原先半导体器件所用的硅材料就不行了，只有我做成的芯片在没有冷却装置的情况下仍能正常运作。难怪有些科学家预言，芯片制造领域用我来取代硅片已为时不远了。

《西游记》中如来佛的照妖镜在十万八千里外就能将地面的情况一目了然的神话，现在已变成现实。当今世界各国对空间探测给予极大的重视，发射了许多种不同功能的人造卫星。在人造卫星上安装了各种相机，在高空将地面上的地貌和军事设施等重要情报，通过安装在相机中的反射镜将接收到的各种光波谱信号反射到接收器中，转换成数字信号发送到地面，再转变成所需的图像。难怪世界各军事强国均对空间相机的研究与发展给予极大的关注。为了提高分辨率，反射镜越做越大，从几百毫米发展到1米以上，甚至做成伞型，在地面发射升空前呈收伞状，到空中伞打开成一面大镜子，这样，分辨率又得到不断的提高。空间相机中关键部件是反射镜，对材料要求非常之高，它要求材料的密度要低，刚性要强；制备成的镜子表面质量要非常高，平整度达到埃级，对各种光谱的反射率要高，光学系统具有宽波范围，从紫外光到可见光，再到远红外光，光学系统都应具有良好的成像质量。加上空间的环境温度变化较大，还要求反射镜材料的热传导性非常好，以抵消空间温差造成的形变。可以制备反射镜的材料有石英玻璃、金属铍等等材料，但由于我的综合性能最好，因此近十几年来我异军突起，成为反射镜材料中的佼佼者。同样大小的反射镜，我可以减重70%以上。通过科学家的不断努力，现在用我已可制备出直径90毫米质量小于30克、直径230毫米质量小于400克和直径为1米质量仅27千克的反射镜。

在航天工业中，火箭的发射与飞行过程中，由于气动摩擦，头部防热材料可产生高达几千度的高温，材料学家又将我制备成纤维，使得强度和弹性模量等提高几倍，甚至10倍以上。加上我本身是一种耐高温与吸波材料，因此人们将我制成的纤维与其他陶瓷材料复合起来制备成功能型复合材料。这种复合材料具有导电、摩擦、屏蔽、阻燃、防热、吸波、隔热等性能，可制成防热的导弹头、火箭的尾喷口、导弹的导向叶片等等。

现代战争中，隐身技术已成为一门新兴技术，除了隐身设计之外，科学家们又将我研制成纳米级的粉体，与其他吸波材料及有机材料混合起来，做成涂料涂在战机、军舰、坦克等等军事目标的表面，当雷达波发射过来时，这层涂层把雷达波吸收掉，起到隐身作用。又因为我的密度低，强度又高，人们又将我与芳伦和高强金属复合后做成防弹衣，以及用在坦克、车辆、兵舰等的防弹装甲上。

目前科学家还将我制备成很细很细的粉体，然后通过高温烧结成各种各样的耐磨部件，这些部件具有自润滑性，耐各种的酸、碱的腐蚀，可以在1 300 ℃的高温下使用，被认为是新一代动密封材料。在石油化工、化学工业中的酸碱泵、磁力泵，西气东输过程中的压缩机的气动密封以及汽车中水冷却泵等等各种各样的动密封环、滑动轴承中大显身手，使这些机泵既可在几千转到两万转及酸碱条件下运动，又能做到不漏，使汽车的冷却水泵可以在每分钟6 000转的高速下转动，保持发动机正常运转。

我的功能真是太多太多了，上天入地、军用民用、各工业领域均有我的身影出现，你们看，我是不是战略新材料？

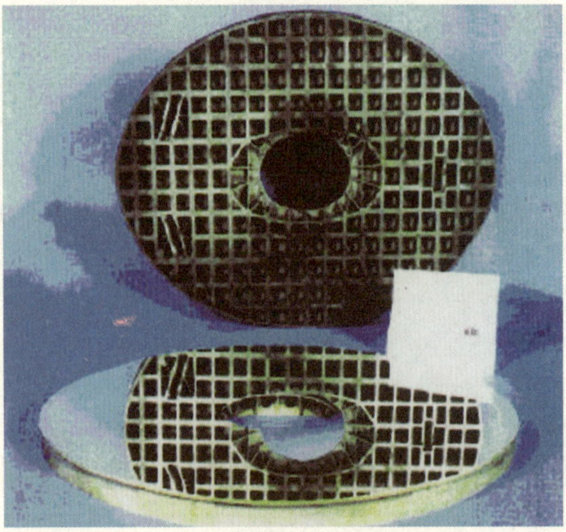

轻量化碳化硅反射镜

碳化硅-碳复合火箭喷嘴

火箭喷嘴在试验中

（谭寿洪）

超导材料

科学的魅力在于发现。1911 年的一天，荷兰莱顿大学的物理实验室里，昂尼斯教授正在专心致志地研究水银的低温性能。他先将水银冷却到－40 ℃，凝固成一条水银线；然后，再在水银线中通上电流，并一步步地降低水银的温度，当温度降低到－269.03 ℃，也就是绝对温度 4.12 K 时，奇迹出现了：水银的电阻突然消失了，电流在导线中畅通无阻，不再消耗能量！如果电路是闭合的，电流就可以永无休止地流动下去。有人就做了这样的实验：将一个铅环冷却到绝对温度 7.25 K 以下，用磁铁在铅环中感应生成几百安培的电流。从 1954 年 3 月开始，在和外界隔绝的情况下，一直到 1956 年 9 月，铅环中的电流数值没有变化，仍在不停地循环流动。超导现象由此而得到认可。昂尼斯也因为其在超导方面的卓越贡献，获得了 1913 年的诺贝尔物理学奖。

此后，人们陆续发现 28 种元素和很多种合金及化合物在低温下都具有超导现象，但是临界温度比较低，最高的是 1973 年发现的铌三锗合金体系，临界温度为 23.2 K。1986 年，奇迹出现了，德国和瑞士物理学家柏诺兹和缪勒居然发现钡镧铜氧化物陶瓷也有超导现象，而且临界温度为 35 K，比金属单质和合金一下子提高了近 12 K，打破了原本人们头脑中陶瓷不导电的观念，这种情况引起了科学家对氧化物陶瓷高温超导体的极大兴趣和高度重视。1986 年底，中国科学院的赵忠贤研究组获得了起始转变温度为 48.6 K 的镧锶铜氧化物陶瓷。1987 年，美籍华裔科学家、美国休斯敦大学的朱经武教授获得了起始转变温度为 93 K 的铱钡铜氧化物陶瓷。1988 年，中国科学院发现了超导临界温度为 120 K 的钙钛钡铜氧化物陶瓷。这些成就表明我国高温超导材料的研究

并入电网的高温超导电力电缆

迈斯纳效应

已名列世界前茅。

为什么超导体在临界温度以下会具有零电阻特性呢?以金属为例,我们知道,常温下金属的原子失去外层电子成为正离子,规则排列在晶格的结点上,作微小振动。而摆脱束缚的自由电子则无序地充满在正离子周围,形成所谓“电子云”。在一定电压的作用下,自由电子作定向运动形成电流,在运动中受到阻碍。而随着温度不断地下降,当降至临界温度以下时,自由电子将不再完全无序地“单独行动”。由于晶格的振动,每两个电子将“手挽手”地结合成“电子对”,温度愈低,电子对愈多,结合愈牢固,不同电子对之间相互的作用力愈弱,对电流阻碍作用愈小。这是许多科学家对金属超导现象做出的解释。但是,陶瓷超导体的发现又进一步引起人们不断去深入探索超导的奥秘,目前对于陶瓷超导的理论解释尚未有统一的认识。更有科学家预言,常温超导体的出现将是自然科学的又一次伟大突破。读到这里,你是否也抱着欣喜的心情而跃跃欲试呢?

超导体的另一个奇妙的特性是抗磁性,也叫迈斯纳效应。即在磁场中,一个超导体只要处于超导态,则它内部产生的磁化强度与外磁场完全抵消,从而内部的磁感应强度为零。人们正是利用超导体的完全抗磁性,研制成功了高速超导磁浮列车。

1966年,美国首先提出制造超导磁浮列车的设想。此后,美国,以及英国、日本、德国等国家都进行了开发和研制。目前,日本、德国的超导磁浮列车已在实验室研制成功,车速高达500千米/小时。我国西南交通大学已经在实验室研制成功超导磁浮列车,取名为“世纪号”(见图)。乘坐这种超导磁浮列车,从上海到北京只需要2小时48分钟。也许读者要问,上海新近建成的世界上第一条商业化磁浮列车线是不是运用了超导磁浮的机制呢?不是的!它是直接利用交流电形成的电磁体与列车上的磁铁相互作用产生的排斥力,使得车体悬浮于轨道之上行进的,尚未运用到超导磁体。

超导现象的最直接、最诱人的应用是用超导体制造输电电缆。因为超导体的主要特性是零电阻,因而允许在较小截面的电缆上输送较大的电流,而且基本上不发热和不损耗能量。目前,第一代超导线材——铋氧化物线材已达到商业化应用水平。用超导线圈通以电流制成的超导磁场更是正在成功应用于制造超导发电机上,其输出功率是传统发电机的20倍以上,可超过2 000万千瓦。另外,在电磁信号的检测方面,超导量子干涉仪可以检测到地球磁场的几十亿分之一,在人体心磁和脑磁的医学研究方面有着巨大的潜力。

将来,随着超导基础理论的发展,超导材料的进一步商业化应用,超导材料还可以用于制造威力无比的快速激光炮、具有人工智能的超导电子计算机、能明察秋毫的电子显微镜、先进医疗器械核磁共振诊断摄像机等。为此人们正在开拓思路,扩大视野,不断学习和研究。亲爱的朋友,还有更多奇妙的用途等着你去发现呢!

(闫永杰)

已经商业化的上海磁浮列车

西南交通大学实验室研发成功的超导磁浮列车“世纪号”

帮助集成电路“退热”的材料

从1946年“情人”节那天，在美国费城诞生的标志现代计算机发展史上里程碑的第一台普通用途的电子管计算机——ENIAC开始，计算机相继经历了电子管、晶体管、集成电路和大规模集成电路阶段，目前已经发展到超大规模集成电路阶段，在米粒大小的硅片上，可以装上15.6万只晶体管，放在显微镜下观察，它就像一座“电子城市”，那密密麻麻的电子电路，就像一块块街区；纵横交错的导线，就像一条条马路。科学家们推测，不久的将来，还有可能在米粒大小的硅片上制造几亿个晶体元件呢！

在计算机发展过程中，如何散热一直是个令人头痛的大问题。在高密度的集成电路“电子城市”里，散热问题显得极为突出。统计性分析表明，电子产品失效原因中，55%是热所造成的。如果让集成电路一直处于“高烧”状态，就会损坏集成电路里面的“五脏六腑”，导致工作不稳定、使用寿命缩短甚至直接导致元器件烧毁。要从根本上解决此问题，必须采用新材料，为此，研究高热导率材料是解决电路散热问题的最有效途径。

作为集成电路的散热材料，一是要有高的导热性能，二是要具有电绝缘性质。一般绝缘体的导热能力小，但也有特殊情况，如金刚石，但它的价格非常昂贵，不宜大量用作集成电路材料；氧化铍导热性能和电绝缘性能都不差，但属于高毒性物质，对人体的危害较大。所以，目前用于制造高热导率电绝缘陶瓷材料的主要集中在几种氮化物陶瓷——六方氮化硼(hBN)和氮化铝(ALN)陶瓷。

六方氮化硼和氮化铝陶瓷之所以热传导好，与它们的分子结构有关，它们的晶体结构简单，结构单元的原子种类较少，原子量或平均原子量较低，从而降低了对热量传导的干扰和散射，使热导率增加。

六方氮化硼陶瓷具有良好的介电性，特别是在高温下并不降低多少，是陶瓷中最好的高温绝缘材料，但要使它在大规模集成电路中得到广泛的应用，必须提高它的致密度。目前六方氮化硼陶瓷还用来制作耐高温、高导热、高绝缘、耐腐蚀等部件，如火箭燃烧室内衬、宇宙飞船的热屏障。

氮化铝是新一代高导热氮化物陶瓷，它也是平均原子量较低的二元化合物，因而热导率很高，尤其是随着温度的升高热导率降低缓慢，它的热膨胀系数与半导体硅材料相近，成为较理想的半导体封装用基板材料，在新一代大规模集成电路、半导体模块电路、大功率器件中获得广泛应用。

近几年来，科学家发现氮化硅陶瓷(Si_3N_4)也具有高热导材料的特征，氮化硅陶瓷与氮化铝陶瓷相比，具有不可替代的优势，氮化硅陶瓷强度和韧性大约是氮化铝陶瓷的两倍，绝缘性及热膨胀系数都相当。另外，理论计算和实验研究均表明，氮化硅陶瓷材料在抗急冷急热性能方面比ALN具有绝对的优势。在导热性能相当的情况下，氮化硅优良的力学性能保证了氮化硅陶瓷基片即使做得更薄，仍能满足强度的要求，而且成本也低，因此它正在成为新的研究热点，有望在不久的将来发挥其在半导体电子封装材料方面的作用。

随着集成电路向规模化和超大规模化发展，IC芯片电路密度增加、功率提高，对材料的热导、介电性能、热膨胀系数等提出了更高的要求，氮化硼、氮化铝和氮化硅等氮化物陶瓷以其优异的导热性能，正在微电子领域崭露头角，成为高技术领域的宠儿。历史在发展、技术在演变，高导热材料的研究和发展方兴未艾，它一定会在人类未来的生产和生活中大展宏图，让我们翘首以待吧！

(江国健)

半透明
ALN陶瓷

透明陶瓷

一个深秋的凌晨，浓重的雾气笼罩着大地。公路上，看不清数米以外的景物。只有路边的高压钠灯的黄光顽强地刺穿浓雾，照亮了路面。

反恐突击队员们佩戴着防强闪光护目镜，乘车迅速地包围了目标建筑。在灯光昏暗的小楼里，恐怖分子紧张地注视着周围。

突然间，接连响起几声爆炸声。顿时，小楼四周闪现出极其强烈刺目的白光。突击队员们立即冲了进去。奇怪的是，恐怖分子竟然没有进行有效的抵抗，只是茫然地瞪大了双眼，胡乱地放了几枪，很快就被突击队员们缴了枪。人质被成功地解救了出来……原来，突击队使用了高能强光弹，爆炸产生的强闪光使恐怖分子的视网膜上的神经在瞬间被“漂白”，产生了强烈的闪光盲，成了睁眼瞎(可在一定的时间内缓慢地恢复)；而突击队员们佩戴的护目镜对可见光的透过率在几十微秒内自动地降低了数千倍，然后，又随着闪光的减弱而迅速地复明，有效地保证了突击队员的战斗力。

这是一个假想的反恐演习。

在这次演习中，悄然无声地发挥着神奇作用的高压钠灯和防强闪光护目镜的关键部件都是采用透明陶瓷制作的：透明氧化铝陶瓷灯管，掺镧锆钛酸铅透明铁电陶瓷。

陶瓷是透明的吗？钠灯为什么要用陶瓷灯管？透明铁电陶瓷又是什么？

陶瓷，对于我们来说，实在是太熟悉了：宜兴的紫砂壶，是多孔的陶；景德镇的餐具，是致密的、上了釉的瓷；而在社会生活中发挥着巨大作用的，是各种各样的结构陶瓷和功能陶瓷。但是，人们一般都不会把它们与“透明”一词联系在一起。

20 世纪 50 年代末，透明氧化铝陶瓷诞生在美国。它像玻璃一样透明，却比玻璃更耐高温、耐腐蚀，化学稳定性更好，强度更高。它的诞生，推动了照明技术的发展。

能源的日益紧缺，大雾、风沙、狂风暴雨等恶劣的气候条件对环境照明技术提出了新的要求：光效要高，功耗要小，恶劣气候条件下光线的穿透力要强。在可见光范围内，金属钠在高温下发出的黄光的穿透力最强，而且它的光效高，功耗小。但是，钠灯的工作温度很高(1 000 ℃以上，最高可达 1 400 ℃),同时钠蒸气又具有强烈的腐蚀性。如果用传统的玻璃灯管会软化,会被腐蚀、漏气而失效。于是,透明氧化铝陶瓷进入了人们的视线。从 1965 年第一支透明氧化铝陶瓷钠灯灯管走上生产线起,到目前为止,全世界的城市照明街灯中,高压钠灯约占 90%。

从此以后,人们更进一步地研究开发新的透明陶瓷。

20 世纪 60 年代末,在对铁电陶瓷的改性研究的过程中,掺镧锆钛酸铅透明铁电陶瓷(PLZT 陶瓷)问世了。它不仅具有像玻璃一样的光学透过率,同时还具有铁电陶瓷的几乎所有的功能特性。在电场的作用下,它的光学折射率会发生可逆的变化(电控双折射效应),在一定的结构设计中可以做成光开关,高速稳定地自动调节通过光的光强;在电场的作用下,它会可逆地产生光散射现象,从透明态变成毛玻璃态(电控光散射效应)等等。强闪光护目镜就是它的应用实例之一。

为什么普通的陶瓷是不透明的?透明陶瓷是怎样才变得透明的?

陶瓷是采用粉体原料压制成形后经过高温烧结而成的,体内存在着大量的气孔、第二相、随机取向的晶粒界面、缺陷等等,使入射光在通过这些部位时产生无规则的折射、反射而失透。这可以从下述的现象中得到解释:

水压很高的时候,打开水龙头,可以发现放出来的水是浑浊的,连盆底的金属下水圈都看不见了。正当我们在寻找原因时,水慢慢地变清了,很快地又变得清澈透明了。这是因为放水时混入了大量的气泡,随后又慢慢地逸出了的缘故。当我们在这清水中慢慢注入牛奶时,水就变成乳白色,而且越来越白,同样也不透明了。这就是性质不同于水的第二相(牛奶)在起作用。装修过住房的人也许知道,用两层玻璃将相同质地的钢化玻璃碎粒黏结成的夹板作为卫生间的门玻璃,既美观,又不透明。这就是玻璃碎粒所形成的随机取向的界面,造成了无规则的折射、反射所带来的结果。

在普通陶瓷中,这几种缺陷都存在。这就决定了普通陶瓷是不透明的。

在透明陶瓷中,由于采取了非常特殊的工艺制备方法,使这些问题都得到一一解决,使它的内部结构和化学成分非常均匀,没有气孔和缺陷,而且结构非常精细。

透明氧化铝陶瓷是采用微量氧化镁掺杂的超细氧化铝粉体,经过等静压成形后,在氢气下高温烧结而成的。而掺镧锆钛酸铅透明铁电陶瓷则是采用高纯、超细的粉体制备的,所采用的烧结工艺是在氧气条件下的高温、高压烧结。

到目前为止，除了上述两种透明陶瓷之外，已经出现了诸如氧化镁、氧化钪、钇榴石榴石等十多种透明陶瓷。由于它们具有高的光学透过率，优异的化学稳定性，耐高温、耐腐蚀，同时还具有优异的介电、铁电、电光等性能，所以，它们将在照明技术、激光技术、光通讯技术、电子技术、高温技术等领域中发挥出巨大的作用。

（郑鑫森）

透明陶瓷

透明陶瓷是对陶瓷原料纯度要求更高的新型陶瓷，杂质含量必须低于万分之一，而且透明陶瓷内部的晶粒形貌和尺寸都必须均匀分布，所以透明陶瓷也被认为是所有陶瓷中最完美的一个家族。

制作透明陶瓷需要结合具体陶瓷材料的高温物理化学性质找到最合适的烧结工艺。其中最主要的要求就是陶瓷晶粒尺寸一定要均匀，气孔率要低，体积密度要趋近理论密度。

现在已经有很多材料能够制备成透明陶瓷，其中美国在 1962 年首次制造出了氧化铝透明陶瓷，随后氧化钇、氧化镁、氧化锆等透明陶瓷也相继问世。这些透明陶瓷的研究和发展给医学、光学、高能物理等相关学科的研究提供了材料基础，也给透明陶瓷科学分支发展提供了一个良好的机遇。

反磨损“卫士”——高温耐磨陶瓷涂层

摩擦与磨损是一种普遍存在的现象，凡两个或两个以上物体相互接触并相对运动的表面都会发生摩擦与磨损。摩擦与磨损对人类的生产和生活有着深远的影响。人类对摩擦的最早接触应该是从原始人类的“摩擦取火”开始的，摩擦取火第一次使人类支配了一种自然力，从而最终把人类和动物分开。我国古代车的发明则是由滚动摩擦代替滑动摩擦而减少摩擦磨损的光辉范例。此外，摩擦轮、皮带轮传动、各种车辆制动器等都是利用摩擦为人类服务的典型实例。但是，我们应该一分为二地看问题，这样一种普遍存在的自然现象又会给社会带来怎样的危害呢？

事实上，摩擦与磨损给人类社会带来的损失也是非常惊人的。据不完全统计，世界上工业部门生产的能源有1/3～1/2消耗于各种形式的磨损上；汽车中各种摩擦消耗的功率约为其有效功率的20%～50%；有些纺织机械中因摩擦损失的平均能耗占其能耗的85%左右。例如美国1981年公布的数字，每年由于磨损造成的损失高达1 000亿美元，其中材料消耗约为200亿美元，相当于材料年产量的7%；前联邦德国1974年钢铁工业的维修费为30亿马克，其中直接由于磨损造成的损失约占47%，停机修理所造成的损失与磨损直接造成的损失竟然相当；前苏联由于磨损造成的损失，每年约为120亿～140亿卢布。而我国虽然对于摩擦磨损所造成的损失尚缺乏全面的统计数字，但据建材、电力、煤炭、冶金矿山和农机等5个工业部门的不完全统计，每年仅备件消耗的钢材就在150万吨以上；而机械工业部1974到1975年的调查报告中显示，仅汽车备件消耗就达23万吨，其中2/3用于维修，大部分是由于磨损所致。

高温耐磨
陶瓷涂层

等离子喷涂氧化物高温耐磨陶瓷涂层的部件

从上面这一个个触目惊心的数字中，我们可以清楚地看到摩擦磨损给人类社会带来了多么大的伤害。摩擦与磨损不仅消耗大量能源与材料，而且由于更换磨损零部件时的停工、维修，以及由于磨损使产品质量降低造成的设备及人身事故等严重地影响了工业技术向现代化自动化发展。所以对摩擦与磨损的研究，特别是在工业发达国家，越来越引起了人们的重视。

有摩擦必然伴随着摩擦面的磨损，而有磨损也很容易想到润滑。在摩擦接触表面上添加一定的润滑剂是减少摩擦、降低磨损的有效而又经济的手段。但是，任何实践只有在科学的理论指导下才可能会是合理的，因此，深入研究摩擦学这一学科技术，并使之真正地指导实际，这对于减少摩擦与磨损给人类带来的危害是极为关键的。同时，伴随着理论研究的逐步深入，一些先进的表面工程技术也先后问世。利用表面涂层技术在摩擦部件的表面制得高温耐磨陶瓷涂层对于摩擦与磨损的减少，在反复的实践中已经被证明是极为有效的，这引起了摩擦学界的极大关注，被美其名为“反磨损卫士”。如氧化铬、氧化铝-氧化钛陶瓷涂层加涂于泵轴和磨坏表面，不但能够较少磨损损失，还能有效地解决石化工业的“跑、冒、滴、漏”。

那究竟什么是高温耐磨陶瓷涂层呢？它的形成机制如何？又怎样起到耐磨的作用的呢？通过各种涂层技术（主要是热喷涂技术，如等离子喷涂、电弧喷涂、高速火焰喷涂、爆炸喷涂及激光喷涂等）在基体（一般是金属摩擦零件）表面涂敷一层陶瓷涂层，而陶瓷材料由于具有高熔点、高硬度、高化学稳定性、摩擦系数小等优点，这样，陶瓷涂层若与金属形成复合体，则将既有陶瓷材料的耐热、耐磨、耐腐蚀性能，又兼有金属材料的良好性能，从而可以减少摩擦与磨损带来的危害，大大延长金属基体的使用寿命。等离子喷涂技术是利用电弧等离子体作为热源，将粉末材料熔化，经高速气流雾化撞击于基体材料表面形成涂层，具有温度高、可喷涂的材料范围广、工件不带电、基体材料范围广、基体受热损伤小、涂层质量高等优点，因此尤其得到关注。常用的等离子喷涂陶瓷材料主要有氧化物（Cr_2O_3、Al_2O_3、TiO_2、Al_2O_3-TiO_2）和碳化物（WC-Co 和

Cr_3C_2-NiCr)，涂层的可加工性能好，经研磨抛光，涂层表面的光洁度可小于 0.02 μm。等离子喷涂高温耐磨涂层在很多领域里已经得到了广泛的应用：Al_2O_3-TiO_2 陶瓷涂层广泛应用于泥浆泵活塞杆、柱塞泵柱塞绝密封体、液压系统蝶形阀-放泄阀塞和密封件、汽缸衬套等耐磨料磨损；Cr_3C_2-NiCr 这一理想的抗摩擦磨损涂层在刀具、涡轮、轴承等耐磨损中也发挥着极为重要的作用。

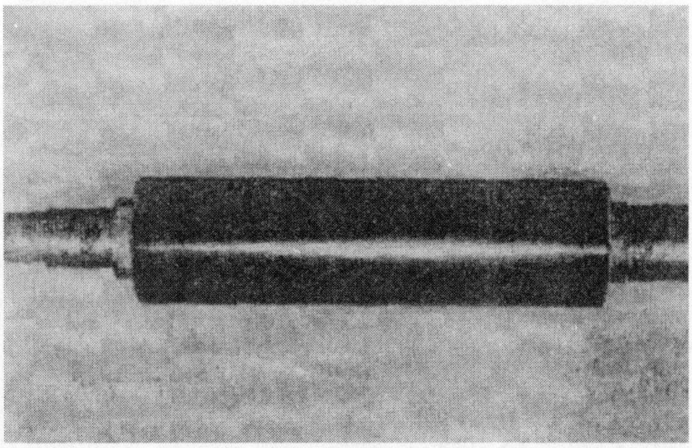

等离子喷涂氧化物高温耐磨陶瓷涂层的部件

人们对摩擦与磨损现象日益增多的关注，以及表面涂层技术的不断创新，必将使高温耐磨陶瓷涂层在反磨损领域里做出更大的贡献，成为名副其实的“反磨损卫士”。

（尹志坚）

耐磨陶瓷

耐磨陶瓷是以氧化铝为主要原料，以稀有金属氧化物为熔剂，经一千七百度高温焙烧而成的特种刚玉陶瓷，再分别用特种橡胶和高强度的有机或无机黏合剂组合而成的产品。

耐磨陶瓷性能特点：

1. 硬度大 ，硬度仅次于金刚石，远远超过耐磨钢和不锈钢的耐磨性能。

2. 耐磨性能极好，其耐磨性相当于锰钢的 266 倍，高铬铸铁的 171.5 倍。

3. 重量轻，其密度仅为钢铁的一半，可大大减轻设备负荷。

4. 粘接牢固、耐热性能好

现代建筑玻璃

现在人们在工作和生活中，特别重视防止噪声、抗热、防火、防盗以及防止放射线的辐射。现代高层建筑物的窗户都装有表面反射率较大的涂膜玻璃，涂膜玻璃上的涂层又可防止大量的热辐射。另一种充满空气的多层窗玻璃也有明显的隔热作用。美国茨舒特公司研制的带有3层玻璃板的隔热玻璃，其隔热性能可与一堵厚40厘米的砖墙相媲美。还有一种多层玻璃系统能把飞机场的轰鸣声降低到居民住宅区夜深人静时的水平。“全防”玻璃及其他防弹玻璃既不怕猛烈的拳击，也抵得住枪弹的袭击。这种玻璃由不同强度的玻璃层组成，各层间夹有质地坚韧的合成物质。在德国汉诺威举行的国际建筑专业会上，展示了一种新的防火玻璃：它可在30分钟内阻隔火焰和燃气透过，经得起高温的冲击。该玻璃由数块玻璃板复合而成，总厚度15毫米，中间没有镶嵌物，具有良好的隔音性能。遇到火灾时，受热侧的玻璃板碎掉后，中间层立即会发泡，使玻璃失去透明性，变成又硬又厚的隔热板，并马上与另一侧的玻璃板紧紧黏合在一起，增强了玻璃复合体的强度，直到熔化后掉下来为止。这种防火玻璃除了作窗玻璃外，还可用作隔火墙、隔音板。另有一种玻璃在－200℃～＋700℃的温度范围内，性能不发生明显变化，特别适宜于制作各种高温观察窗。玻璃还实现了室内装饰师梦寐以求的愿望：用玻璃丝编织的窗帘不但华丽，而且燃着物落到这种窗帘上也不会起火。

防火玻璃

普通玻璃强度差,制成钢化玻璃后,强度提高4～6倍,光致变色玻璃可以随阳光的强弱而改变透光能力,犹如自动"窗帘",其颜色通常有茶色、蓝灰等色。这种玻璃是在玻璃中加入少量卤化物而制得,能滤去某些色谱而吸热,又能防眩和控制紫外线的辐射。

目前国外建筑玻璃发展迅速,热线反射玻璃已普遍采用,这种玻璃的镜面状涂层能反射一部分太阳光线和热能。人们只能从暗处向亮处看才能看清楚。一般热线反射玻璃的传热系数为普通玻璃的0.8,并有良好的遮阴效果。这种玻璃在夏季甚至能阻挡86%的太阳热能,而透入室内的可见光仅17%。

上述几种玻璃可按不同厚度单独使用,也可将不同类型的玻璃相互组合,例如,可以组成三层玻璃片夹两层空气层。国外已制成在这两层空气层中,分别充入不同量的气体,制成高效隔声玻璃,这对建筑声学中特别难以控制的最低频声音特别有效。

悬挂在窗外的玻璃纤维窗帘,能在阳光到达玻璃窗前快速吸热和散热,阻挡75%的太阳热量,而又不影响视野。经测定,与不悬挂这种窗帘的房间相比,夏季能降低室温9℃～12℃,冬季能提高室温2℃～5℃。除光致变色玻璃外,日本制成了电致变色玻璃,即通过电流大小来调节建筑物和火车上窗玻璃的透光度。该玻璃由两块透明导电玻璃组成,两层玻璃之间有氧化钨薄膜和一个专门的薄膜电解质。当电流通过时,由于电介质内流过离子,玻璃的颜色变为蓝色,它可在10%～85%的范围内,调节玻璃的透光度。

俄罗斯研制成一种有效的装饰新材料,叫玻璃开拉米,在装饰性能方面与微晶玻璃相似,还能广泛利用各种玻璃废料来生产,该材质表面非常光滑,为了点缀它,利用了各种颜色的玻璃颗粒。在热加工前,将这些颗粒堆在新铸成的底层上,成品很像大理石、花岗岩等天然材料。其底面可用砂浆与钢筋混凝土构件牢固结合。人们可用它来做住房、建筑物的墙裙装饰保护复面,亦可用作地板覆盖层。

未来的民用住宅中,客厅里的照明设施和其他房间一样,可采用场致发光的玻璃墙面。为了控制室温和室内采光,窗子也可采用导电玻璃膜,并大量采用光致和电致变色玻璃,原来形形色色的窗帘都将"退役"。

从现实出发,科学地提出美好的设想绝非虚无缥缈。不信请看:玻璃可用来建造玻璃桥墩。在保加利亚的克热日市,已建造了世界上第一座完全用玻璃增强塑料制成的桥梁。桥的规模很大:长12.5米、宽8米,它比同样规模的用钢筋混凝土制造的桥梁轻10倍,一辆普通的牵引车就能运送整座桥梁。

(马英仁)

中国古陶瓷

中国是世界上使用陶器最早的文明古国之一，也是发明瓷器的国家。中国陶瓷具有连续不断的、长达万年的工艺发展史，在全世界独一无二。陶瓷的发展过程中蕴藏着十分丰富的科学技术内涵，基本上可以用五个里程碑和三个技术突破来总结其主要成就。

第一个里程碑——新石器时代早期陶器的出现。

根据目前的考古资料，经过科学发掘的至少有江西万年仙人洞和广西桂林甑皮岩两个新石器时代遗址，都出现了距今万年左右的陶器。它们共同的特点都是粗砂陶，质地粗糙疏松，出土时都碎成不大的碎片，只有个别能复原成整体器具。它们的烧成温度也就是在 700 ℃左右，所用原料都是就地取材，器型也比较简单。但毕竟在一万年前，我们的祖先就有了陶器。

第二个里程碑——夏代印纹硬陶和商、周时期原始瓷的烧制成功。

一般认为印纹硬陶始见于约 4 000 多年前的夏代，原始瓷始见于 3 000 多年前的商代。它们的出现为以后青釉瓷的发明打下良好的基础。它们与陶器最大不同是在它们的化学组成中含有较低的 Fe_2O_3。印纹硬陶最高烧成温度已可达 1 200 ℃，原始瓷的最高烧成温度已达 1 280 ℃。原始瓷内外表面都施有一层厚薄不匀的玻璃釉，其颜色从青中带灰或带黄到褐色。一般胎、釉结合不好，易剥落。釉中 CaO 含量较高，称之为钙釉。它是我国独创的一种高温釉，也是世界上最早的高温釉。

第三个里程碑——汉晋时期南方青釉瓷的诞生。

东汉(公元 25～220 年)晚期，以浙江越窑青釉瓷的烧制成功标志着中国陶瓷工艺发展中的一个飞跃。从此世界上有了瓷器，作为一种材料，其影响更为深远。

瓷与陶的差别在于瓷的外观坚实致密，一般为白色或略带灰色，断面有玻璃态光泽，薄层微透光。在性能上具有较高的强度，气孔率和吸水率都非常小。在显微结构上则含有较多的玻璃相和一定量的莫来石晶体，残留石英细小圆钝。这些外观、性能和显微结构共同形成了瓷的特征。此即明代科学家宋应星在其所著的《天工开物》中所说的“陶成雅器有素肌玉骨之象焉”。

青釉瓷在我国南方的烧制成功，首先应归功于南方盛产的瓷石。由于当时只用瓷石作为制胎原料，因而就形成了我国南方早期的石英、云母系高硅低铝质瓷的特色。其次应归功于南方长期烧制印纹硬陶和原始瓷的成熟工艺。

第四个里程碑——隋唐时期北方白釉瓷的突破。

隋唐时期(公元 589～907 年)北方白釉瓷的突破,是我国北方盛产的优质原料与长期积累的成熟的制瓷技术相结合的必然结果。它的出现是我国制瓷工艺的又一个飞跃,使我国成为世界上最早拥有白釉瓷的国家。

以邢、巩、定窑白釉瓷为代表的技术成就可归纳为以下两个方面:

新原料的使用和胎釉配方的改进。邢、巩、定窑白釉瓷的胎中都使用了含高岭石较多的二次沉积黏土或高岭土,因而使得它们胎中 Al_2O_3 含量可高达 30%以上。我们已在瓷胎中观察到高岭石残骸的存在。同时,在胎中还使用了长石,因而胎中 K_2O 的含量可以高达 5%以上。根据它们化学组成中 SiO_2 的含量以及胎的显微结构中 α-石英的含量,可以认为我国隋唐时期即出现了近代高岭石—石英—长石质瓷,这是我国南方从未见过的。即使到了宋末元初景德镇白釉瓷胎中使用了高岭土,也只是高岭—石英—云母质瓷。这两种瓷分别是中国南北方两大白釉瓷系统的代表。另外值得一提的是,在个别隋代白瓷釉的组成中,K_2O 的含量大大超过 CaO 的含量,从而形成一种碱钙釉,这也是我国南方早期青釉瓷所未有过的,只是到了明代永乐年间的景德镇白釉瓷才出现了这种碱钙釉。

烧成温度的提高和装烧工艺的改进。唐代邢、巩、定窑白釉瓷的烧成温度都已达到 1 300 ℃,有的甚至高达 1 380 ℃。烧成温度的提高必然与炉窑的改进相联系。隋唐时期白釉瓷烧制所使用的窑炉都是半倒焰的馒头窑。它们主要采用大燃烧室、小窑室和双烟囱,以便增加抽力而提高温度。与此同时,邢窑白釉瓷的烧制已使用了匣钵,从明火支烧到匣钵装烧是提高瓷器质量的一个突破。

第五个里程碑——宋代到清代颜色釉瓷、彩绘瓷和雕塑陶瓷的辉煌成就。

自东汉晚期始,浙江就一直烧制透明和单色的青釉瓷。到了宋代,北方的汝窑青釉瓷和南方官窑与龙泉窑所烧制的黑胎青釉瓷都是一种呈乳浊状的分相析晶釉瓷。它们都是以釉中析出钙长石微晶和晶间的分相增强了这种瓷釉的玉质感。与此同时,福建建阳烧制的黑釉瓷也是一种分相析晶釉瓷。这些分相和析晶会在釉面上形成兔毫、油滴等各种色调的纹样以显示其艺术效果。从透明釉发展到呈乳浊状和呈现各种纹样的分相析晶釉,是我国陶瓷在科学、工艺和艺术上的一次飞跃。

我国发明的瓷釉就是以铁的氧化物作为着色剂而烧制出各种色调的青釉瓷和黑釉瓷。到了隋唐时代,我国的长沙窑和邛崃窑烧制出多种釉上彩以及许多地方的唐三彩。到了宋代,在河南禹县钧窑又出现了以铜及其氧化物着色的窑变釉和红釉。到了元代以后的景德镇,更是将多种元素引入到釉中,烧制出多种颜色的釉瓷和釉下彩瓷(青花瓷和釉里红瓷),这是我国制瓷历史中在科学、工艺和艺术上的又一次飞跃。

到了明代景德镇,又出现了釉上彩绘,相继出现了斗彩、五彩、粉彩和珐琅彩等。其中如明代成化斗彩,清代康熙五彩和雍正的粉彩都是盛极一时、流传后世的精品。这是制瓷历史中在科学、工艺和艺术上的再一次飞跃。

上述的五个里程碑,清楚地表现了我国陶瓷工艺的发展过程和取得的突出成就。它们之所以能取得一步又一步的新发展,都是因为制瓷技术在以下方面不断取得的重大技术突破:①原料的选择和精制;②炉窑的改进和烧成温度的提高;③釉的形成和发展。可以预见,我国的陶瓷工业如能与现代科学技术相结合并充分发扬自己的优秀传统,那么,它必将有一个灿烂辉煌的未来。

(李家治)

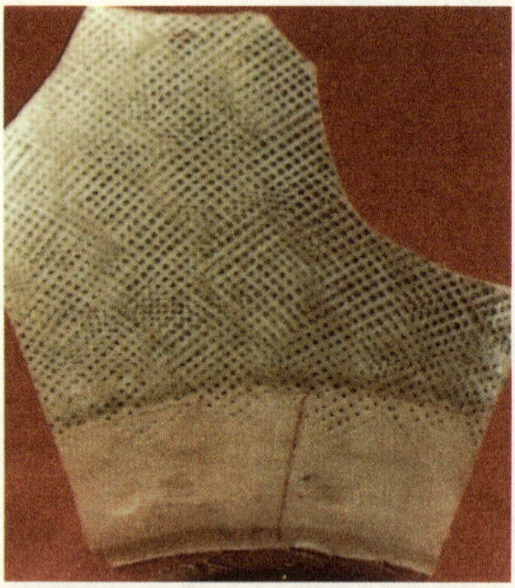

浙江上虞小仙坛东汉晚期青釉印纹罍瓷片(根据这一瓷片所得的科学数据把中国发明瓷器的时间定在东汉晚期)

甘露元年(公元 265 年)铭越窑青釉瓷熊灯

古陶瓷的科技鉴定

中国发明了瓷器，也是世界上最早制造陶器的国家之一。我国古代有许多名窑，而且都以自己的特色产品著称于世。中国古陶瓷器种类繁多，风格各异，不仅在造型、色泽和装饰等方面工艺精湛，还结合了绘画、书法、雕刻和雕塑等多种艺术形式，因此具有极高的审美品位和美学价值。而这些艺术在陶瓷上的实现，又无不伴随着制造原料的选取处理、成型工艺和烧制技术的不断提高。所以说，古陶瓷器体现了丰富的科学技术和文化艺术内涵。这些都赋予其极高的收藏价值。为此，国内外的收藏家和著名博物馆从来都将中国古陶瓷列为重要的收藏对象。

随着经济的发展和生活水平不断提高，爱好和收藏中国古陶瓷等艺术品的人数不断增加，与此同时，古陶瓷器的作伪活动也逐渐猖獗起来，古玩市场到处可见大量仿制名瓷的赝品。有的人在仿制过程中也借助高科技手段，使一些赝品达到几乎乱真的程度，甚至出现了“假作真时真亦假”的局面。因此就产生了对古陶瓷真伪鉴定的迫切需要。

传统的古陶瓷鉴定方法主要是利用古陶瓷文化艺术方面的信息。考古工作者根据他们多年积累的经验，通过眼观、手摸、耳听等感官手段，从陶瓷器的器型、纹饰、胎釉外观、重量、款式以及通过查阅古代文献资料了解文化历史背景等方面来进行判断。但是，随着仿制手段的越来越高超，考古工作者对文物进行鉴定时的难度也不断增大。面对某件器具，考古专家们也往往见仁见智，难以判断真伪而形成众说纷纭的局面。

景德镇窑
青花缠枝牡丹
纹瓶(公元 1271
～1368 年)

但“魔高一尺，道高一丈”，于是人们把目光转向了运用科技手段进行鉴定上来。近几十年来，国内外不少机构的实验室相继利用高新技术手段开展对古陶瓷的科学技术研究，在积累了大量经验的基础上，又开展了对古陶瓷的断代(烧制年代)、断源(确定烧造窑口)和辨伪的探索性研究。

想判断一件古陶瓷器皿是什么时候烧制的,可以利用一种叫“热释光”的技术来确定它的烧制年代。其原理就是土壤里的矿石如石英,一直在吸收着来自它们附近的一些放射性元素以及宇宙射线的辐射能量,而且吸收的能量值与时间的长短是成正比的,也就是说,这些矿石所吸收的辐射总能量与它们单位时间内吸收的辐射量有着稳定的比例关系。矿石在与土壤一起被烧制成陶瓷后,由于经过了高温加热,它们所吸收的辐射能量就会完全释放出来,就像计时器被归零一样,然后又重新开始吸收能量。这样,如果我们想知道这个陶片或瓷片是什么时候烧制的,就可以从它上面取一部分下来,也对它进行高温加热,使它内部吸收的辐射能量以光能的形式释放出来。我们通过测量这些光能的强度来确定辐射总能量,将总能量除以矿石每年所吸收的辐射能(也可以通过测量得到),就能得出这块陶片从烧制到现在所经过的时间的长短了。这一过程可以用下面的公式来说明:

$$\frac{\text{陶瓷中矿物所吸收的辐射总能量}}{\text{陶瓷中矿物每年吸收的辐射能量}}=\text{陶瓷自烧制至今的年份}$$

用热释光技术进行年代测定是目前惟一能够对古陶瓷器提供绝对断代鉴定的科学方法。但是由于它要从古陶瓷上取一小部分下来,属于有损测试,对于很多宝贵的完整文物来说就显得太可惜了,而且这种方法无法确定古陶瓷是在什么地方、使用什么原料以及采用什么方法烧制的。那么怎样才能确定古陶瓷的产地和原料呢?这要从它的化学组成着手。陶瓷是由天然黏土或矿物原料按不同配方配制,经加工成型、上釉装饰及煅烧而得。它们的化学组成取决于所采用的天然原料及配方,不同时代、不同地区所生产的古陶瓷由于所用原料和配方的不同,它们的胎和釉的化学组成也会有各自的特征。针对某一时代、某一地区的瓷器,我们可以收集大量经考古专家确认的这一类瓷器标本,分析它们的化学组成,用一定的数据处理方法对分析出来的结果进行统计分析,从而得出这类瓷器的化学组成的特征规律。同样,其他时代、其他地区的陶瓷也可按照这样的方法进行分析。以后碰到未知时代、未知产地的古陶瓷标本,就可以把它的化学组成与我们总结出来的规律相比较,看与哪一类的古陶瓷相符合,以判断它是什么时候、在什么地方生产的。这就是我们所说的科学断源断代。这种方法经过实践检验证明是比较准确可靠的。再综合使用其他各种科学仪器的分析方法所检测到的样品的显微结构、物理性能以及烧制工艺等方面的信息,就更能提高结论的准确性。

测试古陶瓷化学组成的方法有很多种,分有损和无损两大类。从保护我们珍贵的历史文物的角度出发，当然应该大力发展无损测试方法了。其中，以能量色散X射线荧光能谱分析方法最具代表性，这种方法是通过发射一束电子束到样品表面，激发出各种元素的特征荧光，根据这些特征荧光的强度来测定各种元素的化学组成。由于照射到样品表面的电子束能量并不高，因此并不会对样品表面产生明显的破坏，所以能在不破坏古陶瓷样品的前提下对其化学组成进行准确的测量。中国科学院上海硅酸盐研究所古陶瓷实验室目前就拥有一台美国EDAX公司生产的能量色散X射线荧光能谱分析仪，它可以无损测试很大尺寸的完整陶瓷器皿的化学组成。先进的仪器再加上多年研究所积累下来的科学数据和经验，就能够比较满意地达到古陶瓷科学技术鉴定的需要了。

（吴　瑞　邓泽群）

能量色散X荧光仪（EAGLEⅢ型，美国EDAX公司）

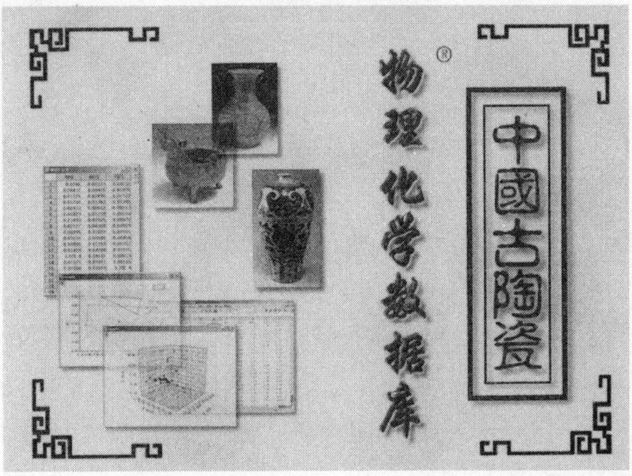

中国古陶瓷物理化学数据库——软件启动画面

陶器

中国社会到距今 3 100 多年前的商代才开始有文字记载。那么,对没有文字记载的史前社会怎样进行研究呢?一般情况下,人们就只能靠历史遗物来进行研究了。除了石器、骨器外,更具研究价值的历史遗物就是陶器。陶器是当时人们生活的必需品,较易破碎,因此随地丢弃。久而久之,就在地下世世代代按时代先后层层叠压。考古学家根据文物出土地层的不同,以及材质和外貌的不同来判定陶器制造的年代,而科学家则用仪器测定其碳十四同位素或热释光的强度变化来确定其制作年代,同时还分析出它的成分、显微结构和物理性能等数据,从而得出当时制陶所用原料和工艺等结论。历史学家常以各种不同种类陶器的出现地命名作为划分人类史前社会发展阶段的重要标志之一,例如仰韶文化是因 1921 年首次在河南渑池县仰韶村遗址发现而得名。古陶器还可成为研究人类早期社会的有力物证。

虽然稻谷物证不可能保存几千年,可是,科学家从古陶片研究中找到了证据,对距今 6 960～6 730 年的浙江河姆渡遗址出土的不少夹碳陶,经分析,发现有形状像稻谷外壳的碳化物,其主要成分是碳和硅,这与稻谷外壳碳化物的化学组成和显微结构也相同。这有力地证明了当时先民在陶泥中加入过谷壳。众所周知,普通黏土制坯,因干燥不当,表面失水太快,收缩较大,而坯体内水分渗出速度慢,收缩小,由此而产生的应力,大于泥坯的强度,就会使泥坯开裂。为此陶坯须慢慢干燥。为缩短干燥时间,先民就在泥土中加入了适量谷壳,使矛盾迎刃而解。用谷壳混合泥制器,在氧化气氛不充分的火焰中烧制时,谷壳就会碳化并残留在陶胎中。这为回答稻谷开始种植年代的难题提供了有力证据,说明早在 6 000～7 000 年前,在我国浙江地区已开始种植稻谷。最近的研究还表明江西万年仙人洞,水稻的种植比河姆渡还要早。

仰韶时期彩陶

我国现存最古老可识的文字是 3 000 多年前殷商代的甲骨文。可是根据考古发掘发现,早在大

仰韶文化彩陶

仰韶文化鱼纹彩陶盆

仰韶文化彩陶罐

汶口文化时期就有刻在陶器上的文字，称之为陶文，例如从莒县陵阳河出土的形似头盔的陶尊，上面的文字清楚可辨，刻文中有斧、锄的象形字。考古学家认为这些陶尊是3 500年前的器物。因而这些文字要比甲骨文早1 000多年。因此，陶文对研究我国文字发展史具有重要意义。

早在5 000～6 000年前的仰韶文化时期，先民已经发明用天然无机颜料在陶器上绘画，经高温烧成颜色，创造了彩陶。当时陶上彩绘有3种颜色，一种是赭红色，着色剂是氧化铁；第二种是黑色，着色剂除氧化铁外，还有一定量的氧化锰；第三种是白色，主要是含铁量很低的白色易熔黏土。由于彩料磨得非常细腻，陶器烧成后，彩料会牢固地黏附在器物表面，并保留至今。这项发明使我们在今天还能有幸欣赏到史前社会那些富有生活气息的生动画面。例如仰韶文化时期，在陶盆里画了两条游鱼和两张展开的渔网，那些生动而富于变化的鱼纹，就是反映那时人们从事捕鱼劳动的艺术结晶，有些陶器上还画着小鹿、衔鱼的水鸟、大龟和丰富多彩的植物图案，反映了先民们的渔猎、种植和采集等生活内容。青海大通县孙家寨出土的距今5 000年的舞蹈纹彩盆，纹饰为5人一组手拉手，面向一致，头侧各有一条斜线，似为发辫，摆向划一，神态逼真，充分表现当时先民生活中的欢乐情景。这为后人研究人类社会的早期生活和生产活动提供了宝贵的资料。

在距今6 000～7 000年的河姆渡遗址出土了一只小陶猪，它腹部明显下垂，与家猪的体形十分相似。最近在上海青浦区的距今5 800～4 900年的崧泽文化遗址也发现了小陶猪，圆咕隆咚，是典型的家猪造型。在距今5 000年左右的浙江邱城遗址也发现过两只小陶猪，四肢短小，前躯小，后躯大，体形呈椭圆，比以前的陶猪在体态上更接近现代家猪。因此，陶猪成了人类最早人工养猪的见证。

在原始社会，音乐舞蹈是当时人们精神生活的重要组成部分。那么，人类最早使用的乐器是怎样的呢？除了石哨和骨笛等外，就是陶哨了。在6 700年前的西安半坡遗址，出土了两个陶制的口哨(或称陶埙)，都用细泥制成，表面光滑，形如橄榄，两端尖而长，上下贯穿一孔，吹起来吱吱有声，它的出现引起音学史专家的极大兴趣，因为这是迄今为止我国出土的最早的乐器之一。以后又出土了2音孔、3音孔陶哨，到了奴隶社会的殷代，出现了5音孔陶哨，已能吹出7个音阶。到汉代，出现了6音孔陶哨。可见在古代，陶哨与音乐曾结成难分的“姻缘”。

(陈尧成)

兵马俑群和唐三彩

世界著名的秦代兵马俑群集艺术和制陶工艺之大成，不愧为古代艺术珍宝。俑是中国雕塑艺术的一个门类。我国古代陶俑都是从古墓中发掘出来的，秦俑也是公元前210年的秦始皇陵遗物。在秦始皇陵出土的陶俑共有8 000多件，其中有陶车士、陶马、手牵战马的骑兵、双手握弓的蹲跪步兵和双手拄剑的将军俑等，最高的将军俑身高达1.96米。它们以实战的军阵布置，战车、步兵和骑兵各兵种联合编组成大型混合军队，显示了秦始皇统率“奋击百万”、“战军千乘”的秦军战胜六国，统一全国的宏伟气势。这在世界上是一个奇迹。你可知道此奇迹是怎么创造的吗？这要从陶俑的制作工艺说起。在公元前221～前210年的秦始皇时期，要烧制出数量这么多、体形这么大的陶人、陶马，在工艺上是很困难的。可是秦代工匠充分发挥了他们的聪明才智，在制陶工艺上获得多项突破：①分段模制成型，如采用湿泥一次成型，会使泥塑承受不了自重而变形，甚至坍掉。为此，当时工匠采用分段制作法。同时为了提高成型速度，还采用模制成型技术，从面容不一的武士俑和神采各异的骏马来看，模具可分为合模和单模。陶俑模制分段部位是人俑头、躯干、手臂、脚、腿、手，和马俑头、躯干、颈、耳、腿、尾、飞鬃等。②严格控制干燥条件，这对大型厚壁泥坯来说很重要，因此必须避开过热和过冷的季节，并施加遮盖物，慢慢干燥，才能保证陶坯在干燥过程中不开裂。③在泥坯湿度控制适当时进行黏结很关键，在黏结过程中必须是先下后上，连成整体后，再雕塑修正。④合理整体设计。为确保俑体能站稳，并在制作和烧成过程中不变形，陶俑设计了足踏板，它连接实心的足和腿，而上身的躯体、手臂和头是空心的，这样就确保整体重心向下，故能站得稳固。⑤严格控制烧成条件。为了避免或减少搬运，很可能采用原地制整坯、原地建简

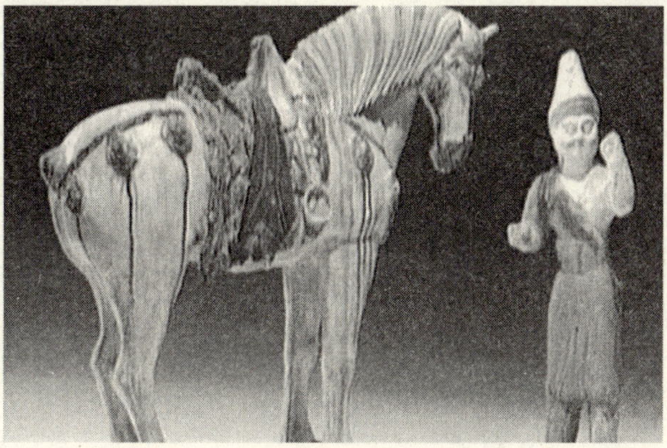

唐三彩牵马俑

唐三彩马俑

易窑烧制的方法。在烧制过程中，要控制升降温的速度和窑内温度的均匀。经科学测试，秦俑的烧成温度在900 ℃左右，这样才能确保陶俑不变形，不开裂，并能使俑体各部位烧成质量基本一致。在俑体的空心部位设计有孔径7～11 厘米的圆孔，以便烧制过程中出气，从而防止炸裂。陶俑烧成后，根据当时将士穿着，再用天然色料绘上各种颜色。上彩后极像真人真马，更增添了整个军阵的威武气势。这批大型兵马俑群凝结着秦代千百名艺术工匠的智慧和科技创造力，使兵马俑成为非常珍贵的世界历史文化遗产。

瑰丽的唐三彩是考古专家在一座距今 1 200 多年前的唐永泰公主墓中发现的，在一大堆陶制冥器(陪葬器物)中，光彩夺目的釉色和栩栩如生的造型，使唐三彩显得鹤立鸡群，格外醒目。因此，唐三彩在我国制陶史上曾风靡一时，是负有盛名的陶制艺术珍品，也是迄今为止年代较早的多种彩色釉陶器。以后，唐三彩在长安和洛阳地区绝大多数皇室及官僚墓中都有大量的发现。唐三彩的釉色有黄、绿、褐、蓝、黑和白等，由于当时彩色釉陶大多以黄、绿、白三种颜色釉为主，所以人们习惯称之为三彩。

唐三彩是怎样制作的？经对出土陶片的研究发现，唐三彩陶器采用二次烧成，第一次素烧陶坯，由于制坯原料是用含氧化铝量高，而含氧化铁和助熔矿物成分低的当地白色黏土，因此其烧成温度必须在 1 050～1 100 ℃。成型方法有手制、轮制、模制、雕塑及黏结等。素烧陶坯制成后，表面施加釉料，釉料的主要化学组成是氧化铅、氧化硅和氧化铝，由于釉料中氧化铅是较强的助熔剂，而且含量高达 50%左右，因此第二次烧釉的温度约为 900～950 ℃。烧成后在陶坯表面形成

唐三彩器皿

一层光亮的玻璃态釉，釉的颜色因为在釉料中加入了着色剂：铜着绿色、铁着黄色和褐色，钴着蓝色，黑色釉中铁含量较高，而白色釉则是配入适量含低铁的黏土。由于彩色铅釉对光线的折射率较高，因此新烧的铅釉显得色彩瑰丽、光彩夺目。

唐三彩还具有形神兼备，刻画生动的艺术造型。三彩俑分为人物俑和动物俑两大类，另有两者兼备的骑俑，还有人面兽身或兽面兽身的怪物俑，也叫镇墓兽，意在镇恶辟邪，这些都是唐三彩的代表作品。唐三彩不仅在制陶工艺和雕塑艺术上取得如此重大的成就，也是我国少数民族同汉族之间文化交流和中外文化交流的历史见证。例如“胡俑”中所塑造的人物有一部分是我国西北地区的少数民族，也有中亚、西亚地区的外国人，还有满头卷发的“昆仑奴”俑像，这是我国较早的非洲人塑像。

秦代大型兵马俑群、唐三彩陶俑和以后制作的大量陶制艺术品反映了当时的艺术、科学技术和生产水平，是古代工匠杰出的创造力和科技与艺术相结合的珍品，它们会永远受到人们的爱护和珍视。

（陈尧成）

秦始皇兵马俑彩绘陶

唐代三彩釉凤首壶

形状记忆合金——"永不忘本"的功能材料

您听说过有"记忆"本领的金属材料——形状记忆合金吗？传统观念认为，只有人和某些动物才有"记忆"的能力，非生物是不可能有这种能力的。难道合金也会和人一样具有记忆能力吗？答案是肯定的，形状记忆合金就是这样一类具有神奇"记忆"本领的新型功能材料。

1963年，美国海军军械研究室在一项试验中需要一些镍钛合金丝，他们领回来的合金丝都是弯弯曲曲的。为了使用方便，他们就将这些弯弯曲曲的细丝一根根地拉直后使用。在后续试验中，一种奇怪的现象出现了：当温度升到一定值的时候，这些已经被拉得笔直的合金丝，突然又魔术般地迅速恢复到原来的弯弯曲曲的形状，而且和原来的形状丝毫不差。经过反复多次试验，每次结果都完全一致，被拉直的合金丝只要达到一定温度，便立即恢复到原来那种弯弯曲曲的模样。就好像在从前被"冻"得失去知觉时被人们改变了形状，而当温度升高到一定值的时候，它们突然"苏醒"过来了，又"记忆"起了自己原来的模样，于是便不顾一切地恢复了自己的"本来面目"。形状记忆效应可用图1所示的简单实验演示，原本弯弯曲曲的形状记忆合金丝(a)经拉直后(b)，只要放入盛有热水的烧杯中，合金丝就会迅速恢复到和原来一模一样的弯弯曲曲的形状(c)。

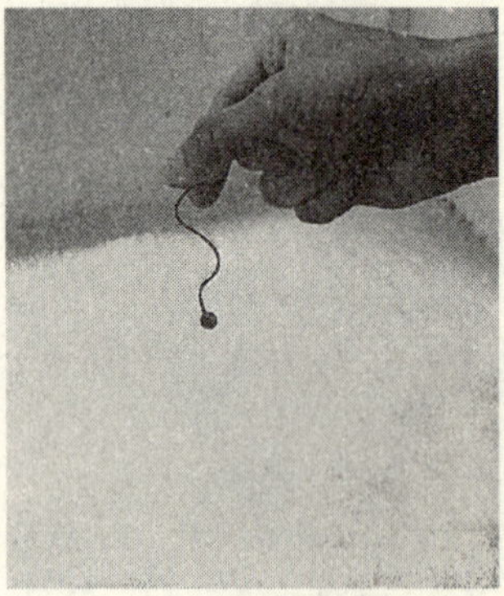
(a) 原始形状

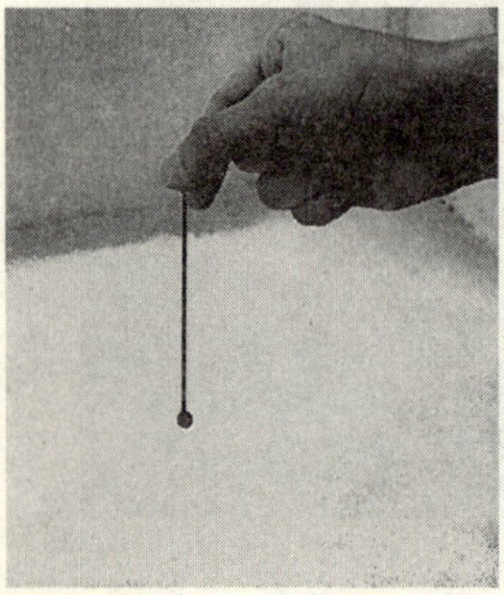
(b) 拉　直

(c) 加热后恢复

图1　形状记忆效应简易演示实验

形状记忆合金不仅单次"记忆"能力几乎可达百分之百,即恢复到和原来一模一样的形状,更可贵之处在于这种"记忆"本领即使重复500万次以上也不会产生丝毫疲劳并断裂。因此,形状记忆合金享有"永不忘本"、"百折不挠"等美誉,被比作一个人应具有的永不变节、坚贞不屈的精神和气节。

人们常说蚂蚁有本事,是因为即使是当今奥运会举重冠军也不过仅能举起自身重量的2倍左右,而蚂蚁却能举起自重的20倍。但是若与形状记忆合金相比,蚂蚁就只能甘拜下风,自愧弗如了,因为形状记忆合金(以镍钛为例)的出力本领可达自重的100倍以上。如图2所示,形状记忆合金(a)能撑起自重100倍以上的重量,马达(b)的驱动力可达自重的50倍,而蚂蚁(c)和人(d)则分别是20倍和2倍。可见,形状记忆合金才是名副其实的大力士。

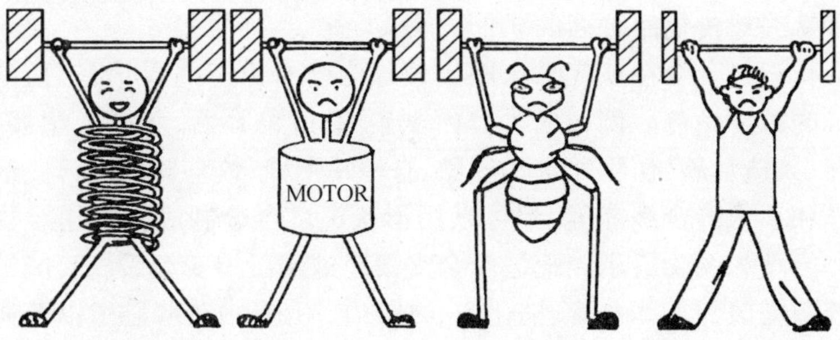

(a) 记忆合金　(b) 马达　(c) 蚂蚁　(d) 人

图2　形状记忆合金是名副其实的大力士

20世纪中叶,美国和前苏联在空间领域展开激烈竞争。继1961年4月12日前苏联将首位宇航员尤里·加加林送入太空轨道后不久,美国就制定了雄心勃勃的"阿波罗"登月计划。人类踏上月球,就必须要将月球上的信息传输回地球,再将地球上科学家的指令发到月球,即实现月、地之间的信息沟通。要发送和接收信息,就必须在月球表面安放一个庞大的抛物线形天线。可是,在小小的登月舱内,无论如何也放不下这个庞然大物。当时,这一度成为登月工程中的关键性技术难题之一。

形状记忆合金的发现给这个难题的解决带来了契机,也为这个金属材料领域内的"晚辈"提供了一次施展才华的绝好机会。科学家用当时刚刚发现不久的形状记忆合金丝制成了如图3(a)所示的抛物线形天线。在宇宙飞船发射之前,首先将抛物面天线折叠成一个小球,如图3(b)所示,这样就很容易被装进了宇宙飞船的登月舱。当登月舱在月球上成功着陆后,只需利用太阳的辐射能对小球加温,折叠成球形的天线因具有形状"记忆"功能,便会自然展开,恢复到原始的抛物面形状,如图 3(c)所示。

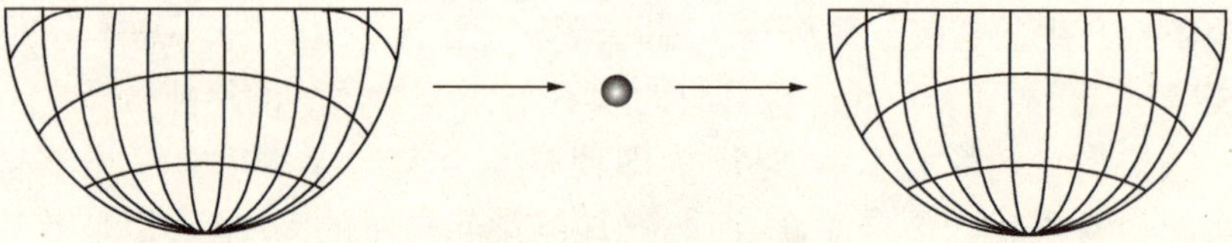

(a)原始形状　(b)折成球形装入登月舱　(c)太阳能加热后

图3　月球上使用的形状记忆合金天线示意图

1969 年 7 月 20 日,乘坐“阿波罗 11 号”登月舱的美国宇航员阿姆斯特朗在月球上踏下的第一个人类的脚印,这位勇士从月宫里传回富于哲理的声音:“对我个人来说,这只是迈出的一小步;但对全人类来说,这是跨了一大步。”阿姆斯特朗当时的图像和声音就是通过形状记忆合金制成的天线从月球传输回地面的。

形状记忆合金在现代临床医疗领域内已有广泛的应用,正扮演着不可替代的重要角色。例如各类腔内支架、心脏修补器、血栓过滤器、口腔正畸器、人造骨骼、伤骨固定加压器、脊柱矫形棒、栓塞器、节育环、医用介入导丝和手术缝合线等等,都可以用形状记忆合金制成。医用腔内支架的应用原理如图 4 所示。记忆合金支架经过预压缩变形后(a),能够经很小的腔隙安放到人体血管、消化道、呼吸道、胆道、前列腺腔道以及尿道等各种狭窄部位。支架扩展后形成如图(b)所示的记忆合金骨架,在人体腔内支撑起狭小的腔道,如图 4(c)所示,这样就能起到很好的治疗效果。

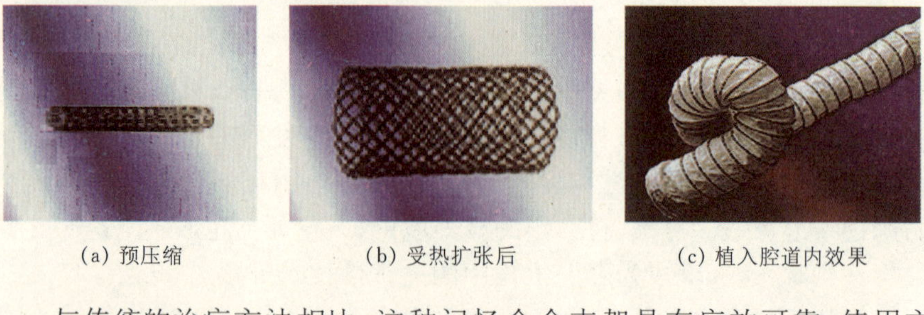

(a) 预压缩　(b) 受热扩张后　(c) 植入腔道内效果

图4　医用腔内支架的应用原理示意图

与传统的治疗方法相比,这种记忆合金支架具有疗效可靠、使用方便、可大大缩短治疗时间和减少费用等优点,为外伤、肿瘤以及其他疾病所致的血管、喉、气管、食道、胆道、前列腺腔道狭窄治疗开辟了新天地。

除了腔内支架方面的应用以外,在骨外科治疗领域,形状记忆合金同样有不俗的表现。众所周知,传统的骨伤手术器械包括接骨钢板、螺钉、螺母、钢丝等,手术时医生要进行钻孔、楔入、捆扎等复杂操作,对患者的机体不可避免地造成人为损伤。这种手术有时要进行四五个小时,病人的长时间麻醉对手术伤口的愈合也十分不利。这种手术的效果也不理想,用机械、刚性办法固定的器械在人体内容易发生弯曲、断裂、松动和腐蚀,有些患者要接受两次甚至多次手术。

与传统的不锈钢器械相比,应用形状记忆合金制成的记忆合金骨科内固定器械,可以使骨科手术开始告别钻孔、楔入、捆扎等复杂工序。手术时,医生先用低温(0～5 ℃)消毒盐水冷却记忆合金器械,然后根据需要改变其抱合部位的形状,安装于患者骨伤部位。待患者体温将其“加热”到设定的温度时,器械的变形部分便恢复到原来设计的形状,从而将伤骨紧紧抱合,起到固定与支撑的作用。这种新技术与传统的骨伤内固定术相比,大大降低了手术的难度,并可使手术时间缩短三分之二。由于材料自身的记忆功能十分稳定,良好的“抱合力”使患者手术的愈合期也大大缩短。

(a) 消化道内支架　(b) 血管内支架　(c) 胆道内支架

图5　腔内支架临床应用实例

记忆合金同我们的日常生活已经是休戚相关。仅以记忆合金制成的弹簧为例,把这种弹簧放在热水中,弹簧的长度立即伸长,再放到冷水中,它会立即恢复原状。利用形状记忆合金弹簧可以控制浴室水管的水温,在热水温度过高时通过“记忆”功能,调节或关闭供水管道,避免烫伤。图6(a)是日本 TOTO 公司生产的智能水温调节器。

(a) 智能水温调节器　(b) 移动电话天线　(c) 牙刷

图6　形状记忆合金的应用实例

形状记忆合金还可以用作消防报警装置及电器设备的保安装置。当发生火灾时，记忆合金制成的弹簧发生形变，启动消防报警装置，达到报警的目的。还可以把用记忆合金制成的弹簧放在暖气的阀门内，用以保持暖房的温度，当温度过低或过高时，自动开启或关闭暖气的阀门。

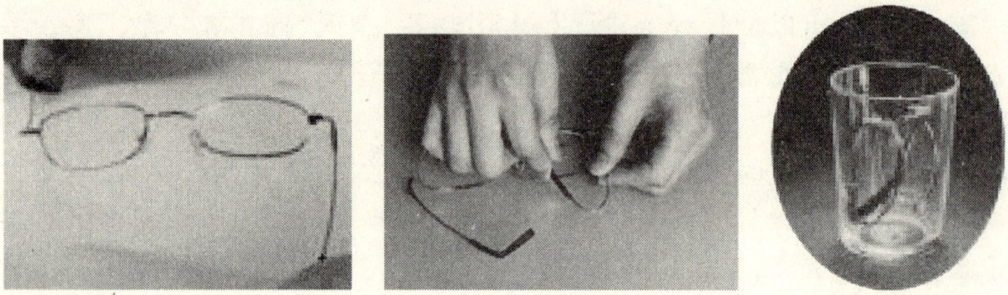

图7 形状记忆合金眼镜架

作为一类新兴的功能材料，形状记忆合金的很多新用途正不断被开发，例如用形状记忆合金制作如图 6(b)所示的移动电话天线以及如图 6(c)所示的牙刷等。记忆合金还可以制成任意变形的眼镜架(图 7)，如果不小心被碰弯曲了，只要将其放在热水中加热，就可以恢复原状。不久的将来，汽车的外壳也可以用记忆合金制作。如果不小心碰瘪了，只要用电吹风加加温就可恢复原状，既省钱又省力，实在方便。

（刘　岩）

记忆合金

一般金属材料受到外力作用后，首先发生弹性变形，达到屈服点，就产生塑性变形，压力消除后留下永久变形。但有些材料，在发生了塑性变形后，经过合适的热过程，能够回复到变形前的形状，这种现象叫做形状记忆效应。具有形状记忆效应的金属一般是由两种以上金属元素组成的合金，称为形状记忆合金。

形状记忆合金可以分为三种：

(1) 单程记忆效应：形状记忆合金在较低的温度下变形，加热后可恢复变形前的形状，这种只在加热过程中存在的形状记忆现象称为单程记忆效应。

(2) 双程记忆效应：某些合金加热时恢复高温相形状，冷却时又能恢复低温相形状，称为双程记忆效应。

(3) 全程记忆效应：加热时恢复高温相形状，冷却时变为形状相同而取向相反的低温相形状，称为全程记忆效应。

近年来，在理论研究不断深入的同时，形状记忆合金的应用研究也取得了长足进步，其应用范围涉及机械、电子、化工、宇航、能源和医疗等许多领域。

铠甲和防弹衣

数千年来，在战争舞台上，兵器和铠甲、防弹衣这一对“矛”和“盾”演绎了无数正义和邪恶、悲壮和血腥的史剧。在斗争中，“矛”和“盾”又通常以矛——兵器为主要方面，引领着铠甲及防弹衣的不断更新和发展。纵观从铠甲到防弹衣的发展历程，它和人类使用材料的历史同步，大体上经历了从天然高分子材料（植物纤维和兽皮等）、青铜、铁与钢、人工高分子合成材料及各种复合材料的发展过程。

石器时代的武器是石块、木棒、石矛、骨矛等，护身用树藤编成的藤甲或兽皮。弓箭和弩的发明，对护甲提出了严重的挑战，它不但可远距离杀伤对方，而且穿透力极强。

青铜时代，青铜兵器促使铜铠甲应运而生，最初用整块铜板护胸，后来将钻孔的小铜片用牛筋或麻绳编缀起来做成鱼鳞铠甲，它比较贴身，且防护面积大。皮甲取材、制作方便，穿戴轻便舒适，特别是犀牛皮厚而坚韧，所以皮甲在后来相当长的时间内一直使用着。

我国进入铁器时代稍晚，但却后来居上。春秋后期除掌握块炼铁方法外，还发明了生产效率高的生铁冶铸技术。东汉三国时期，百炼钢刀剑已誉冠全球。钢兵器的犀利，使铜甲、皮甲被铁甲取代。晋代一些少数民族统治者与汉人争地夺权，竟用百炼钢制作铠甲。十六国夏王匈奴人赫连勃勃曾下达野蛮军令：“射甲不入，即斩弓人，如其入也，便斩铠匠”。暴君即使能逼出一两件坚甲利器，但其统治不会因此而长久，仅二十多年，夏国即遭灭亡。

秦兵铠甲

宋代战争已使用火药，金史记载，有一种叫震天雷的铁火炮即地雷或炸弹，“火药发作，声如雷震，热力达半亩之上，人与牛皮皆碎迸无迹，甲铁皆透”。一种以巨竹为筒，内放火药和铁丸、石子的突火枪及元代铜制火铳的发明，为近代枪、炮的出现和发展奠定了基础。枪、炮的使用，为铠甲敲响了丧钟，与刀、矛、弓、弩斯杀了几千年的铠甲在冲天火光和隆隆枪炮声中黯然离去,替代它的是多姿多彩的防弹衣。

防弹衣是指能吸收和耗散子弹动能,并阻止它们穿透的护身服装。随火器威力的增强,防弹衣也不断改进。防弹衣大体上经历了由金属防护向合成纤维过渡,又由单纯合成纤维向合成纤维与金属或陶瓷复合材料的发展过程,根据材料性质,可分成3类:

硬质材料:英国在一战时用碳钢板制成第一件重10千克的防弹衣,因太重而很少使用。后用合金钢制造的防弹背心,仅重2～3千克,可抵挡高速子弹的直射,其防非贯穿性损伤能力也强。可用“以刚克刚”来形容硬质材料的防弹性能。因其成本低、耐用,至今还在使用。但不如穿软质防弹衣舒服。除合金钢外,还有钛合金、超强铝合金、玻璃钢等,它们的板材常和软质材料组成复合材料的防弹衣。

软质材料:1939年,美国首次生产出人造合成纤维——尼龙。这种柔韧的纤维制成的防弹衣,可“以柔克刚”,化险为夷。让我们分析一下其防弹机制。当子弹击中防弹衣后,击中部位的纤维被拉伸,并将子弹的冲击动能分散到周边的纤维上,若子弹穿透力强,或者锋利的弹片将纤维割断,则纵横交错的多层纤维就会将子弹或弹片裹住。

美军20世纪50年代在朝鲜战场上就使用了12层尼龙的防弹背心,除稍重、气闷外,防弹效果明显。在越南战场,美将尼龙防弹背心作为正式装备,虽仅重4.5千克,但仍使作战能力下降了30%。令美军头痛的是越南潮湿闷热的天气,穿之,难忍其苦;脱之,恐遭袭击,陷入穿、脱两难境地。

1971年,美国研制出新型高强度芳香族聚酰胺合成纤维,商品名叫“凯夫拉”,其强韧性比尼龙好,吸收子弹动能的能力是尼龙的1.6倍,是钢的2倍,易加工,质量轻,穿着舒适,是目前制作防弹衣的主打材料。随后,美国引进荷兰专利,生产一种超高分子量聚乙烯纤维,商品名“斯佩克特拉”,其防弹性能比“凯夫拉”高35%,质量却轻三分之一,打破了“凯夫拉”在防弹材料中的一统天下。目前防弹材料的竞争非常激烈,荷、美、日和我国均有令人瞩目的成绩,新型高强度纤维不断出现。

在寻找高强度纤维时,仿生学引起人们的兴趣,美国人发现一种蜘蛛丝强度特高,是理想的防弹材料。当然不可能依靠人工饲养蜘蛛来获得,许多国家包括我国,正采用生物基因工程技术,培养有蜘蛛丝蛋白转基因的羊、牛和家蚕,再从羊和牛的奶中提炼出人造蜘蛛丝,或直接由家蚕吐出含蜘蛛丝的新蚕丝。这项有意义的研究,科学家们正紧张地进行着呢!

软、硬复合材料:软质防弹衣防弹能力强、质地柔软,穿着轻便,但不足之处是防高速子弹直射能力及防非贯穿损伤能力不及硬质材料。为此，专家将软、硬材料结合起来，取长补短，使刚柔相济，即在软质防弹衣的内衬或外面缝制口袋，插入合适的硬质增强板，组成软、硬复合材料相结合的防弹衣，大大地提高了在重火力情况下防弹衣的保险系数。

防弹衣可提高参战人员的生存概率，但它并非万能，穿了防弹衣也可能被子弹、弹片击中未护及部位，或被高于防护等级的火力击中。有的大国以别人对自己有威胁为由，肆意发动战争。原以为有世界上最先进的防弹衣、高科技信息系统、远程精确打击武器系统，妄想以自己的“零伤亡”将对方“扑杀”。但战争是把双刃剑，屠杀别人，自己也肯定要为此付出沉重代价。真要“零伤亡”，只有选择和平。

（张寿彭）

穿戴防弹衣的士兵

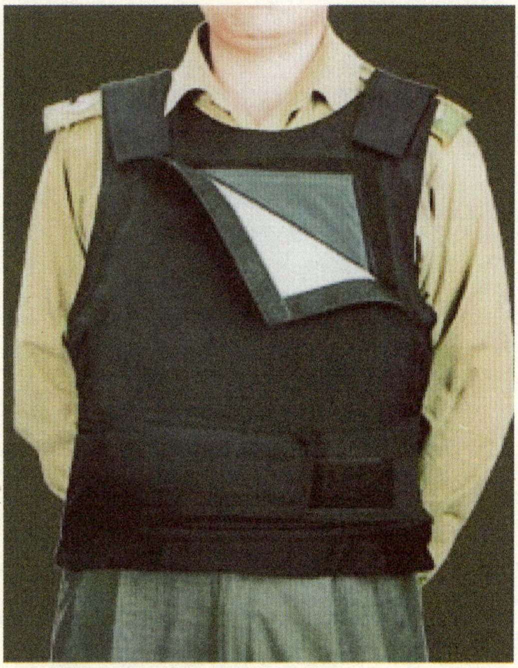

软硬复合材料防弹衣

“性格顽强”的硬汉——钨

在人类漫长的发展长河中，金属可谓是我们文明的见证者。铜是最早被人类发现和应用的金属。早在 4 000 多年以前，我国劳动人民就已经使用铜了。跟铜几乎同时被发现的金属是锡，古代使用的青铜，就是铜和锡的合金。铅的发现比铜和锡稍晚一点。公元前 1600 年左右，铅已经成为一种常见常用的金属。我国在殷代末年，就已经开始炼铅了。时至今日，金属王国还一直在“招兵买马”，在不断的壮大中。

其中有一类比较特殊的金属，被称为稀有金属。那为什么要把这么一大批金属称为稀有金属呢，是不是因为它们在自然界的蕴藏量太少了呢？其实要说在自然界里的蕴藏量，不少稀有金属还真不“稀有”。举个例子说，钛是一种稀有金属，它在地壳里的含量，比铅、锌、铜、锡等还多，在金属王国中，它仅次于铝、铁、钙、钠、钾、镁而排行第七。稀有金属这个名称的由来，固然是因为某些金属确实“稀有”，但最主要的一点，是它们被人们发现的时间和在工业技术上得到应用的时间，要比其他金属晚得多。

钨就是属于稀有金属中稀有高熔点金属的一种，这类稀有高熔点金属的主要特点是“性格顽强”，熔点很高。钨的熔点高达 3 410 ℃，比自然界里现有的金属元素的熔点都要高。而它的同伴如钼、铌、锆、钒、铼等等，一个个也都是身手不凡，其中最容易熔化的是钛了，可它的熔点还在 1 660 ℃，比所谓“真金不怕火炼”的黄金的熔点还要高 600 ℃。

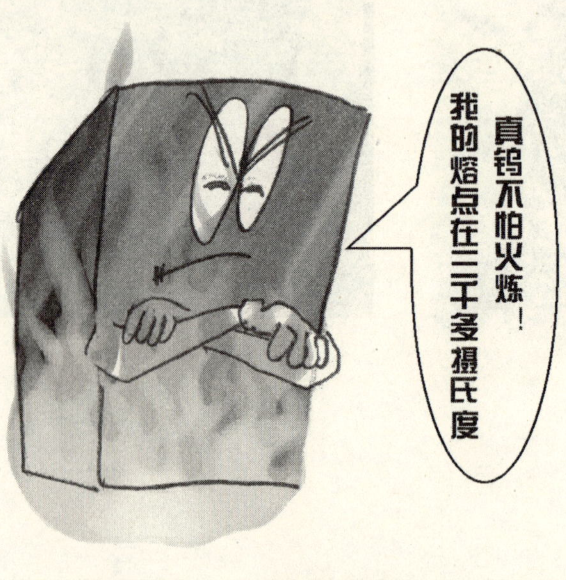

耐高温强者——钨

钨还是金属材料中的“硬度之王”，因为它具有很高的硬度和很强的抗腐蚀能力，这也是稀有高熔点金属的第二个特点。钨跟碳、氯、硼、硅等元素相结合，能够生成非常坚硬、非常难熔的化合物，它是金属中施瓦辛格式的“硬汉”，简直是所向无敌。

1864年，英国人罗伯特·马谢特第一次将5%的钨作为一种合金元素添加到钢中。这种钢在加热到发红时，不但能保持原有硬度，而且还能增加硬度，人们称之为“马谢特自硬钢”。用这种钢制成的刀具可使金属的切削速度增加50%，即每分钟可切削7.5米，而不是原来的5米。

这时，人们想：是否可以使切削速度再增加呢？结果发现钢已经无能为力了，就是再加钨也无济于事。那么，这是不是就意味着切削速度真的达到了极限，再也不可能更快了呢？

面对高速切削所产生的高温的挑战，我们的“耐高温强者”钨面无难色，大显身手。1907年，一种以钨、铬和钴为基础的合金——“斯特利”硬质合金研制成功了。这种合金标志着现代硬质合金发展的开端，保证了更高速切削的实现。今天，这种合金已达到每分钟2 000米这样惊人的切削速度了。

现代的超硬质合金是由碳化钨和一些其他元素的碳化物用烧结方法生产的，合金中还含有钴这样的胶合颗粒。这种烧结成的材料称作金属陶瓷或陶瓷合金，它的硬度即使在1 000 ℃的高温下也不会降低，因此可以进行高速切削加工。碳化钨制品的硬度非常高，如果你想用锉刀来锉断它，那碳化钨制品不会断，断的将是锉刀自己。

不仅如此，钨还有“光明使者”的称号，它被用做照明光源的灯丝，像普通的灯泡、台灯、壁灯、舞台灯、路灯、车灯等等。你能置身于五光十色的灯彩中，是钨丝起到了举足轻重的作用。

除此之外，钨还素有“最佳合作伙伴”之称，当它和其他的伙伴结合在一起时，就能发挥更神奇的作用。钨-铼族合金具有优良的低温延展性和高温强度，除了应用在宇宙飞船中的高温部位和核反应堆的管道系统中，也用作真空炉或氢气炉和涡轮机施应器燃烧室中的热电偶，尤其适用于在高湿度和腐蚀性环境中使用的电触点。

与钨相比，如铌和钽这样的难熔金属虽具有好的延展性，但高温抗拉和抗蠕变强度不高。在这些金属中加入钨后，其高温性能便得以改善。它们可用于高温燃气涡轮机叶片，用于火箭喷嘴、火焰挡板和宇航方面的其他零件；用于某些用途的X射线靶；用于防化学管路或作严重腐蚀条件下的容器。

钨用途虽然十分广泛，但它的潜力还很巨大，应用前景也十分广阔，只要我们人类继续努力开发它的长处，这位硬汉会有更大的空间去大展宏图。

（王　娜）

从拿破仑死亡之谜说开去

拿破仑是18～19世纪法国杰出的资产阶级政治家和军事家。他以一介平民出身,通过自己的奋斗成为法兰西帝国的缔造者。他在有生之年四处征战,先后多次打垮了欧洲各个封建君主国组织的“反法同盟”,削弱了整个欧洲大陆的封建势力。然而,这位叱咤风云的人物,最后却莫名其妙地死去,有人说是死于胃癌,有人说是死于砒霜中毒,众多历史学家对此无法给出一个准确的答案。还好,拿破仑的一个仆人保留了他死后的几根头发,对破解这个谜团起了重要的作用。科学家采用“中子活化分析法”对头发进行了处理,结果发现头发中砷超过了正常含量的5～33倍,而砷的化合物——三氧化二砷正是砒霜。虽然这并不能够最终准确地确定拿破仑的死因,但对史学家的研究却起到了重要的指导作用。

在这一过程中,发挥重要作用的“中子活化分析法”的原理是这样的:让头发接受中子的照射,头发里的某些元素会把中子“吃掉”,变成放射性同位素,比如砷-75吸收一个中子就变成了具有放射性的砷-76。而不同的同位素放射出射线的能量不同,比如砷-76,它会放出能量确定的三四种β射线和三四种γ射线。通过测定头发放出射线的种类和能量,就可以推断出头发中含有什么元素,以及含量是多少。这种“中子活化分析法”又快又灵敏,甚至百亿分之一克的元素它都能够测量出来。

“中子活化分析法”是人们对元素的放射性进行利用的例子之一,人们对于放射性元素的研究最早可以追溯到19世纪末贝克勒耳无意当中发现铀的放射性。1896年,贝克勒耳进行了一项实验,试图研究一种叫做硫酸钾铀的物质所发出的荧光是否含有X射线。他的想法是这样的:在白天用太阳照射铀盐,它会放出荧光;如果荧光里面含有X射线,那么它就可以使包在黑纸里面的底片感光,结果,底片的确感光了。由于当时人们不知道除了X射线还有什么别的东西可以穿越黑的障碍物使底片感光,所以贝克勒耳觉得,荧光里面的确含有X射线。可是,在他做实验的后几天,天总是阴沉沉的,没有太阳,让他无法按照原计划完成实验。于是他就将铀盐和用黑纸包好的底片一起放进了暗橱,打算等太阳出来之后,再来继续他的实验,无意之中,他还把一把钥匙留在了暗橱里。等到天气好了之后,贝克勒耳取出一张底片,企图检查底片被感光了没有。可是冲洗的结果却意外地发现,底片已强烈地感光了,在底片上出现了硫酸钾铀的影像，还留有钥匙的影子。可这次照相底片并没有离开过暗橱，没有外来光线；硫酸钾铀未曾受光线照射，也谈不上荧光，更谈不到含有X射线了。

那么，到底是什么东西使照相底片感光的呢？原来，硫酸钾铀里面含有很多的铀，正是铀的放射性产生的射线让底片感光。因为这个发现，贝克勒耳和居里夫妇共同获得了1903年的诺贝尔物理奖。

贝克勒耳的发现拉开了近代核工业的序幕，其间，各种放射性金属元素不断被发现，比如居里夫人于1898年在寻找比铀的放射性更强的元素时，发现了钋、镭。同时这些放射性重金属元素被应用到军事、民用的各个领域，对我们的世界产生了重大的影响。

比如铀-235、铀-233、钚-239成为核武器的主要原料。以铀-235为例，当一个铀-235原子核受到一个中子的轰击而分裂时，会放出3个中子，这些中子再轰击其他原子核，从而发生链式反应，释放出巨大的能量。1千克铀-235产生的热能大约等于200万千克好煤燃烧时所产生的热能。据有关文献记载，1945年8月二战快结束时，美国投到日本的一颗名为“小男孩”的原子弹，重约4吨，长约3米，其形状像普通炸弹，但是由于使用了铀235，其爆炸力相当于2万吨TNT烈性炸药。

科学总是向我们显示它双刃剑的特性，在核武器给人类带来巨大恐惧的同时，对放射性重金属元素的和平利用，如核电站的建立，也对人类做出了巨大的贡献。我国现在已经建立了秦山、秦山二期、秦山三期、大亚湾、岭澳等核电站，截至2003年的数据，这些核电站总发电量超过1 500亿千瓦时，为广东、深圳、香港等地的电力保障做出了巨大贡献。

（戴　华）

面团一样的金属

面团很柔软,可以被毫不费力地捏成任何形状。在我们的印象中,金属都是硬邦邦的,难道它也可以像面团一样随我们任意摆布吗?1920年,一位叫罗森海因的德国科学家发现锌、铝、铜三元合金在低速弯曲时,可以弯曲近180度,此时的金属表现出了像面团一样的黏滞现象,可以任意变形。1928年,英国物理学家森金斯下了一个定义:凡金属在适当的温度下变得像软糖一样柔软,而且其应变速度为每秒10毫米时产生300%以上的延伸率,属于超塑性现象。1945年,前苏联鲍奇瓦尔针对这一现象提出了“超塑性”这一术语。

科学家们已经发现,许多金属材料都有超塑性。现在工业上应用比较普遍的是铝合金、镍合金、钛合金、铁合金、锌合金等。

塑性是金属本身具有的一种物理属性,它是指材料受到外力作用时,发生显著的变形却不立即断裂的性质。通常用延伸率来表示塑性大小,也就是用金属材料在拉断时的增长量与原来长度之比的百分率来表示。一般黑色金属的延伸率为40%左右,有色金属不超过60%,而具有超塑性的合金,在一定温度下能够达到100%以上,有的甚至达到1 000%~2 000%。金属塑性的大小,代表着金属变形能力的好坏,塑性好的材料,在加工过程中容易成形,可以制造出形状复杂的零件。

我们都知道金属在常温下是固态,这时,晶体内原子排列非常致密,变形很困难,只有在特定条件下,金属才能显示出超塑性。现在已知道合金的超塑性分为两大类:一种称为微晶粒超塑性,是指合金在一定的温度范围内进行低速加工时,如果晶粒成为微细晶粒,这时合金就会表现出超塑性;另一种称为相变超塑性,是指有些金属受热达到某个温度区域时,内部结构会出现一些异常的变化,在这时对金属施力,就会使金属呈现相变超塑性。超塑性合金又被称为材料界的“变形金刚”,它在特定条件下能像面团一样柔软,但是在常温下又能重现抗压、抗拉和耐腐蚀等金属特征。利用这种特殊的性能,可以创造出先进的加工工艺,生产很多奇妙的产品。

超塑性合金在轧制、挤压加工中,由于很柔软,不需要很大的力就可以变形,所以能使加工设备吨位大大减少,经测定,超塑金属的成型压力仅为一般金属的几分之一到几十分之一。一般地说,采用45吨的压机就可以成型,而一般的金属冷挤压成型时则需要用300吨以上的压机。

利用金属的超塑性可以轻而易举地使金属像塑料一样进行一次成型加工。例如,冲压加工长筒形容器时,用一般金属进行一次深冲成型,所获得的最大筒深(H)和直径(d)之比约为0.75,而用超塑合金成型时H/d可达11,为普通金属的14倍多,而且冲出的长筒容器不会出现耳朵状缺陷。一次成型最大的优点是可以大大节约金属材料。例如,生产一只68千克的镍盘燃气机盘,用通常的锻造加工,所需的坯锭重达204千克,而用超塑合金锻造,坯锭只要72.5千克就足够了,每只节约材料130千克以上,这实在是个巨大的数字。

利用金属的超塑性还可以使许多形状复杂、难以成形的材料以及低塑性甚至脆性材料的变形成为可能。例如人造卫星上钛合金球形燃料箱,壁厚仅710微米～1.5毫米,就可以采用超塑性成形的方法制作。制作B-1战略轰炸机的舱门、尾舱、骨架,原工艺需要100个左右的零件,然后再经各种方法连接组装而成,而用超塑性钛合金,就可以一次成形,使尾舱架的重量减轻大约33%,成本降低55%左右。

在航空和航天工业中,超塑性合金也可以大显身手。比如,在超塑状态下,把铝、硅基的脆性合金压制成几十微米厚的薄片作基体材料,然后在基体材料中渗入硼纤维或碳纤维作为骨架,所制成的材料可以综合基体材料和骨架材料的双重优点,具有高强度、耐高温、低密度等特点,如果用来加强飞机上的衬板,可以使机翼的刚度提高约50%,自重减轻一半左右。若是用来制造整架飞机,可以使飞机的整体重量减轻近四分之一。

超塑性合金已经在现代工业生产的很多领域中广泛应用,在航空航天以及汽车的零部件生产、工艺品制造、仪器仪表壳罩件和一些复杂形状构件的生产中,更是起到了不可替代的作用。虽然目前超塑性金属制造在技术上仍有着一定的障碍,如成本高、加工时间长等等,但是凭借其卓越的性能和良好的潜力,正吸引着越来越多的科学工作者来研究它,超塑性金属必将走向一条更加宽广的阳光大道。

（王　婧）

黄金——永恒的魅力

金同银、铂等都属于贵金属，在自然界中储量很少，分布不均匀，所以价值很高。金的化学元素符号是“Au”，熔点高达 1 064.43 ℃，俗话说“真金不怕火炼”，这是因为金不易被氧化，即使在高温熔融状态下也不与氧发生反应，熔炼黄金时火越烈，越容易使杂质氧化成渣，漂浮在熔融黄金的上面，使黄金变得更加纯净，由于黄金具有这种优良的抗氧化能力，所以它在地下深埋几千年后仍然金光闪闪。黄金还具有很强的抗腐蚀能力，即使是浓硫酸或浓硝酸都不能溶解黄金。金比较软，延展性极佳，可以很容易地加工成各种形状，1 克黄金可以拉成长达 3 000～4 000 米的金丝，2 100 多年前西汉中山靖王的金缕玉衣，就是用金丝串联小玉片连缀而成的，现代集成电路所用的球焊金丝的直径只有 18～25 微米。金还可以做成金箔，1 克金可以碾轧成面积达到 28 平方米的薄片，它的厚度仅仅只有 10^{-5} 毫米厚，一些商场的招牌和寺庙中佛像的金身都采用贴金箔的方法。

用于装饰的金属材料要具备良好的化学稳定性（耐酸、碱）、美丽的色泽和方便的加工性能（良好的延展性），黄金正是集以上特点于一身，所以黄金最初的用途就是装饰。又由于其稀有，自古以来，黄金就成了帝王权力的象征，他们将身边的很多物件都做成黄金或贴金的，大到皇宫、神殿、祭坛，小到皇冠、黄袍、杯、盘等，以此来显示其尊贵与奢华。世界各国人民都有佩戴黄金首饰的习俗，我国自古以来，男婚女嫁时就有以金银首饰作为聘礼和嫁妆的习俗。现在，黄金作为饰品也走向了更广阔的领

宝石金戒指

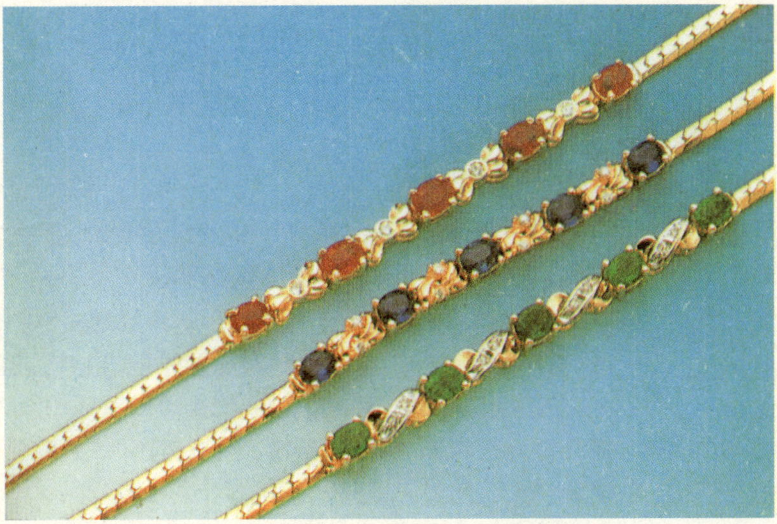

18 K 黄金宝石手链

域，如作为时尚元素被服装设计师应用到时装中。

20 世纪以来，金又被广泛用于电子工业和尖端科学技术中，金在电子工业中 90% 的用量是供镀层用的，金属部件经镀金后可在高温条件下或酸性介质中使用。镀金的另一个作用是可防止热辐射，因此人造卫星和宇宙飞船中很多仪器都是镀金的，就连宇航员在飞船外工作时，其与座舱连接的生命带有的也用镀金防止热辐射。金在飞机和火箭上的红外装置、热反射器等也发挥了作用。把微型黄金线路“印刷”到一小块陶瓷片上，用于计算机则可节省数千米长的导线，这正是计算机不断向小型化发展的奥妙所在。在各种精密仪表的微电路上，只要掺入微量黄金，就可以大大提高这些仪表的稳定性和灵敏度；高档电话机、收音机和电视机的微电路用黄金，可以保证连接和切断的可靠性。在航天飞机、喷气式战斗机和导弹的电子系统制造中，黄金能保证指令从发出的地方通过连接器传送到接收器，而不会有 1 秒钟的中断。随着科学技术的进步，金在现代工业中的应用越来越广泛，用量越来越多，尤其是在要求高、精、尖技术的设备上，应用黄金的部件越来越多。黄金在不少领域中已成为不可取代的金属，看来黄金在人类的社会生活中还将继续大放异彩，它的魅力是永恒的！

（王　婧）

神奇的稀土

稀土元素是一个“人丁兴旺”的大家族，有钪、钇、镧、铈、镨、钕、钐、铕、钆、铽、镝、钬、铒、铥、镥等兄弟姊妹。

叫“稀土”，其实有点名不副实，因为，作为稀土家庭整体，它们既不稀，也不少，地壳中的分布量比常见的铜、铅、锌、锡多得多。它们也不像土，是典型的金属，有银白色的光泽、优良的导电性能和活泼的化学性能，能与氧、硫、卤素形成化合物。为什么叫稀土呢？这不能不从它的发现说起。

瑞典军人阿它尼乌斯是位业余矿物爱好者，1787 年他在斯德哥尔摩附近一个叫伊特比小岛找到一块像煤又像沥青的石头。因不知为何物，就叫它“伊特比石”。7 年后，芬兰化学家加多林对“伊特比石”进行多次试验，确认其中除铁、镁氧化物、石灰、硅土外，还有一种未知元素的氧化物，是一种“新土”。化学界习惯把不溶于水又有耐火能力的固体氧化物叫土。加多林认为此土稀奇罕见，遂称为“稀土”。后来，把组成化合物的金属就称为稀土金属。因此，理解稀土金属不能望文生义。今天说到“稀土”，可能指单一或复合的稀土化合物，也可能是指稀土纯金属或其合金。

随后，瑞典科学家把在稀土中找到的 4 种稀土元素，用伊特比(Ytterby)岛名中的 3～6 个字母分别命名为钇(Yeerium)、铽(Terbium)、铒(Erbium)和镱(Ytterbium)。一个小岛竟为 4 种元素命名，这在世界上是绝无仅有的。

随后，科学家又陆续找到钪、钬、铥、钆、镝、镥；在铈硅石矿中又找到铈、镧、钐、铕、镨和钕。1947 年，美国人在铀裂变生成人工放射性同位素时发现了钷，1972 年在自然界里找到钷。

由于稀土元素习性相近，又以差别很大的含量共生一矿，常和铀、钍、钽、铌、钛群集，将它们分离、提纯非常困难。经过几代科学家 178 年的努力，才将 17 个兄弟姊妹一个个从“深闺老宅”中请出来，结束了亿万年同居一室，彼此相见却不相识的局面，实现了大团圆。

稀土在几乎所有的领域都具有神奇的功效，被誉为改造传统产业、提升传统产品及研发新产品的“维生素”。

19 世纪末，奥地利的威斯巴奇首先用含稀土氧化物的纱罩汽灯点亮了维也纳大学化学系演说厅，这种显色好、寿命长、比电灯亮数十倍的稀土汽灯立刻风靡欧洲和全球。

冶金是用稀土的大户，与普通钢相比，稀土钢的强度、韧性、塑性、抗疲劳强度、抗腐蚀性、抗裂性都有显著提高，现在造的大桥、船、车、铁轨、管道、钢塔等大型钢结构都用稀土钢。耐热钢、不锈钢、硬质合金添加微量稀土，就能使性能和寿命大大提高。用稀土球墨铸铁制造柴油机曲轴，不仅成本降低，且寿命更长，实现了以铁代钢、以铸代煅的梦想。稀土铝合金导线不但导电性好，且强度接近钢。在铝合金中加入微量钪，可阻止焊接热裂纹，使飞行器的传统铆接改焊接成为可能。这不但节约材料，而且使结构的强度增加，重量减轻。这是航空、航天制造工艺的重大进步。

稀土在石油裂化中是重要的催化剂；稀土汽车尾气净化剂可部分代替原来使用的贵金属铂、钯、铑，降低成本，还不会因使用铅汽油而“中毒”，因而深受汽车、环保界青睐。稀土还是合成橡胶的催化剂，其产品可与天然橡胶媲美。

在农、林、养殖业中，稀土有微量元素激活剂的奇妙作用。每亩地只需加 25～50 克的稀土微肥，便可使粮、油、菜、果增产 10%以上，而且还能提高作物抗寒、旱及病虫害的能力。

稀土可制造治晕眩、呕吐、烧伤、杀菌、抗凝血及抗动脉硬化的多种药品，调查还发现：稀土厂工人比对照组人群癌症发病率低很多，稀土有抑制癌细胞作用，同时能促进人体抗癌细胞的生长。现在，稀土功能的研究已扩大到生物领域，科学家拟用稀土催化剂切断癌细胞与艾滋病的基因，一旦研究成功，将是人类最大的福音。

更重要的是，用稀土可制造特殊的光电磁多功能材料，如荧光及特种功能材料、永磁材料、贮氢蓄能材料、激光材料、超导材料、光导材料、功能陶瓷及特种玻璃材料、半导体材料，这些，都是发展信息产业、开发新能源及环保、核工业、航天业等尖端科技不可或缺的新材料。难怪美国认定 35 个，日本认定 26 个对本国经济技术发展至关重要的战略元素时，都把 17 个稀土元素列入其中。稀土已成为世界性的争夺对象。稀土，令世界瞩目。

（张寿彭）

最轻的金属锂

1817年，瑞典化学家阿尔弗德松发现了钾、钠的近亲小妹——锂，它和钾、钠一样，也是银白色的软金属，但密度比钾、钠还小，仅为0.534克/厘米^3，是最轻的金属。锂和钾、钠一样，化学性质异常活泼，见空气就氧化，遇水就激烈反应，夺取水中的氧并放出氢气，生成氢氧化锂溶于水中。由于锂生性不安分，只好将它"禁闭"在石蜡中。

锂出世后默默无闻，直到第一次世界大战期间才初露锋芒。当时，德国是一个缺锡之国，为制造既耐压又抗磨的轴承合金，用锂代锡，制成性能良好的铅锂轴承合金。从此，锂时来运转，在航空和航天材料中也开始大显身手。

锂可谓轻金属之王，它还有一个美称叫"金属味精"。即在铝或镁中加一点点锂，合金的强度、韧性就会大大提高。有人会问，锂是软金属，铝和镁的硬度也不高，怎么一熔合强度就会提高了呢？冶金中的这种现象，早在战国时期《吕氏春秋》中，就对青铜(锡与铜的合金)的强化作了描述："金(古代指铜)柔锡柔，合二柔以为刚"。当然，先人只知其然，不知其所以然。直到19～20世纪金属理论与实验技术的进步，才知道合金的强化原来是合金组分间相互作用，致使合金内部结构与组织发生根本变化的结果。

铝锂合金比一般铝合金更强、更韧、更轻，适于制造导弹、军用飞机、大型客机结构材料与蒙皮。长期以来，人们认为飞机只能应用铆接工艺，一架飞机上常有数十万，甚至数百万颗铆钉。铝锂合金有良好的焊接性能，20世纪80年代，出现全焊接战斗机的机身，随后大型客机也用全焊接。显然，焊接比铆接简便、牢固、经济、机身更轻。最轻的要数镁锂合金，放在水里会浮起来。它具有高弹性，抗低温、高温性能好，又能抗高速粒子冲击，特别是铝锂及镁锂合金与无机材料复合化后，在航天业中用途更广。

锂称得上是一个"多面手"，在许多领域具有广泛的用途。含锂润滑剂被称为永久型、放心型润滑剂，汽车中一些易磨损零件，只要加一次锂润滑剂，就可以用到汽车报废为止。在温度－50 ℃～200 ℃内，机械转速每分钟1万转，仍可保持正常工作。飞机起落架及其操作机构、坦克、战车等军事机械装备，在南、北极恶劣多变气候下工作的运转设备，都应使用锂润滑剂。

氢化锂丸在第二次世界大战中是美国飞行员的必备之物，1 千克氢化锂遇水后可产生 2 800 千克氢气。一旦飞机失事坠水，救生衣、救生艇的一颗小小的氢化锂丸遇水，能立刻释放大量氢气，帮助飞行员逃生。

锂质玻璃的光学性能、热稳定性好，电阻率高、介质损耗低，可用来制造电视显像管玻璃。锂的化合物在纺织业中可用于织物的漂白与染整，使织物色彩艳丽。锂在医药工业上主要用于制作治痛风病药，锂制剂对精神病、再生性障碍贫血症、癌症化疗引起的白细胞减少、周期性偏头痛及消化系统疾病都有良好的疗效。农业上，锂盐作为肥料，能增强作物的抗病能力。

锂还是节能、环保高手。电解铝时，在原料三氧化二铝、水晶石中加入适量碳酸锂，可明显节电、增产、降低氟的排放量，一举三得。冷冻机采用溴化锂代替氟利昂作制冷剂，不仅保护了大气中的臭氧层，其制作成本也比氟利昂低得多。

手机、笔记本电脑、摄像机、数码相机等现代高科技产品给人民生活带来了极大的便捷和快乐，而支撑我们享受生活的“幕后英雄”是锂离子电池。与其他电池相比，它重量轻、体积小、工作电压高、寿命长、自放电率低、充放电快、对人体和环境无害。它还有一个独特的优点是没有记忆效应，在充电前不必考虑电池中电是否用完，可随时充电。

锂在航空航天、电池、冶金、机械、化工、纺织、玻璃陶瓷、医药、农业等许多领域具有广泛用途，特别是在未来的可控热核反应这一崭新的原子能领域里，锂具有举足轻重的地位。别看它娇小轻柔，它将是未来的一颗耀眼的能源之星，将为人类作出巨大的贡献。

（张寿彭）

善解人意的减振合金

大家都知道，声音的产生是由于物体发生了振动，产生的声波通过空气等媒介传播就能够被人耳听到。正因为振动，我们可以听到自然界各种各样的声音，乐器所产生的振动会带给我们美妙的音乐。然而同时，无规律的振动带来的噪声也令人烦恼。

振动和噪声是一对"孪生姐妹"，噪声污染环境，损害人体健康；工业生产中机械的振动会影响机械产品的质量，缩短机械部件的寿命，降低仪表的精度和可靠性，而且在很多时候，振动是酿成事故的祸根。据统计，在机器制造业中有将近百分之八十的事故和设备损坏，是由于物体振动引起的共振所致。因此，振动和噪声已成为决定产品价值和市场竞争能力的重要因素。科学家们在寻找各种办法减少振动、降低噪声的过程中，意外地发现了金属材料的减振特性，并开发和研制成了减振合金。

减振合金效应示意图

什么是减振合金？敲击时不像青铜、钢材那样发出洪亮的金属音，而是像橡胶那样只发出微弱的哑声，然而又像钢材那样能承受较高的工作温度、具有高强度的承载能力，这样的金属材料称为减振合金。有时也把它们叫做"无声合金"、"消声合金"或者"安静合金"。

物体的任何一种运动形式都伴随着能量的产生和转化,同样,振动可以产生振动能。减振合金就是自身具有消耗或转化振动能量的一类合金。目前常用的减振合金有复相型减振合金、铁磁型减振合金、孪晶型减振合金和位错型减振合金等。

复相型减振合金有两种或两种以上的组织结构。通常是在较硬的基体组织中分布着较软的一相。例如减振合金中应用最广的铸铁,铁是硬的基体,石墨是软的一相。在外界作用下,铸铁中的石墨可以反复变形,振动能被转化为摩擦热而被消耗,从而起到减振作用。铸铁成本低,具有良好的铸造性能,很早就用于机械的防振了。铝锌也是典型的复相型减振合金,用它做立体声放大器底板、扩音器框架等,能取得提高保真度的良好效果。

铁磁型减振合金的代表是铬钢。将铬元素含量占12%的铬钢经过适当的热处理,就具有良好的减振性能。这种钢是铁磁体,外界的振动可以转化为磁能而消失,从而使振动和噪音迅速衰减。同时这种钢的高温抗变形能力也很好,很早就用作蒸汽机的叶片材料使用。铁磁型减振合金的工艺性能优良,价格也比较便宜,在减振合金中占有很重要的地位。

孪晶型减振合金是在外界振动作用下,合金中产生了组织结构的变化而消耗振动能。英国海军作为潜艇螺旋桨用材而开发的锰-铜-铝系合金,就是这种类型的减振合金。它的减振效果明显,同时还可以抗海水腐蚀,但是减振作用受温度变化的影响很大,这是因为合金组织结构变化对温度很敏感。由于海水基本保持常温,因此用它做潜艇螺旋桨是最合适的。

镁和镁合金属于位错型的减振合金。它们是靠合金微观原子结构的缺陷与杂质原子之间作用而吸收振动能。这类合金减振能力很好,密度低,能承受大的冲击负荷,目前多用于航空航天工业中。

(黎　黎)

被驯服了的金属——超塑性合金

一提到金属,或许你马上想到的是坚硬的固体,不那么柔顺,想要它在通常条件下产生永久变形,是很不容易的事情。然而,科学家们发现,在某种特定的条件下,一些合金可以产生300%以上的延伸率,这种现象叫“超塑性现象”。

超塑性是一种奇特的现象,具有超塑性的合金能像饴糖一样伸长10倍、20倍,甚至上百倍,既不出现缩颈,也不会断裂。因此,被称为“金属中的口香糖”。

众所周知,金属在常温下是以固体状态存在的。晶体原子排列成紧密的晶格点阵,保持着其原有的各种特性。而当加热到一定的高温之后,一些金属和化合物中的原子就变得活跃起来,从而打破了原有的紧密的晶格点阵,降低了原子间的结合力,增加了金属的可塑性。这样,原来难以进行加工的固体金属就会变得易于成型。

然而,在通常情况下,一般金属的延伸率不超过90%,而超塑性金属材料的最大延伸率可高达1 000%～2 000%,个别的能达到6 000%。但金属只有在特定条件下,才显示出超塑性。在一定的变形温度范围内进行低速加工时,可能出现超塑性。产生超塑性的合金,晶粒一般为微细晶粒,这种超塑性叫做微晶超塑性。有些金属受热达到某个温度区域时,会出现一些异常的变化,若使这种金属在内部结构发生变化的温度范围上下波动,同时又对金属施力,就会使金属呈现相变超塑性。

实现超塑性的主要条件是一定的变形温度和低的应变速率,这时,合金本身还要具有极为细小的等轴晶粒(直径5微米以下),这种超塑性称为超细晶粒超塑性。还有一些钢,在一定的温度下组织中的相发生转变,在相变点附近加工,也能完成超塑性,称为相变超塑性。

1928年,英国物理学家森金斯下了一个定义:凡金属在适当的温度下变得像软糖一样柔软,而且其应变速度为每秒10毫米时产生300%以上的延伸率,均属超塑性现象。1945年,前苏联的鲍奇瓦尔等针对这一现象提出了“超塑性”这一术语,并在许许多多有色金属共晶体及共折体合金中,发现了不少延展性特别显著的特异现象。

最初发展的超塑性合金是一种简单的合金,如锡铅、铋锡等。一根铋锡棒可以拉伸到原长的19.5倍,然而这些材料的强度太低,不能制造机器零件，所以并没有引起人们的重视。

20 世纪 60 年代以后，研究者发现许多有实用价值的锌、铝、铜合金中也具有超塑性，于是前苏联、美国和西欧一些国家对超塑性理论和加工发生了兴趣。特别在航空航天上，面对极难变形的钛合金和高温合金，普通的锻造和轧制等工艺很难成形，而利用超塑性加工却获得了成功。到了 20 世纪 70 年代，各种材料的超塑性成型已发展成流行的新工艺。

现在的超塑性合金已有一份长长的清单，最常用的铝、镍、铜、铁等合金均有 10～15 个牌号，它们的延伸率在 200%～2 000%之间。铝锌共晶合金为 1 000%，铝铜合金1 150%，碳和不锈钢为 150%～800%，钛合金为 450%～1 000%。

超塑性加工具有很大的实用价值，只要很小的压力就能获得形状非常复杂的制作。试想一下，金属变成了饴糖状，从而具有了可吹塑和挤压的柔软性能，因此，过去只能用于玻璃和塑料的真空成型、吹塑成型等工艺被沿用过来，用以对付难变形的合金。而这时所需的压力很小，只相当于正常压力加工时的几分之一到几十分之一，从而大大节省了能源和设备。这方面最典型的例子是钛合金加工。例如人造卫星上钛合金球形燃料箱，壁厚仅 710 微米～1.5 毫米，只有采用超塑性成形的吹塑成型法才能实现。B-1 战略轰炸机的舱门、尾舱、骨架，原工艺需 100 个零件，经各种方法连接组装而成，而用超塑性钛合金，可一次成形，使尾舱的重量减轻约 33%，成本可降低 55%。

使用超塑性加工制造零件的另一优点是可以一次成型，省掉了机械加工、铆焊等工序，达到节约原材料和降低成本的目的。在模压超塑性合金薄板时，只需要具备一种阴模或阳模即可，节省了一半模具费用。超塑性加工的缺点是加工时间较长，由普通热模锻的几秒增至几分钟。

目前，超塑性的铝合金已经商品化，如英国的 Supral 100 (Al-6Cu-0.4Zr)和加拿大的 Alcan 08050 (Al-5Ca-5Zn)等。铝板可在 300 ℃～600 ℃时利用超塑性成型为复杂形状，所用模具费用降低至普通压力加工模具费用的 1/10，因此，它具有和薄钢板、铝压铸件及塑料模压铸件竞争的能力。另外一种典型的超塑性工艺，超塑成型—扩散焊复合工艺也已在航空航天制造业中发挥着日益重要的作用。

（闫永杰）

年轻有为的多面手——钛

如果说钢是19世纪风光一时的金属，铝、镁是20世纪流行于世界的金属，那么钛就是21世纪金属中的宠儿！

人们早在1789年就在钛磁铁矿中发现了二氧化钛（TiO_2），但是由于钛的熔点很高（约1 660 ℃），必须在高温下冶炼，而高温下钛的化学性质又很活泼，因此冶炼钛特别困难，人们也一直将钛称为“稀有金属”。其实呢，正好相反，钛是地壳中含量较多的元素之一，约占地壳质量的0.6%，位居第九位，是铜的80倍，银的6万倍，而钛资源在常用金属中则仅次于铁、铝、镁（其在地壳中的含量分别为8.13%、5%、2.1%）而列居第四位。

一直到20世纪50年代左右，人们终于找到了适用于钛合金的冶炼工艺及设备——真空自耗电极电弧炉，这样才使得钛开始走向工业化的生产。但是，最初的产量很少，直到20世纪80年代才有较大的发展，就金属的应用来说，钛可以说是名副其实的“小弟弟”！

可是这个小弟弟却具有不寻常的综合优点，是一个人见人爱的“多面手”。它比钢轻得多（密度只有钢的60%左右），但比钢和铝更加结实（以同等质量而论），而且能抗腐蚀、耐高温、耐低温，还无磁、无毒、具有记忆功能等等。因为它集如此众多的优点于一身，因此，钛被人们称为是继铁、铝之后的“第三金属”。

钛合金能使飞机以3～4倍音速飞行

钛可以广泛应用于航空领域。目前蓝天上飞行的飞机很多都是用铝合金制造的。但是，当飞机的速度达到 2 倍音速时，机身的温度会比 1 倍音速的飞机高大约 100 ℃；当速度达到 3 倍音速的时候，机身温度又会高出 200 ℃，这时铝合金的强度将会大大降低，如果强行飞行，铝合金飞机会在空中碎裂，发生十分可怕的空难事故。所以，人们一般将飞机速度达到音速 2～3 倍的区域看作是难以逾越的“热障”。那么，能不能越过这个障碍呢？能！但是用铝合金做机身是不行的，必须寻找更加优异的材料，而钛合金就是这些新型材料中的佼佼者。钛合金在温度达到 550 ℃时，强度仍无明显的变化，所以它能胜任飞机以 3～4 倍音速下的飞行。

更可贵的是，钛合金还同时具有优异的耐低温性能，可在 −196 ℃～−253 ℃的低温下保持较好的延伸性和韧性，特别适合于太空环境对材料的要求。因此，钛又被称为“太空金属”，广泛应用于人造卫星的外壳、航天飞机的骨架和蒙皮、卫星的登月舱及推进系统等，美国“双子星座”宇宙飞船座舱几乎全部用钛制成。

另外，由于钛具有极好的耐腐蚀性能，在相关领域有重要的应用。钛是目前能大量生产的、几乎完全不被海水腐蚀的金属之一，是舰船、海洋工程的理想材料。比如，俄罗斯的台风级核潜艇每艘用钛就达到 9 000 吨，不仅能增加潜水深度，而且可提高航行速度。钛还被大量用于海洋石油开采和海滨电站。因此，钛又被称为“海洋金属”。钛的耐腐蚀性能，更令它能在化工领域大显身手。现在，各种钛制设备已经广泛地应用到氯碱、纯碱、尿素、盐等各种制造行业，为这些行业带来了显著的经济效益。

而且，钛具有无毒、无磁性的特性，钛合金的弹性模量和人体骨骼的弹性模量相近，与人体具有很好的相容性，因此又被称为“生物金属”。用钛片和钛螺丝治疗骨折，有意想不到的效果，只要过几个月，新骨和肌肉就会和钛片结合起来。因此，钛是理想的人体牙科植入物和人工关节材料。

钛还是记忆合金家族的重要组成成员，镍钛合金就是人们最早发现具有记忆效应的合金，这种合金能“记住”自己的形状，当它受到外力而变形后，只要给予相应温度，又能“故态复萌”，恢复原形。而且由于含有钛，它的强度也很高。因此，这种合金成为用途最广的形状记忆合金，直到今天，它仍是性能最好的形状记忆合金之一。

另外，作为结构材料，钛由于比强度（强度与密度之比）很高，在很多要求轻型、耐重荷的场合下，比钢铁这种传统的结构材料更有优势。比如，我国正在兴建的国家大剧院，其椭圆形的屋顶就采用了钛-不锈钢复合板，开了我国在建筑领域使用钛的先河(见图)。钛在美国、日本等国早已应用于建筑行业，比如，1984 年日本东京电力博物馆就采用了钛板作为屋顶，面积达 750 平方米，共用钛材 1 吨。

钛的出现，将金属材料的使用带入了一个崭新的时代。钛的优异性能使其成为“智慧金属”和“全能金属”，钛的未来可以说前途无量。

（戴　华）

北京的国家大剧院椭圆形屋顶采用了钛-不锈钢复合板

秦青铜兵器不锈之谜

当我们看到埋在潮湿地下两千多年，表面却毫无锈蚀，仍然光洁如新的兵器时，我们实在是叹为观止。北京钢铁学院（今北京科技大学）专家们曾用多种高科技检测仪器，发现秦兵马俑坑内的剑、镞矛、弩机之所以不锈，是因为表面有一层致密的黑色或黑灰色的保护层，其厚度为 10～15 μm，内含 CrO_2 的氧化层，平均含铬 2%，而黑色保护层内的青铜却不含铬。显然这层黑色氧化层是用含铬化合物人工氧化得到的。值得注意的是，河北满城西汉墓中出土的、乌黑发亮的汉镞与秦镞基本相似，经检测，其表面黑色保护层也是含铬的氧化层。时隔秦汉，地跨陕、冀，时空间隔如此之大，却有相同的含铬氧化层，可见此项技艺在当时已广为流传，并达到了相当高的水平。德国 1937 年、美国 1950 年才发明了用铬酸盐或重铬酸盐处理青铜或其他有色金属，使工件表面生成氧化保护层，以提高工件的抗腐蚀性的“专利”。这项专利，比起中国古代的秦人，整整晚了两千多年！这确实是金属表面处理工艺史的奇迹。

秦青铜镞

北京钢铁学院的专家们用秦人当时可以找到的原料铬铁矿（$FeO\cdot Cr_2O_3$）、自然碱（Na_2CO_3）、硝石（KNO_3 或 $NaNO_3$），将其混合加热制备铬酸盐、重铬酸盐，工件在熔融的混合物中加热 1～2 小时，结果获得满意的

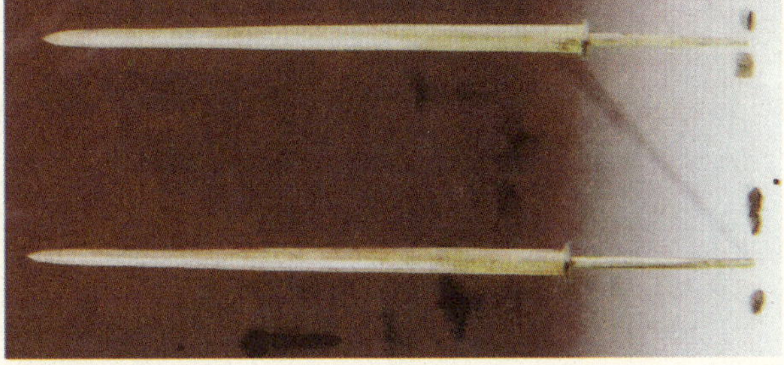

中国古代青铜剑

含铬氧化物的保护层,用浓硝酸滴于其上,5分钟未见任何反应,又将其置于10%的盐水中,3个月也未见有绿色蚀点。专家们倾向于古秦人可能是利用此法获得青铜兵器致密的黑色保护层的,并基本排除了兵器因土壤中有铬酸盐而自然氧化的可能性,或秦俑身上的铬颜料脱落再经过土壤使兵器氧化的可能性。当然,这仅仅是我们的分析,到底秦人用的是什么方法,至今还是一个谜!在检验中,发现有些兵器的黑色保护层中并不含铬,但也不生锈!这又是为什么?这些千古之谜,还有待我们继续探究。

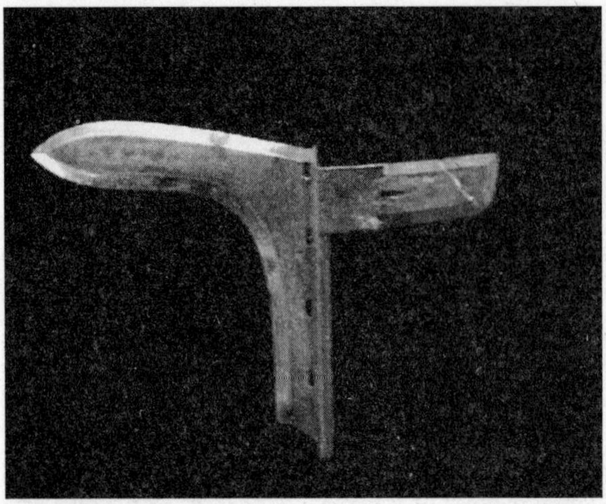
秦青铜戈

这项有两千多年实际测试防腐效果的工艺,完全可以为今天的防腐工程服务。现在常用处理核垃圾的方法,是用多层不锈钢闭封包装后,将其深埋于荒无人烟的地质结构稳定的地下。其实,价格昂贵、名为"不锈"的不锈钢,最后还是会生锈的。以百年计或许还可以,若以千年、两千年计就难说了。而不锈的秦兵器,在潮湿地下的恶劣环境中,历经了两千多年考验仍丝毫无损。如今没有任何一种材料,做过这么长时间的地下抗腐蚀性能试验。显然表面经铬氧化处理的青铜,是最可靠的地下防蚀材料。

(张寿彭)

带翼的金属——铝及其合金

铝和铝合金是现在人们最熟悉的金属材料之一。金属纯铝质量很轻,密度才2.7克/立方厘米,而且加工性良好,可以作成各种形状的餐具和日用品。但铝的强度比较低,一碰就扁。怎样才能使它变得更强更硬,以适应更高的要求呢?冶金学家发现,许多合金的强度往往比制造这些合金的纯金属要高得多。因此他们决定寻找纯铝的"盟友",以使铝变得更坚强。20世纪初的一天,德国化学家威姆研制了一种含铜、镁和锰的铝基合金,这种合金果然比纯铝强度高。但他仍不满足,他猜想能否通过淬火工艺进一步提高它的强度。实验证明事实的确如此,合金的强度果然提高了。但是细心的他发现,不同的试样得到的实验结果有较大差异。威姆开始怀疑所用的仪器和测量精度有问题。他花了几天时间检查仪器。在这段时间,他把无暇过问的试样一直放在工作台上。当仪器再次准备好,进行测量时,他意外发现,试样的硬度比以前高多了。他非常奇怪,几乎不相信自己的眼睛,因为仪器上显示的强度竟比以前高了一倍!于是,威姆决心搞清其中的奥秘。他一次次重复试验,终于发现,合金的强度都是在淬火后的5～7天中连续增加的。这就是威姆偶然发现的铝合金淬火后的自然时效现象。他当时并不知道金属内部发生了什么变化,但他通过试验发现了合金的最佳成分,并取得了专利权。他把这种高强度铝合金称为"杜拉铝",是用他最早从事这种合金生产的城镇"杜莱恩镇"命名的,后来,这种合金被称为"硬铝",因为它的硬度和强度比一般的铝合金高得多。

由于铝合金质轻而强度高,加上20世纪电力工业的迅速发展,实现了铝的大规模生产。铝和铝合金的应用也迅速扩大,从初期制作珠宝和珍贵餐具走向天空。铝材从1919年开始被用作飞机蒙皮和其他零件,这些零件是以铝为基础,并含有铜、镁、锰等元素的铝基合金。因此铝曾被称为"带翼的金属"。21世纪的新型飞机,对铝更是寄予厚望。因为在铝中加入3%～5%的比铝更轻的金属锂,就可以制造出强度比纯铝高20%～25%,密度仅2.5克/立方厘米的铝锂合金。这种合金用在大型客机上,可使飞机的重量减少5吨多,而载客人数不减少。据专家推算,一架波音747飞机,用铝锂合金代替普通铝合金,一年就可增收上千万美元。随着人类对太空领域探索的拓展,铝材料以其质轻的特性进入了航天领域。1960 年,美国曾发射了一颗叫“回声一号”的无线电信号反射卫星,它像一个直径约 30 米的巨大圆球,其外壳是用铝气化后镀在一种塑料上制成的。尽管外壳的容积大得惊人,但重量还不到 62 千克。有一种专门研究太阳发射带电粒子的卫星,它的荧光屏是用最纯的铝箔蒙盖着的。

铝现在已进入更广泛的应用领域,例如,一些镀铝膜的纺织品具有特殊的防热和保暖功能,用它们制成的外衣、毯子、帐篷,备受地质学家、旅游者、渔民、炼钢工人和在热带地区工作的人们的欢迎,因为它们在冬天特别保暖,而夏季又特别防热,这是由于织物上的铝膜在夏天可以把外界的热反射出去,在冬天可以把散出的辐射热反射回来。前捷克斯洛伐克曾制造过一种毯子,是一种非常理想的“恒温室”,而且非常轻,只有 55 克重,可以折叠起来装进一个香烟盒大小的盒子里。铝在 20 世纪末的新材料中也充当着重要角色,它有良好的导电性和可塑性,已成为日益短缺的铜导线的最佳代用品以及生活用品的重要材料,铝从此走出珠宝商店,进入了千家万户。

(黎　黎)

铝合金

铝合金的主要合金元素有铜、硅、镁、锌、锰,次要合金元素有镍、铁、钛、铬、锂等。铝合金密度低,但强度比较高,接近或超过优质钢,塑性好,可加工成各种型材,具有优良的导电性、导热性和抗蚀性,工业上广泛使用,使用量仅次于钢。铝合金分两大类:铸造铝合金,在铸态下使用;变形铝合金,能承受压力加工。可加工成各种形态、规格的铝合金材。主要用于制造航空器材、建筑用门窗等。

从“愚蠢的合金”到高技术的宠儿——金属玻璃

说起玻璃，人们可以追溯世界上第一块人造玻璃，是在距今5 000年前、位于伊拉克的美索不达米亚平原上制造的。中国在公元前三四世纪左右已有琉璃珠的发明，闻名于世的出土文物“金缕玉衣”的头部两侧，各放置一尊湖绿色的“曲水流觞”耳环，这便是2 000多年前的中国最早的玻璃——古琉璃制品。现在，没有人不知道玻璃的存在，可是你知道一种神奇的新“玻璃”——金属玻璃吗？

金属玻璃是在玻璃里面加了一些金属吗？不是的。实际上它是一种特殊的金属合金材料。一般情况下，金属在冷却过程中会结晶，它内部的原子遵循一定的规则有序地排列。但是，快速凝固能够阻止晶体的形成，使原子处于随机无序的排列状态，所以它在微观结构上更像是非常黏稠的液体而不像固体，这种材料因此被称为金属玻璃。形象地说，如果金属材料中原子的排列像被检阅的士兵方阵那样有序，它就是晶态材料；如果原子的排列像集市上人群那样杂乱无章，它就是金属玻璃。从颜色和外形看，它与普通金属材料没有什么不同，但其力学、物理、化学、机械性能都发生了显著的变化。

1959年，杜威兹等人首次成功地制备出Au-Si金属玻璃后，当时的一位物理学家看到这种合金材料，曾嘲讽地说这是一种“愚蠢的合金”。殊不知这一新发明开创了后来的金属材料科学与固体物理研究的新领域。由于金属玻璃具有独特的无序结构，兼有固体和液体、金属和玻璃的特性，因而具有非同寻常的物理和化学性能。但在20世纪90年代以前，由于人们还只能生产厚度为20～30微米的薄带状金属玻璃，其应用领域受到很大的限制。因此，金属玻璃的存在也就不为一般人所知了。20世纪90年代初，日本和美国相继

金属玻璃效应

研制出三维尺寸都达数厘米量级的块体金属玻璃，使金属玻璃成为高技术的宠儿，很快在军事、宇航、民用等领域大显身手。

在1991年的海湾战争中，美国的一种以贫铀材料为主制成的导弹和穿甲弹，因其具有更好的穿甲力在战斗中大显身手，成为攻击坦克、地下堡垒的锐器。但是，爆炸后的贫铀弹具有放射性，残留在土壤中对环境造成了严重危害，美国因此受到国际舆论的普遍谴责。美国一方面矢口否认贫铀弹的危害，另一方面大力加紧一种新型材料——大块金属玻璃的研制，用于代替贫铀弹。

为什么金属玻璃能担当如此重任呢？这是因为，块体金属玻璃具有独特的力学和机械性能，强度高，韧性和耐磨性明显优于一般金属材料，能够明显地提高许多军工产品的性能和安全性。美国军方正与美国加州理工学院等合作，研究用于制作穿甲弹弹芯材料的块体金属玻璃及其复合材料，他们希望在未来战争中，用超强金属玻璃穿甲弹来替代贫铀弹。美国等西方国家还计划在2008年装备金属玻璃反装甲武器，同时还用作复合装甲的夹层，以提高坦克、战斗机、舰艇和其他装备的防弹能力。

金属玻璃在太空探索中也发挥了独特的作用。例如，美国宇航局在2001年发射的“起源号”宇宙飞船上，安装了用块体金属玻璃制成的太阳风搜集器，因为金属玻璃中的原子是随机密堆排列，所以能够有效地截留住高能粒子。不仅如此，由于金属玻璃的低摩擦、高强度和增强的抗磨损特性，块体金属玻璃已经被美国宇航局选为下一个火星探测计划中钻探岩石的钻头保护壳材料。

金属玻璃的另一个有趣的应用是高尔夫球球杆等运动用品。打高尔夫球被认为是一种高尚的体育运动，全世界每年生产球杆上的杆头就有数亿美元的产值。杆头的能量传递特性是一个主要指标，起初用不锈钢来做，能够传递约60%的能量给球，其余的能量因杆头的形变而被球头吸收；后来改用钛合金，能够传递约70%的能量给球；而锆基金属玻璃能够传递99%的能量到球上。俗话说，“枪打出头鸟”，由于金属玻璃性能太过突出，以至于不得不规定用金属玻璃制成的杆头不能用于高尔夫球职业赛。此外，金属玻璃也将在棒球、网球拍、自行车和潜水装置等许多体育项目中得到应用。

当然，金属玻璃的用途远不止这些，人们正在研究它在消防、特殊用途的镜面制造、光纤通信、化工等领域的应用，相信我们的生活会因这种神奇的材料而更美好！

（储德韦）

金属中的氢脆

20世纪50年代，某锻造厂光亮的模锻件，第二天表面就布满了一个个小鼓包，又过了两天，鼓包又变成了比头发还细的裂纹(又称发裂)；某轧钢厂大批钢坯发生异常断裂事故，堆垛时压断，传送辊道上震断，推钢机推断，甚至连磁力吊车吸、放也会断，在断口上可见许多亮点(又称白点)。上述事故中，钢的硫、磷、夹杂物含量并未超标，加工工艺也无差错。为什么会出现这一系列怪现象？当时冶金界对此陷入迷茫，不知所措。

解决这个世界难题的，是我国著名的冶金物理学家李薰。

第二次世界大战初期，英国某勋爵的儿子驾驶一架战斗机参加皇家空军飞行表演，因飞机引擎主轴突然断裂而机毁人亡(见附图)。其时，李薰正在设菲尔德大学留学，他和导师安吉鲁教授一起参加了这次事故的调查和分析。对于事故的原因，众说纷纭，莫衷一是。当时年仅二十多岁的李薰，力排众议，认为造成惨剧的罪魁祸首是钢中含量过高的氢引起的主轴脆断。李薰成为这一领域的创始人，获得了白朗杯奖章和奖金。

钢在冶炼时，空气中的氢，废钢及铁合金含的水分在高温下会产生氢，并以原子态溶入钢水中，原子氢在液态钢中溶解度大，在固态钢中溶解度小，两者相差很大。冷凝时，原子氢来不及从固态钢中逸出，只好强留在钢中。高温下，原子氢在钢中扩散能力强，易在晶体缺陷、冷热加工引起的显微缺陷处聚集。室温下，原子氢会慢慢变成分子氢。这一过程常有滞后性，即需要几天、数月甚至几年的孕育期。一旦形成分子氢，它就不能再扩散了，分子氢的拥聚，便产生巨大的内应力，直到出现裂纹。若钢中有碳化物，氢与碳化物反应生成甲烷，其压力也足以使钢产生裂纹。这些微小的裂纹，即是将来钢突然脆断的发源地，我们把这种现象叫氢脆。

李薰还定量地指出氢含量与氢脆的关系，每100克钢中含氢达2毫升时，即使钢的塑性下降，而当时每100克钢中含氢高达4～6毫升，这样，发生氢脆就在所难免了。飞机引擎主轴断裂，模锻件表面从鼓包到裂纹密布，钢坯大批量断裂，巨轮突然裂断等，就是这个在自然界元素里体重最轻、“块头”最小的氢在作怪。小块头，却是“大力士”，它不但在冶炼时可熔入钢液，并潜伏其中，在热处理、酸洗、电镀、电焊时，氢也会钻进钢里"搞破坏"。1971年,某飞机厂因一零件易脆断,影响了几百架飞机的交付使用。周恩来总理、叶剑英元帅亲自过问此事,李薰受命到实地考察,很快得出结论,原来还是氢在作怪。因零件经不恰当的冷加工变形,增加了晶体内缺陷数目,使分子氢的拥聚点增多。在酸洗、电镀时所产生的大量氢钻进钢里,事后,又未进行必要的脱氢处理,零件出现氢脆就不可避免了。

李薰在1942~1948年间发表了一系列氢脆论文,对钢铁冶金的理论和实践作出了重大贡献,在世界冶金界影响很大。

李薰的氢脆理论指导了实际生产。近年来,真空冶炼、炉外精炼(电磁搅拌、惰性气体搅拌、真空脱气等)冶金技术的应用,使钢中的氢含量在百万分之二以下,人们可以不必担心氢脆的出现,但是氢还会在其他工艺如加热、酸洗、电镀、热处理等过程中钻进来,我们还得特别小心!

(张寿彭)

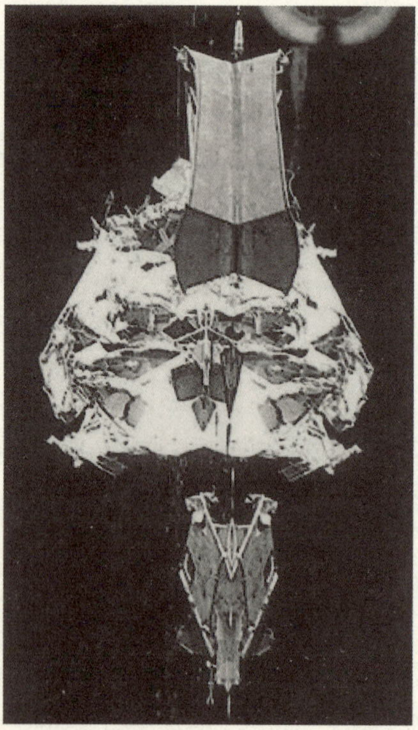

由于氢脆致使飞机发动机爆炸

垃圾堆中发现的珍宝——不锈钢

不锈钢对我们来说是再熟悉不过的名字了,生活中到处可以看到它的影子,比如家庭厨房里的菜刀、炒锅、碗勺,还有携带方便的小剪刀,而它在工业生产中的应用,那就更是不胜枚举了。不锈钢作为用途极为广泛的合金材料,曾被人们称为20世纪的钢材。它表面光亮夺目,引人喜爱,而且还具备很多优良的合金性能。那么,不锈钢是谁发明的?又是什么时候开始应用的呢?

第一次世界大战期间,英国科学家亨利·布雷尔利受英国政府委托,研究武器的改进工作。那时,士兵用的步枪枪膛极易磨损。布雷尔利想发明一种不易磨损的、适于制造枪管的合金钢。1913年,他在一次研究实验中,把铬金属加在钢中试验,但由于一些原因,实验没有成功,他只好失望地把它抛在废铁堆里。过了很久,废铁堆积太多,要拿去倒掉时,奇怪的现象发生了。原来所有废铁都锈蚀了,仅有那几块含铬的钢依旧是亮晶晶的。布雷尔利很奇怪,就把它们拣出来并进行仔细研究。研究结果表明,含碳0.24%、铬12.8%的铬钢,即使在酸碱环境下也不会生锈。但由于它太贵、太软,没有引起军部的重视。布雷尔利只好与莫斯勒合办了一个餐刀厂,生产"不锈钢"餐刀。这种漂亮耐用的餐刀立刻轰动欧洲,而"不锈钢"一词也不胫而走。布雷尔利于1916年取得英国专利权,并开始大量生产。至此,从垃圾堆中偶然发现的不锈钢便风靡全球,亨利·布雷尔利也被誉为"不锈钢之父"。

随后,不锈钢因为其良好的合金性能开始被用于工业生产,如各种机器零件的制造,桥梁和建筑物的建造,城市管道的铺建等等。后来,更大量地应用于建筑物的装饰和室内装修,如闪闪发光的栏杆扶手、各种精美的器皿及工艺品。现在,不锈钢已经深入我们日常生活的各个方面。

当然,不锈钢的"不锈"也只是相对的,在一定条件下也可能生锈。如某些不锈钢在高温时会有生锈的倾向,或者在受力和特定的腐蚀介质联合作用下易发生腐蚀,但这些腐蚀都可以采取措施避免。目前,不锈钢仍然不失为合金钢舞台上的华丽主角。随着科技的日新月异,科学家们在不锈钢中加入各种新元素,如镍、钼、钛、铌、硼、铜、钒及稀有元素等,使其产生了更好的性能,进一步开拓了不锈钢的应用领域。

近年来出现的抗菌不锈钢是不锈钢家族中的新宠儿,它是在不锈钢中添加一些抗菌的元素如铜、银等,经过特殊处理而成。这种优良的抗菌自洁性预示着它的应用前景非常广阔。例如,现在餐馆中用的普通一次性木筷每副成本是一毛钱，一个人一年下来的费用就是一百多元。而用抗菌不锈钢做的筷子每副价格只有2元左右，按使用5年来计算，一副筷子就能节省500元左右。可以预见，随着不锈钢越来越普遍地走进千家万户的同时，这种品质优良的材料必将在更多领域发挥作用。

（黎　黎）

不锈钢制品

“哑巴金属”——减振合金

金属材料被用于制造各种机器和设备，不幸的是，它们同时也带来了严重的噪声污染。治理振动产生的噪声，固然可以采用附加隔音装置等方法，但势必使机器大型化、重量增加、成本提高。发明一种不产生振动噪声的金属材料来达到减振、消声的目的，这一直是材料科学家们梦寐以求的目标。传统的金属材料强度高、振动衰减性差，容易产生振动和噪声。为了兼顾高强度和振动衰减性好这两方面的要求，材料科学家们研制了减振合金。减振合金又称阻尼合金、无声合金、消声合金、安静合金等。据说，当初有一块含锰量为80%的合金掉在地上，并未发出多大的声音，因而引起了人们的兴趣。结果，英国成功研制出含锰、铜、铁和镍等成分的合金；美国成功研制出含40%锰、58%铜、2%铝的合金；我国的上海交通大学也成功研制出性能优良的锰铜合金。目前生产中应用的减振合金有数十种，除减振和强度兼优的锰铜合金外，还有经常被用做机床床身的镍钛合金，用于机器底座的灰口铸铁，用于制造立体声放大器底板的铝锌合金，也有作为蒸汽涡轮机叶片材料的铬钢，还有用作火箭、卫星上精密仪器减振台架的镁锆合金等。

减振合金之所以具有优异的减振性，是由材料的内部微观结构造成的，它能够依靠材料内部易于移动的微结构界面，以及在运动过程中将产生的内摩擦(内耗)较快地转化为热能消耗掉，使振动迅速衰减，从而能有效地降低噪声的产生。如锰铜合金的减振性能是低碳钢的10倍，它是名副其实的“哑巴金属”。用锤子敲打它，如同敲打橡胶那样沉闷，即使使劲把它摔在水泥地上，也只发出轻微的“噗噗”声。用锰铜合金制造潜水艇的螺旋桨，不会发出声响，从而不易暴露目标，增加了潜水艇活动的隐蔽性。将锰铜合金镶嵌在燃气轮机或凿岩机钻杆的轴承套上，机器开动时，它“不动声色”，可降低噪声几十分贝，为改善劳动条件“默默无闻”地做出了贡献。

减振合金最先出现在英国和美国，到现在只有几十年的发展历史。最初，它用在导弹、飞行器和潜艇等先进武器上，以达到减振和消音的目的。后来它的使用范围迅速扩展，成为机械制造业中的传动耐磨件、结构材料、家电、电力、汽车等行业有效的减振和降低噪音的新型材料。减振合金的发展和应用为降低噪声、创造安静舒适的工作和生活环境作出了杰出的贡献。

(宋维芳)

汽车制造业"新宠"——泡沫金属材料

在材料科学研究中,永不改变的话题是探索新材料。随着工业和科技的迅速发展以及社会进步,大自然提供的材料已经远不能满足今天高度发达社会的物质需求了,因此,人们提出用各种各样的方法冶炼出许多合金材料、烧结成各种陶瓷和金属间化合物、复合成各类高分子聚合物。20 世纪 90 年代末,出现了一种新型材料"泡沫金属材料",由于其具有许多优异的物理性能,已经在消声、催化载体、减震、屏蔽防护、分离工程、吸能缓冲等一些高技术领域获得了广泛的应用,尤其是在汽车制造业中,泡沫金属材料已经成为推动新一代汽车革命的原动力之一,成为汽车制造业的"新宠"。

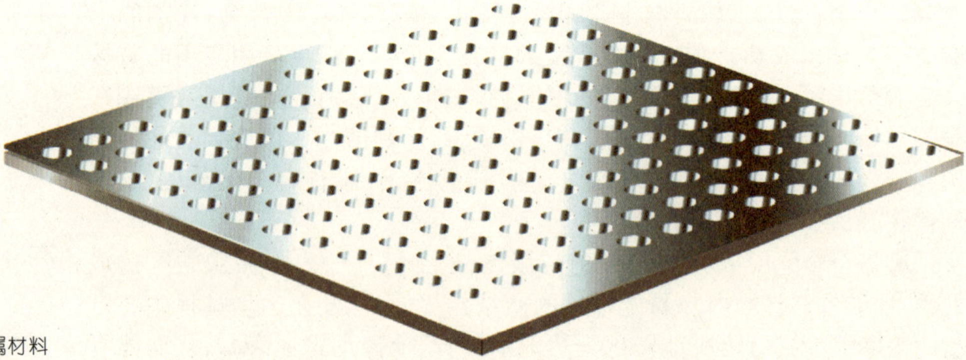

泡沫金属材料

那么,泡沫金属材料到底是一种什么样的材料?具有哪些优异的物理性能呢?又因何种魔力能够推动汽车业的新革命,成为汽车制造业的新宠呢?在回答这些问题之前,我们可以从追寻前辈们探索新材料的足迹,来讲述泡沫金属材料的出现及其独特的"魅力"。

人类在探索新材料的过程中,一开始总认为材料越致密、强度越大,就能够营造或是承受重负荷,如钢、水泥、玻璃等。但事实真是如此吗?其实,自然界提供的材料往往是泡状材料,或多孔材料和泡沫材料,如:骨骼、树木、珊瑚等,那这些不致密材料的强度就不高了吗?答案当然是否定的。这里,不妨举两个例子来说明:大恐龙有 25 架飞机那么大,红木树可高达 100 米,重达 2 500 吨。为此,人们得到了启发,泡状材料可能会同时具备最佳刚度、强度和重量。因此,人们在探索新材料时,就有意识地模仿与大自然提供的材料具有一样的泡状结构的材料,这或许会是最佳选择。这种探索思路的改变,最终促使了泡沫金属材料的出现。

泡沫金属材料可以说是一种含有泡沫状气孔的金属材料。与一般烧结多孔金属相比,泡沫金属的气孔率更高,孔径尺寸较大,可达7毫米。由于泡沫金属材料是由金属基体骨架连续相和气孔分散相或连续相组成的两相复合材料,因此其性质取决于所用金属基体、气孔率和气孔结构,并受制备工艺的影响。通常,泡沫金属材料的力学性能随气孔率的增加而降低,导电性与导热性随着气孔率的增加也呈下降趋势。当泡沫金属材料承受一定压力时,由于气孔塌陷导致的受力面积增加和材料应变硬化效应,使得泡沫金属具有优异的冲击能量吸收特性。已使用的泡沫金属材料有铝、镍及其合金等,泡沫金属材料的制备方法也很多,有粉末冶金法(可分为松散烧结和反应烧结两种)、渗流法、喷射沉积法、湿式电话学法、熔体发泡法、共晶定向凝固法等。在上述众多的制备方法中,除特殊要求外,作为工业大生产最有前途的是熔体发泡法,它的工艺简单,成本低廉,目前日本上市供应的就是熔体发泡法生产的泡沫铝块件。熔体发泡法技术难点在于选择合适的金属发泡剂,一般要求发泡剂在金属熔点附近能迅速起泡。

应该说,泡沫金属材料在过去的数十年中,已经得到了广泛的应用。这里再讲讲它为什么在汽车制造业尤其受到关注,成为汽车业新革命的主力军。

我们都知道,轿车车身材料主要是金属薄钢板,厚度一般在0.6～2.0毫米。但是,随着现代轿车技术的发展,要求轿车材料既有相当的强度,重量又要轻。选用铝材或是利用在低碳钢内加微量元素如铌(Nb)或者钛(Ti),生成这些微量元素的碳化物,附加一定的后处理工艺,制备出变形性好、厚度薄的高强度钢板,这些措施虽然在一定程度上也达到了既减少重量又能保持强度的目的,但是由于成本或是技术操作较难等原因,都很难真正实现产业化。

时势造英雄,泡沫金属在汽车制造业找到了一展身手的空间。泡沫金属主要指泡沫铝合金,它由粉末合金制成。通常的粉末合金是用粉末压制成型,或用金属粉末及塑料的混合物注射模制成型。在除掉分型剂及增塑剂之后,将压制的坯件烧结(一种温度在1 000 ℃左右的热处理方式),使它们具有一定的特性。烧结的性质及应用范围,在很大程度上取决于孔隙率的大小。泡沫铝合金密度很小,承受很大的外力而变形压缩后,当外力撤去,凭着它自身的弹性可恢复到原来的形状,有点像橡胶。专家认为,若外来总能量假定为100%,泡沫铝合金变形量为它的60%时,可承受外来总能量的60%。由于它本身具有一定的强度,可以经过多次这样的变形循环而不会损坏。泡沫金属的质量很轻,密度只是铝合金材料的 1/4 不到,热膨胀系数与铝合金材料一样,热导率又相当低,加上它的变形恢复性能极佳,又有一定的强度,可以在轻量化及安全性方面显示优势,因此受到汽车业的极大重视。目前,用泡沫铝合金做成的汽车零部件有发动机舱盖、行李箱盖、翼子板等。泡沫铝在高架路及某些建筑用隔音设备中也已有了很大的应用。在安全性设计中,将泡沫金属用作吸收碰撞能量的主要材料是十分适宜的。因为,目前汽车的安全设计不但要考虑乘用人的安全,还要考虑到其外车辆及行人的安全。

随着科技的发展以及材料研究的深入,泡沫金属这一新型材料将会在航空航天、汽车制造、化工、建筑以及军工等领域里淋漓尽致地发挥出其独特的魔力。

(尹志坚)

太空中的新材料

美国有一位叫富兰克林·科克斯的工程学教授,是研究金属材料的行家。他对比了各种金属的密度和它们的化学性质后,意外地发现,金属的密度或比重和其化学活性有密切关系。即金属的密度越小,它的化学活性就越大。比如锂,是金属中密度最小的,比水还轻,因此特别活泼,在室温下就能和空气中的氧、氮起猛烈反应。而铂、金、铱、锇等贵金属的比重大,因此在空气中非常稳定。

科克斯经过多年研究,在 1963 年宣布发现了这个并不深奥但却被许多人视而不见的规律。到了 20 世纪 90 年代,科克斯把这个理论运用到了航天领域。在航天领域中,为节省燃料和各种费用,总希望用质轻而结实的材料。像锂、镁等金属比重虽轻,但在地面上使用有许多不足,尤其是做结构材料几乎不可能。因为它们太活泼,易氧化着火。但它们在太空中却大有用武之地,因为在太空中没有地球上引起锈蚀和化学反应的空气,那里几乎是真空。

于是,科克斯决定对这些轻金属进行“改造”。他知道,塑料如果进行泡沫化,可以使密度成倍成倍地降低,变成很轻但很有用的泡沫塑料。如果把这些金属也变成泡沫金属,它们的密度也会变得更小,小到可以在水中浮起来,但化学性质是否会变得稳定一些呢?

1991 年,科克斯利用“哥伦比亚”号航天飞机进行了一次在微重力条件(即失重状态)下制造泡沫金属的实验。他设计了一个石英瓶,把锂、镁、铝、钛等轻金属放在一个容器内,用太阳能将这些金属熔化成液体。然后在熔化的金属中充进氢气,使金属产生大量气泡。这个过程有点像用小管往肥皂水中吹气,会产生大量泡沫一样,金属冷凝后就形成到处是微孔的泡沫金属。

这种泡沫金属能做结构材料吗?实验证明,用泡沫金属做成的梁比同样重量的实心梁刚性高得多。因为泡沫使材料的体积大大扩张,获得了更大的横截面,因此用泡沫金属制造的飞行器,可以把总重量降低一半左右。

用泡沫金属建立空间站还有一个优点,即当空间站结束其使命时,可以让它们重返大气,它们将在大气层中迅速彻底燃烧化成气体,减少空间垃圾。

见不得光的金属——铯

提起金属，人们立刻会想到它那坚硬如钢、闪闪发光的样子。然而，世界上却有一种见不得阳光的金属，在烈日的照射下，会变得“骨酥筋软”，瘫成一滩稀泥，这就是金属铯。

铯在元素周期表中排在第55号，是1860年德国化学家本生和光学物理学家基尔霍夫发现的。他们用分光镜对一种叫杜尔汉的矿泉水进行光谱分析时，得到了两条不知来源的蓝线，经证明是一种新元素造成的，他们把这种元素命名为铯，符号为“Cs”，源自拉丁语“天空的蓝色”。为此，他们蒸干了440吨杜尔汉矿泉水，反复重结晶上百次，终于分离出铯的化合物。1881年，科学家塞特堡首次用电解法得到了金属铯。

铯是金属家族中最娇嫩的一位。说它“娇”，因为它的熔点只有28.4℃，如果把它放在手掌上，它会像冰棍掉在热锅里一样；说它“嫩”，嫩得像块石蜡，用小刀就可以像削苹果一样把它切削成任何形状。你可别认为铯“软弱可欺”，它可是喜怒无常的哟！把铯放在空气中，它就会像磷一样燃烧起来；放进水里，它就会像炸药一样爆炸。为了让铯“老实”点，人们不得不把它“囚禁”在煤油中，让它“与世隔绝”。

如今已进入21世纪，随着现代高新技术的迅速发展，铯在许多领域发挥了其不可替代的作用，这是因为它具有的种种特殊性能。

铯之所以见不得光，是因为它对光线特别敏感，即使是在极其微弱的光线照射下，它也会放出电子，产生电流，这就是人们常说的“光电现象”。利用这一特性，人们把铯喷涂在铝片上，就可制成“光电管”。这种光电转换装置可以实现光照和电流的转换，而且光线越强，得到的电流越大。铯的这一特性有着十分广泛的应用前景。

人们十分熟悉的电视，在进行光电转换时靠的就是光电管。电视节目在拍摄制作过程中，光电管把所摄物体反射的光线变成强弱不同的电流，然后，经电视台以电磁波的形式发射出去，送往各地，供千家万户的电视机接收。电视机收到电信号之后，再经过转换，使电信号变成图像，人们就可以观看到各种喜爱的节目了。

科学家还利用光电管做成了自动报警设备，用来代替人来看守重要地区和仓库等部门，如果有人来进行破坏或盗窃活动，一旦遮住预先围绕建筑物及各种物品上的光线，光电管就会使电铃、警灯等信号器接

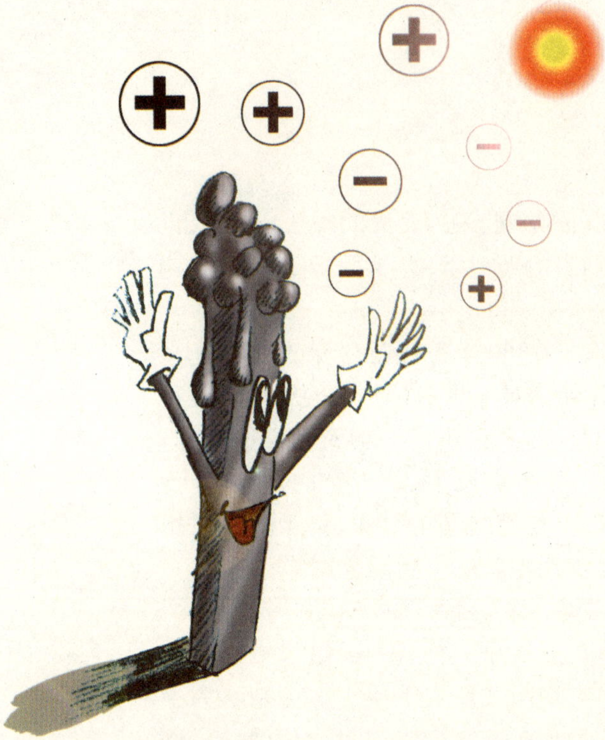

见不得光的金属——铯

通，发出紧急警报，通知有关人员迅速采取措施。

铯还可以做成体积小、重量轻、精度高的计时仪器——原子钟。大家知道，地球每转一周所需时间为24小时，它的1/86 400就是1秒，但是地球的自转速度并不稳定，而是时快时慢。经研究发现，铯原子最外层的电子绕着原子核旋转的速度总是极其精确地在几十亿分之一秒的时间内转完一圈，其稳定性比地球自转高得多。人们利用铯原子的这一特性制成了一种新型的钟，即铯原子钟，规定一秒就是铯原子“振动”9 192 631 770次，相当于铯原子的最外层电子旋转这么多圈所需要的时间，这就是“秒”的新定义。有了铯原子钟，就有可能从事更为精确的科学研究和生产实践，如对原子弹和氢弹的爆炸、火箭和导弹发射，以及宇宙航行、人造地球卫星等，可以实行高精确的控制与运行。

铯在其他许多方面都有用武之地。铯在有机和无机合成中可用作催化剂。铯原子受热后很容易电离，所形成的正离子会加速到很高的速度，能为火箭推进器提供强大的推力，因此被选作航天动力系统的燃料。放射性铯同位素可用于辐射育种、食品辐照保藏、医疗器械的杀菌、癌症治疗和辐射加工等。

由于铯的“脾气”太过喜怒无常，人们对它的各种性质认识还不够，因此科学家们正在投入大力气来研究它，随着研究手段和水平的提高，相信科学家们会逐步揭开它那美丽而神秘的面纱，进一步为人类造福。

（储德韦）

“轻柔活泼”的两姐妹——碱金属钾和钠

自然界金属态的钾和钠是不存在的，但它们的化合物却大量分布地球各处的岩石、土壤及海洋里。人类很早就和钠、钾的化合物打交道了，我们每天吃的食盐，主要成分就是氯化钠；作陶瓷原料用的钠、钾长石，其中就含钠与钾的氧化物；农业上的草木灰肥料就含碳酸钾；我国古代四大发明之一火药，就有钾与钠的硝酸盐……然而，长期以来，人们并不知道这些化合物的构成，还误以为它们是不可再分的元素呐！大约到了18世纪初，一些细心的化学家发现，有些碳酸盐或其他化合物其性能相近但却有不同的结晶形状，从而推测这些物质可能是由不同的元素组成的化合物。

1807年10月，英国青年化学家戴维揭开了谜底，他电解熔融无水氢氧化钾时，在阴极上发现一粒粒水银般的小颗粒，经鉴定，小颗粒是一种新金属——钾，他又用同样的方法电解熔融无水氢氧化钠，获得另一种新金属——钠。

超氧化钾
加水效应

钾、钠的发现，使当时人们固有的传统金属观念受到巨大冲击，一般认为金属应当是沉甸甸、硬邦邦的。可是钾的密度为0.87，钠为0.97，比水还轻。摸上去软绵绵的，用普通的小刀，就可以轻易地切开。熔化它们也不要熔炉，因为钾的熔点为63 ℃，而钠为97.7 ℃。更令人称奇的，是它们的化学性质异常活泼，暴露在空气中立刻氧化，失去金属光泽，披上一层氧化薄膜。所以金属钾、钠只能将它们

“与世隔绝”,存放在脱水的变压器油或煤油中。它们一旦遇到水,立刻产生剧烈的化学反应,在水面上乱窜,嗞嗞作响,还冒起缕缕白烟,放出氢气,并激烈燃烧起火。钾焰为紫色,钠焰为黄色。因为它们在水中生成的氢氧化钾和氢氧化钠均为强碱,故钾、钠又称为碱金属。它们同在元素周期表第Ⅰ族,是“身体轻盈柔软、性格异常活泼”的两姊妹。钾比钠更加活泼,即使把钾放在冰块上,也会自行燃烧,将冰烧出一个洞。

钾、钠在工业上应用很广,利用它们强烈的吸水性和与氧气化合的能力,可用作脱水剂与脱氧剂;生产电子管时,可用来吸收管内的残氧和水分;在有机合成工业及稀有金属冶炼中,可作还原剂。钠可把丁烯触媒聚合成丁钠橡胶,其性能可与天然橡胶媲美。钠还可作为油品脱硫剂,生产汽油抗爆剂四乙基铅和制造钠光源等。液态钠的冷却能力极强,比水高40～50倍,故用作原子反应堆的高效冷却剂。用钠砖建造的中子反应堆,不仅体积小,而且造价低廉。

钾用来制造超氧化钾(KO_2),可为宇宙飞船、潜水艇乃至未来的月球住宅提供氧气仓库。因为超氧化钾吸收二氧化碳和水分后能放出氧气,每千克超氧化钾可释放出336升的氧气。

钾、钠的研究与应用已近两百年了,但对它们的认识还是不够的。传统观念告诉我们,钾和钠是最容易形成正离子的,但钾、钠在液氨中形成的深蓝色溶液,其中的钠离子却是-1价,故溶液具有优异的导电性能。这个出人意料的奇怪现象,已经引起广大科技工作者的极大兴趣。我们相信在新世纪里,钾、钠的应用前景将更加广阔。

(张寿彭)

迎接钛时代的来临

如果说钢是19世纪中叶轰动一时的金属,铝是20世纪初轰动世界的金属,镁是20世纪中叶震惊世界的金属,那么21世纪初轰动一时的金属又是什么呢?是钛。如果按人类对各种金属价值认识的早晚来划分的话,应该说钛在金属中的排行还是小弟弟呢!

1795年,德国化学家马丁·克拉普罗士在分析一种叫做金红石的矿石时,发现了一种新元素,并取名为"钛"。这是由希腊神话中吉亚女神的儿子"太坦"这个名字引申而来的。"太坦"的意思是"巨人",但那时人们还得不到纯净的钛,因而也就无从认识这位"巨人"的价值了。

1925年,荷兰化学家万·阿凯在对四氯化钛加热和分解过程中获得了高纯度的钛,从此,钛便逐渐向科学家显示出许多令人吃惊的特性:一是密度小、强度高,它的重量比同样体积的钢铁轻一半,但却像超级强度的钢那样能够经得起锤击和拉伸;二是耐高温,在高温的冶炼炉中,铁被熔化成了铁水,钛却依然故我;三是耐低温,在超低温的环境里,钢铁会变脆,钛却比平时更坚硬,还能把自身电阻降到几乎为零,成为节能高手;四是耐腐蚀,在酸、碱等腐蚀液中,各种金属都被腐蚀得"百孔千疮",钛却能"面不改色"。

金属钛所具有的特点,使它成为当今发展尖端技术必不可少的结构材料,在航空、航天、航海以及化工、医疗卫生等领域中得以广泛应用。

在宇宙航行中,火箭、导弹、人造卫星和宇宙飞船等的飞行速度很快,又要经历从高温到超低温以及从超低温到高温的变化过程。用钛材料制成的火箭发动机壳体、燃料储箱、压力容器、飞船船舱等,能够在-253℃~500℃范围内正常进行工作,并可以长期使用。

就飞机而言,目前蓝天上飞行的大部分飞机机体都是用铝合金制造的。当飞机在天空作超音速飞行时,飞机表面受到空气强烈的摩擦和压缩,动能转变为热能,机体温度也随之升高。飞机的飞行速度愈快,机体温度就愈高。当飞机速度达到2倍音速时,铝合金的强度便会显著降低:当速度达到3倍音速时,铝合金机体会在空中碎裂,发生十分可怕的空难事故。而钛合金在温度达到550℃时,强度仍无明显的变化,它能胜任飞机以3~4倍音速下的飞行。因而钛合金受到航空航天界的特别关注。

钛不仅能帮助人类飞向天空,还能帮助人们潜入海洋。据报道,用钛制成的核动力潜艇，每艘用钛量达上千吨。这种潜艇不仅重量轻、航速高和攻击力强，而且无磁性，在海底不易被发现，因而也就很难遭到攻击。

在化学工业上，由于钛耐腐蚀性能好，现已代替不锈钢制造多种化工机械，如蒸馏塔、热交换器、压力容器、泵及各种管道等。因为任何酸碱都奈何它不得，钛材料做管道可用来输送腐蚀性的液体，比不锈钢管道寿命长很多倍。

在医学领域，由于钛与人体各种组织的相容性很好，故可用来代替人体内被损坏的骨骼。如人的大腿骨因外伤不能治愈时，可用金属钛人造骨骼来代替，因为它和人体骨骼密度相近，人体的排斥反应也就较小。

在其他领域，钛也有奇妙的应用。例如，日本最近发明了一款不用牙膏的牙刷，关键就在于连接刷杆及刷头的是钛金属棒，它能把光线转化为负离子能量，当牙刷与牙齿触碰时，负离子吸引正离子，牙垢和污渍在分子水平瓦解，就达到了洁齿的目的。临床实验证明，其洁齿效果比一般牙刷及电动牙刷都要好呢！

钛是如此地“神通广大”，可为什么在20世纪没有得到大规模的应用呢？这是因为，它平时总是和氧紧紧地抱在一起，难解难分，到目前为止，工业上还没有一种好方法能够直接把钛和氧分开而得到金属钛，人们只好请氯、钠等从中周旋，炼出金属钛。

目前，世界各国的冶金、材料科学家都在孜孜不倦地从事钛冶炼和应用的研究。专家们认为，21世纪将是钛的世纪，大约再过10年左右，人类将迎来全方位的钛时代。

（储德韦）

华夏发明数第一——钢铁冶炼技术

提起中国古代的科学技术发明，人们首先想到的是四大发明。造纸、印刷术、指南针、火药被列为华夏诸发明之首，是以对西方近代文明的推动和影响程度为标准的，也是由欧洲学者提出的。如果以对中国文明的发展所起的作用大小为标准，把我国古代的创造发明排序的话，钢铁冶金技术应排在第一位。

一般认为，冶铁技术大约是在公元前 2000 年最早产生于小亚细亚。中国的冶铁技术大约产生于春秋晚期。中国铁器时代在较低温度下使铁矿石还原成固态铁的同时，几乎一开始就能够冶炼和铸造生铁。中国的冶铁业走的是一条独特的发展道路，中国独享生铁之利达 2 000 年之久。中国文明圈之外的其他古代文明都没有大规模使用生铁，它们的冶铁技术是建立在炼铁和锻造的基础上的，在生产效率和成本方面与中国古代的冶铁技术有天壤之别。欧洲直到文艺复兴之后，才掌握了生铁冶炼技术，发展了炼钢方法，为工业革命提供了物质基础。

人类在公元前 28 世纪已经对陨铁进行加工(我国最早的陨铁刃铜钺出现在公元前 14 世纪，陨铁兵器现已发现 7 件)，人工冶铁迟至公元前 1 200～前 1 000 年(相当于晚商至西周)才开始，其发源地一般认为是当时的赫提帝国(今土耳其中部)。我国中原地区在较好地掌握铜合金技术和陨铁锻造后，至迟于公元前八九世纪之交已经掌握了人工冶铁锻造技术，以精湛的技艺制作了不久前在河南三门峡地区出土的玉心金柄刃剑。山西南部考古发掘已经表明，公元前六七世纪之交中国已冶炼了生铁。从公元前 6 世纪起，中国进入铁器时代，同时广泛应用生铁铸造技术。自公元前 4 世纪(战国中期)起，将铁器向全国广大地区推广，北起吉林，南到广东，西到新疆，都出土了相当数量的铁制生产工具，铁农具在农业生产中占有主导地位。河北省石家庄赵国遗址出土的铁农具占出土农具 65%；辽宁抚顺出土燕国铁农具占所出铁器 90%以上。铁农具的大量使用，也显示了铁农具的标准化萌芽和高超的铸造技术。公元前 5 世纪，在黄河流域发明了用白口铸铁退火制造韧性铸铁(或称可锻铸铁)消除或降低了铸铁的脆性，这一工艺的发明为中国古代大规模生产铸铁农具、工具、兵器及日用器件等创造了技术条件，大大促进了生产力的发展。

秦汉时期是我国钢铁手工业空前繁荣的时期。秦始皇统一中国后，曾强令冶铁业主迁移,促进了冶铁技术的传播和普及。汉代冶铁业已有较完整的管理机构,汉武帝于公元前119年实行盐铁官营,在全国各地设立铁官49处,每个铁官下辖一至几个作坊;不产铁的县也设了小铁官,负责销旧器,铸新器。同一铁官管辖的作坊依次编号,所产铁器多以编号为商标。现已发现含有"河一"、"河二"、"河三"和"阳一"、"阳二"的汉代铁器,就分别是当时的河南郡和南阳郡冶铁作坊的商标。

汉代也是冶铁技术大发明的时期。牛排、马排、水排等大型畜力或水力鼓风技术的发明,使冶铁高炉容积得以加大,单炉产量不断提高。河南省古荥汉代冶铁遗址发现了两座很大的椭圆形高炉,其中较大的一号炉炉缸的长轴约为4米,短轴为2.8米,截面积约8.5平方米,容积约40～50立方米。此高炉可能是汉代冶铁业大型化过程中的一个试验炉,因鼓风方面的问题而造成炉缸冻结,留下了2块重达25吨的积铁块。

强化鼓风使铁的产量和质量都得到提高。西汉时期不仅有质量较高的白口铸铁,还有灰口铸铁,两者都属于低硅中磷生铁,含硫量很低,完全达到了现代生铁的质量标准。百炼钢、炒钢、灌钢、生铁固态脱碳等等炼钢方法,以及钢铁热处理工艺也是在汉代得到充分发展,至南北朝时期成熟的。

正是中国古代以生铁冶炼为最明显特征的一整套钢铁冶金技术体系,为农业提供了质优价廉的铁农具,为军队装备了精良先进的铁兵器,构成了中华文明发展和自卫的物质基础。

在冷兵器时代,欧亚大草原上的游牧民族始终是周边农耕民族的威胁。世界史上赫赫有名的欧亚文明古国,都在游牧民族的铁蹄下毁灭了,只有中国有幸成为世界上惟一的文化不曾中断的文明古国,这与汉朝成功地抵挡住了游牧民族匈奴人的入侵有直接的关系。

中原楚汉相争之际,正是蒙古高原匈奴兴起之时。匈奴单于冒顿(音"莫毒")弑父夺位,灭东胡,走月氏,有"控弦之士(骑射部队)三十万",把目标转向了新兴而柔弱的汉朝。打败项羽后的汉高祖刘邦,过高地估计了自己的实力,于公元前200年御驾亲征,结果在今山西大同附近的白登山被匈奴40万大军包围了7天7夜,这就是历史上有名的"白登之围"。要不是谋略家陈平买通了单于的阏氏(妻),广赂财物,使匈奴解围而去,恐怕汉朝就夭折了。此后六七十年间,汉朝被迫纳贡献女,历史上称之为"和亲政策"。在此期间,中原财货特别是铜等金属大量流往匈奴地区,使之实力更加强大,汉朝北部边境依然是屡遭劫略,难保安宁。

汉初的文景之治,使汉朝国力开始恢复。在此期间,官营、私营冶铁业都得到了极大的发展,为农业提供了大量优质钢铁工具。我国现代仍在使用的许多传统农具,其种类和型制在汉代就已基本定型。

战国时期,铁农具的使用以及相应的其他措施带来的农业革命使人口迅速增长,居民集中,大城市出现,为商业及经济的发展、文化的繁荣、医药技术的进步、采矿、冶金、建筑和道路的发展提供了条件。兵器的原料来源扩大,改变了战争方式及军队和统治阶级的组成。农业革命的结果在不到几个世纪时间内改变了神州大地的经济、政治、军事、文化面貌,终于建立了幅员辽阔、人口众多(西汉末年,即公元前后之交,中国人口约为 6 000 万,当时世界总人口约为 1.4 亿)的秦汉大帝国。

恩格斯指出:“铁使更大面积的农田耕作,开垦广阔的森林地区成为可能”。铁工具的广泛使用带来了农业的繁荣,增强了汉朝的国力。到武帝初年,经文景之治的恢复发展,汉朝的经济实力大为加强,汉武帝就是在此粮足马多的前提下发动了反击匈奴的战争。

河南省古荥汉代冶铁遗址出土的高炉积铁

武器是决定战争胜负的关键因素之一。战国秦汉时期,钢铁技术作为当时的高科技,在军事上被广泛利用。河北易县燕下都战国晚期墓中就出土有块炼铁掺碳钢锻制的铁剑、刀及铠甲,其中一把残缺的铁剑长达 100.4 厘米。湖南楚墓出土的铁剑最长达 140 厘米。西汉还出现了一种长约 100 厘米、专用于劈砍的环首长刀,通常用百炼钢工艺、以优质炒钢反复折叠锻打而成,刀刃极为锋利,曹植在《宝刀赋》中赞扬这种刀,说它能“陆斩犀革,水断龙舟”。汉代铁质铠甲制作日臻完善,逐渐取代皮甲成为主要的防护装备,称为“玄甲”。

装备了长钢剑和钢甲的汉朝兵,比主要使用青铜短剑的匈奴兵,在战斗力方面有巨大的优越性。据《汉书 · 陈汤传》记载,匈奴士兵因兵器不利,5 个兵只能抵 1 个汉兵。汉朝先进的冶铁技术通过汉匈战争传播到其他地区,新疆洛浦县阿其克山和库车县阿艾山发现的冶铁遗址,出土有与中原形制相同的鼓风管和汉代陶罐,是汉代冶铁技术西传的考古实据。

大汉天威基于铁,没有西汉高度发达的冶铁业提供的大量优质钢铁兵器,汉朝不可能完成其反击匈奴的大业,就连汉王朝及其所代表的华夏文化的生存都会发生危机。经过近二三百年的殊死搏斗,汉朝终于击败匈奴而使之分裂成南北两部。南匈奴投降了汉朝,后来逐渐接受华夏文化,在南北朝时被同化为汉族。北匈奴则大部兵锋西指,驱赶各民族不断蚕食罗马帝国疆土,导致了世界范围内的民族大迁移。公元 476 年,罗马帝国终于在匈奴及其所推动的蛮族的进攻下灭亡了,欧洲从此陷入长达 1 000 年之久的黑暗的中世纪。

（李延祥）

炒钢的发明

西汉时期钢铁技术最重大的成就是炒钢(或炒铁)的发明。它是在地面上挖出缶状炉缸,内层涂以耐火泥,上置顶盖,做成炒钢炉。冶炼时,将生铁料烧成熔融或半熔融状态,鼓风吹炼并加搅拌,使其成为熟铁,或在有控制地脱碳的条件下成为低中碳钢以至高碳钢。流传至今的传统炼钢工艺仍沿用了这种方法。因为它以生铁为原料,价廉易得,生产率高,因此和其他制钢方法相比,有极大的优越性。它的出现和逐步推广改变了整个冶铁生产的面貌,是钢铁发展史上有划时代意义的大事情。这种方法始于西汉,东汉的《太平经》中就明确记载了炒铁技术,在河南巩县的古冶铁遗址中也发现了以炒铁制作的铁币和炒铁炉。

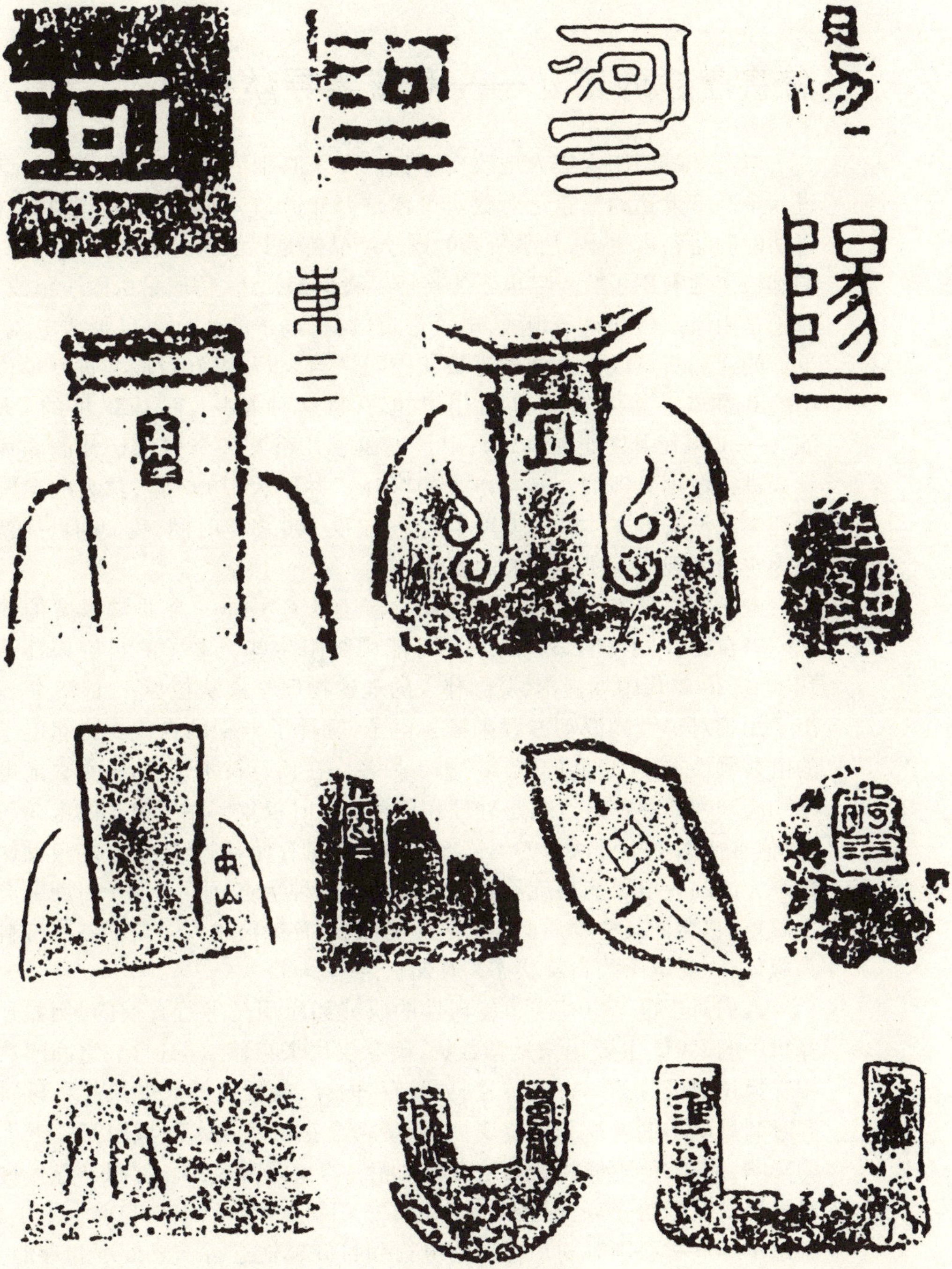

河南省发现的汉代铁器铭文

信息社会的宠儿——稀磁半导体材料

电子产品的出现极大地改变了我们今天的生活，标志着我们的社会进入了高度发达的信息化时代。可你是否知道，它们是靠什么实现其神奇功能的呢？事实上，几乎所有的电子产品都是以半导体材料为载体，它们都极大地利用了“小小”电子的特性。我们都知道，物质是由原子组成，原子是由原子核和电子组成，电子带负电荷，电子的运动可以形成电流，电流的通和断可以代表两种逻辑状态“是”与“非”，正好对应二进制单位中的0和1。晶体管就是利用了电子的这种特性，而计算机的“大脑”——CPU(中央处理单元)，则是集成了几百万甚至数以亿计的晶体管来进行数据处理的。其实电子的“年龄”并不大，1897年，伟大的英国物理学家汤姆逊在实验中发现了电子，仅仅100多年时间，我们的世界就因为它的发现而有了神话般的变化。

电子不仅具有上述的电荷属性，它还具有另外一个非常重要的属性——自旋，对于这一属性，大家可能稍微陌生些。电子的自旋属性于19世纪20年代中期提出，英国伟大的理论物理学家狄拉克于1928年提出了用相对论性的波动方程来描述电子，解释了电子的自旋。比起电子的电荷属性，电子自旋的“年龄”小了很多。在信息技术领域，各种集成电路和高频率器件在进行信息处理和信息传输时仅仅利用了电子的电荷属性；信息技术中不可缺少的另一方面——信息存储，则是由电子的自旋属性来完成的。电子的自旋具有向上和向下两种状态，而且，电子自旋会产生磁矩，它会使某些物质产生宏观上的磁性，存储技术大多是以磁性材料为载体、改变电子的自旋状态来存储信息的。

人们对于电子电荷与自旋属性的研究和应用是平行发展的，例如计算机中的CPU主要用来处理数据，硬盘仅用来存储数据，它们之间的数据交换还要经过第三方的传输，如缓存、内存、数据线等。如果某种材料同时利用电子的电荷和自旋属性，无疑将会在信息技术领域中产生很大的影响，那么，能不能将二者结合起来呢？答案是肯定的。稀磁半导体材料就可以做到这一点，而且由此产生了一门新兴的学科——自旋电子学。稀磁半导体材料同时利用电子的电荷和自旋属性进行信息处理和存储，可使计算机的结构更加简化，功能更强大。想像一下未来计算机的造型：计算机的CPU不仅可以处理数据，还可以大量存储数据。此外，稀磁半导体材料还具有优异的磁光、磁电性能，在光隔离器、磁感应器、高密度非易失性存储器、半导体集成电路、半导体激光器和自旋量子计算机等领域有广阔的应用前景。

那么，怎么来实现半导体材料的稀磁性呢？传统的半导体材料如 Si、Ge、GaAs、GaN、ZnO 都不具有磁性，而具有磁性的物质 Mn、Fe、Co、Ni 及其化合物又不能很好地与半导体材料相容。但技术挑战是难不倒科学家们的，在化合物半导体(如 GaAs、GaN、ZnO 等)中部分地引入磁性过渡金属元素(Mn、Fe、Co、Ni 等)取代非磁性阳离子(Ga^{3+}、Zn^{2+} 等)，就能制备出稀磁半导体材料了。

与传统的半导体器件相比，以稀磁半导体材料为支撑的自旋电子器件又有哪些优点呢？第一，耗能低：改变单个电子的自旋状态所需的能量，仅仅是推动电子运动所需能量的千分之一。第二，速度快：半导体材料是基于大量的电子运动，它们的速度会受到能量分散的限制，而自旋电子器件是基于自旋方向的改变以及自旋之间的耦合，它可实现每秒变化 10 亿次的逻辑状态功能，所以自旋电子器件消耗更低的能量，可以实现更快的速度。第三，体积小：半导体集成电路的特征尺寸是几十纳米，例如，著名的 CPU 生产厂商 Intel 公司已经能将单个芯片集成度提高到 10 亿，此时单个晶体管的尺寸仅为 50 个纳米左右，但随着芯片集成度的提高、晶体管尺寸的缩小，会引发如电流泄漏、发热等一系列的问题。而自旋电子器件的特征尺寸为几纳米，由于耗能低，它的发热量微乎其微，这就意味着自旋电子器件的集成度更高、体积更小。最后，自旋电子器件还具有非易失性：当电源(磁场)关闭后，自旋状态不会变化，它的这种特性可以用在高密度非易失性存储领域。可以设想一下这样的场景：计算机即使在电源故障时也不会丢失数据，只需要按一下电源开关，就可以立即从上次关机的状态开始。

因此，很多科学家预言：自旋电子器件是 21 世纪最有前途的电子产品之一。随着科学家们对稀磁半导体材料不断地开发和应用，一定会诞生出更多更好的电子产品，我们的生活也将因此变得更加丰富多彩。

（刘学超）

金属也能呼吸吗

人能呼吸,动物能呼吸,金属也能呼吸吗?1974年底,日本松下电器产业公司中央研究所发生了一件怪事,在实验室内,一个用来做试验的高压氢气瓶里的氢气,还没有使用就不知跑到什么地方去了。试验人员发现,这个前一天晚上还有10个帕的氢气瓶,第二天早上只剩下不到1个帕力了。仔细检查气瓶,瓶子并没有任何漏气现象,检查压力指示仪表,也没有问题;问了每个研究人员,谁也没有在晚上用过气瓶中的氢气。这真是怪事:瓶子里的氢气跑到哪儿去了呢?

根据"物质不灭"定律,氢气只能是被这个氢气瓶自己"吃"了,吸到气瓶的壁里面去了。原来,这个氢气瓶是用一种钛锰合金制成的,而生产氢气瓶的厂家并不知道钛锰合金是一种吸收氢气能力很强的材料。后来,研究人员还发现,这种吸过氢气的钛锰合金再加热到一定温度时,又能把氢气释放出来。人们把这种能"吸进"和"呼出"氢气的合金叫做吸氢合金(或者叫储氢合金)。

这些金属为什么能呼吸呢?原来,氢气与某些金属能进行这样的反应:$2M+xH_2 \underset{\text{吸热}}{\overset{\text{放热}}{\rightleftharpoons}} 2MH_x+Q$,其中的M代表某种金属,Q为反应过程中放出或吸收的热量,所以,在一定温度和压强下,氢气与金属反应生成金属氢化物而"吸进"氢。由于氢是以原子形式储存在合金中,氢原子密度比同样条件下的氢气的密度大1 000倍,相当于储存1 000个帕的高压氢气。在使用时,只要稍微改变一下压强和温度,可使反应逆向进行,金属就把氢气又"呼出"了。

我们知道氢气是一种最理想的能源。它的来源广泛,而且燃烧的产物是水,不会污染空气,还能重新加以利用。但想用氢作为燃料,面临着储藏和运输的很大困难,需要用笨重的高压储气瓶,或者在−253 ℃的超低温下使氢气变成液体,这两个条件都是很难满足的:用气瓶运输氢气常有爆炸的危险,把氢气在低温下压缩成液体,本身要消耗大量能源,而且还需要极好的绝热材料来维持低温,所用绝热材料的体积往往比储氢设备的体积还要大。比如,有的火箭上储存液氢和液氧的储箱,占了火箭一半以上的空间。

由于储氢合金是固体,所以运输时不需要大而笨重的钢瓶,保存时也不需要极低的温度条件。当需要储存氢的时候,让合金和氢反应,氢就被"吸"进去;需要用氢的时候,则加热合金或者减小合金内的压力,氢气又被“呼”出来，就如同蓄电池的充、放电，十分简单、方便。因此储氢合金不愧是一种理想的储氢方法。

储氢合金大多是由多种金属元素组成。目前世界上已研究成功的储氢合金大致可以分为四类：第一类是稀土系的镧—镍等，每千克镧镍合金可储氢 153 升。第二类是铁钛系，这是目前使用最多的储氢材料，它吸氢量大，是镧镍合金的 4 倍，而且价格低、活性大，可在常温常压下释放氢，给使用带来很大的方便，是很有前景的一类储氢合金。第三类是镁系，镁是吸氢量最大的金属元素，不过它需要温度达到 287 ℃才能“呼出”氢，且吸氢十分缓慢，因而在使用上受到限制。第四类是钒、铌、锆等多元素系，这些金属本身属稀贵金属，因此只适用于某些特殊场合。

储氢合金可以用于汽车。德国试验的燃氢汽车，采用 200 千克的铁钛合金储氢，可行驶 130 千米。1980 年，我国也研制出一辆燃氢汽车，储氢燃料箱重 90 千克，乘坐 12 人，以每小时 50 千米的速度行驶了大约 40 千米。今后，不但汽车会采用氢气做燃料，飞机、舰艇、宇宙飞船等运载工具也将会使用氢气做燃料。

储氢合金还可以用于提纯氢气，利用它可以获得纯度高于 99.999 9% 的超纯氢，而且成本相对很低。超纯氢在电子工业的半导体、电真空材料、硅晶片、光导纤维等生产领域有着重要用途，这些产品在生产时通常需要用氢气作为保护气，如果纯度不高，生产出的产品质量也不会很好，所以这些行业对于超纯氢有很大的需求量。

不仅如此，储氢合金还有将储氢过程中的化学能转换成机械能或者热能的本领。我们由前面的介绍可以知道，储氢合金在吸氢时放热，在放氢时吸热。利用这种放热—吸热的循环，可进行热的储存和传输，从而制造出制冷或者采暖的设备。

另外，储氢合金还可以用在电池中。我们目前使用的镍镉电池(Ni-Cd)中的镉是一种有毒的金属，而且很难进行回收处理，所以镍镉电池对环境污染很大。而采用储氢合金制造的镍氢电池(Ni-MH)，容量大、安全无毒，并且使用寿命也比镍镉电池长很多，这是储氢合金的又一个未来发展方向。

储氢合金的使用前景是十分诱人的，在一些领域也有了一定的应用，但是，如果要大规模地使用，目前还暂时不具备条件。国际能源机构确定的新型吸氢材料的基本标准为储氢量应大于重量百分比 5%，并且能在温和条件下吸放氢。根据这一标准，目前的储氢合金大多尚不能满足。不过，如果储氢合金的研究能够取得突破性的发展，必将对人类的生产、生活带来深刻的影响。

（王　婧）

华夏天竺术有别——中国与印度古代的炼锌技术

中国和印度是世界上最早冶炼锌的两个国家。印度拉贾斯坦邦扎瓦尔铅锌矿区近年发现公元 12～19 世纪的大规模炼锌遗址，出土有目前世界最早的锌冶金遗物。中国还没有发现早期炼锌遗址。有学者认为北宋铸钱使用的“黑锡”就是锌，但未成定论。因此有印度学者提出中国炼锌技术是从印度传入的。

《天工开物》记载的“升炼倭铅”（炼锌）图

从明朝末年宋应星的《天工开物》的记载和近现代传统炼锌业的实践看，中国和印度的古代炼锌技术在矿石、反应罐、燃料及反应机制等方面有明显的不同。

明代称锌为“倭铅”。《天工开物》卷十四记载，中国当时使用的是氧化锌矿（炉甘石），“每炉甘石十斤，装载入一泥罐内，封裹泥固，以渐砑干，勿使见火拆裂。然后逐层用煤炭饼垫盛，其底铺锌，发火煅红，罐内炉甘石熔化成团。冷定毁罐取出，每十耗其二，即倭铅也。”宋应星书中未记反应罐内部结构，所幸近现代传统炼锌业的资料弥补了这一不足。中国传统炼锌炉呈长方形，大小不一，大的可装反应罐 120 个，小的也有 36 个。反应罐如一倒置的炮弹壳，罐内下部盛装菱锌矿或炉甘石（皆为碳酸锌）和木炭或煤粉，口部设有碗状冷凝槽或冷凝筒。冶炼时，碳酸锌分解生成 ZnO 和 CO_2，后者与木炭形成 CO，充当还原剂，把前者还原成金属锌。锌以蒸气形式上升到温度较低的罐口，在冷凝装置中冷凝成锭。故其冷凝方式是上凝式。这种冷凝方式是中国古代炼丹家发明的，在汉代至唐代水银生产中就已广泛使用。

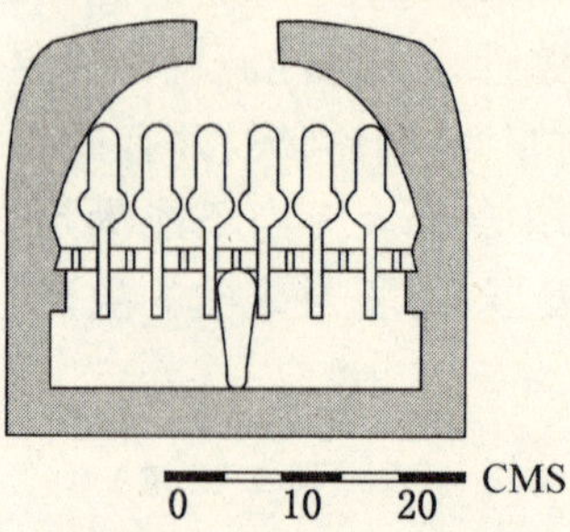

印度古代炼锌炉具结构示意图

印度炼锌使用的是硫化矿石，焙烧氧化

后才进行冶炼。冶炼炉呈方形，炉缸约1米见方，中间的带孔隔板上竖置反应罐36个。反应罐呈倒置的瓶状，内盛氧化矿石、白云石、木炭粉组成的炉料，罐中插一中空陶管。冶炼时在隔板上燃烧木炭加热，反应罐中的白云石分解生成的CO_2与木炭形成CO，充当还原剂，被还原出来的锌蒸气通过陶管在温度较低的隔板下冷凝成锭。故其冷凝方式是属于下凝式。

近代传统炼锌的反应罐及冷凝装置示意图

鉴于上述明显差异，多数学者认为中国和印度古代炼锌技术是各自独立发展起来的。

明清时期，中国锌已出口到欧洲。1917年别发洋行出版的《中国百科全书》记载，当时广东发现过一些带有"万历十三年乙酉"(1585年)铭文的锌锭，纯度达98%，很可能是当时供出口的。1872年在瑞典哥德堡港附近打捞出一艘中国1745年驶往欧洲的沉船，船上就载有纯度为99%的锌锭。中国锌从16世纪末至19世纪，一直出口西方，对欧洲炼锌业的兴起和发展起到了推动作用。

（李延祥）

形状记忆高分子材料

环顾周围世界，我们正处在高分子材料的包围之中，人们的吃穿住行都离不开丰富多彩的高分子材料。在性能丰富、种类繁多的高分子材料中有这样一类性能特殊的材料：不管它改变成什么形状和尺寸，通过加热、光照、辐射、机械力作用、电刺激、酸碱变化、化学反应等外部条件或刺激手段的处理，又可以使其恢复到初始的形状和尺寸。具有这种现象的高分子材料，就是形状记忆高分子材料。与形状记忆金属相比，形状记忆高分子材料不仅具有形变量大、易成型加工、记忆回复温度范围宽且恢复温度便于调整、保温和绝缘性能好、重复变形和使用次数多、价格便宜等优点，还具有耐锈蚀、耐酸碱、易着色、可印刷、质轻、成本低、实用价值高等优点，是高分子材料研究、开发和应用的一个新分支。

20世纪50年代初，查尔斯拜和杜尔几乎同时发现聚乙烯在高能射线作用下，能产生交联反应。随后，查尔斯拜又发现，在一定的温度范围内对这种交联产物进行加热时，对其施加外力可任意改变其外形。若在此时对其降温冷却，它的形状即被固定下来。一旦温度再次升高到原来的加热温度区域时，它又可以回复到原来的形状。查尔斯拜形象地称之为形状记忆效应。自20世纪80年代以来，形状记忆高分子材料的研究一度引起世界各国科研工作者的关注，并投入大量的人力、物力进行研究开发。

形状记忆高分子材料的种类很多，主要有聚氯乙烯、聚烯烃类、聚酯类等高分子材料。其中，热收缩管和膜、阻燃型记忆高分子材料是目前工业产量最大、应用领域最广泛的一类。

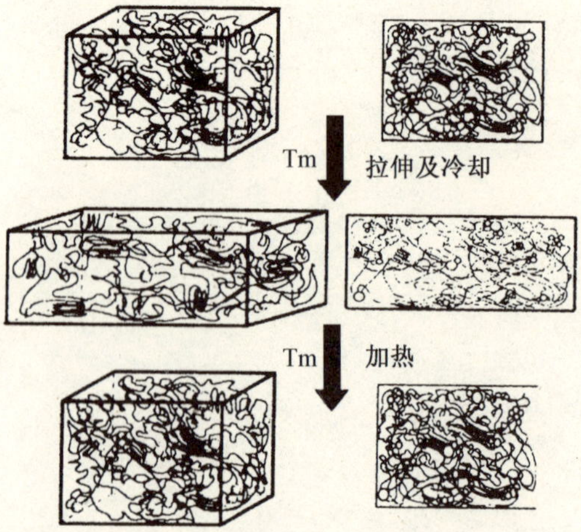

形状记忆高分子材料

形状记忆高分子材料就其用途而言十分广泛，可用于航空航天和国防军工行业中的智能材料及部件、建筑和仪器设备的接口、铆钉、空隙密封、异径管连接；机械制造业的阀门、热伸缩套管、防振器、缓冲器等；电子通讯行业中的电子屏蔽材料、电缆防水接头等;印刷包装中的热收缩薄膜、夹层覆盖、商标等;医疗卫生行业中的绷带、血管封闭材料、止血钳、医用组织缝合器材等;用于纺织物的记忆防皱整理材料、火灾报警器感温装置及日常用品中的汤勺的把手和文体娱乐等产品中。某些用形状记忆高分子做成的便携式容器和玩具在登山、旅游时携带十分方便,需要时用热水加热使之回复到原状,取出冷却固定后即可使用。高强度的形状记忆高分子还可做汽车的挡板和保险杠等,在汽车发生碰撞之后只需用热风加热即可使变形部位回复原状。

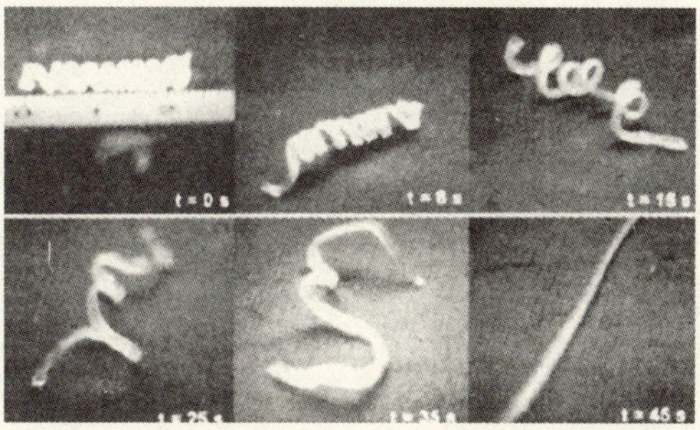

正式形状记忆效应

迄今为止,法国、日本、美国等国家已相继开发出多种形状记忆高分子材料。近年来,我国也有相当数量的科学家在从事这方面的研究开发工作,并已取得很好的成果。关于形状记忆高分子材料的研究仍在进行之中,随着人们对这一材料认识的进一步深入,其综合性能必将得到进一步的提高,其应用前景一定会更加广阔。我们期待着有一天形状记忆高分子材料能真正走入人们的家庭生活,为我们创造更加美好的明天。

(林开利)

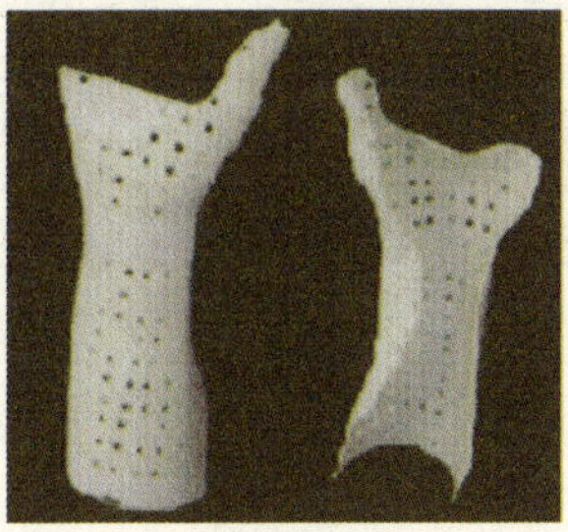

骨科外固定热塑夹板

假肢

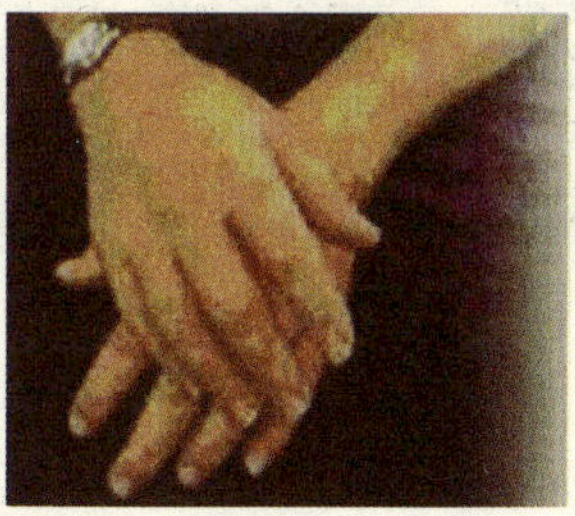

假手

形状记忆高分子材料制备的生物医学材料

不怕紫外线的纤维

夏天在海滨游泳，皮肤很快就会发红、发黑。如果皮肤长时间地暴露在紫外光下，就会受到伤害甚至会发生癌变。这些都是阳光中的紫外线造成的。

紫外线是波长范围为50～400纳米的电磁波。

其中波长小于290纳米的部分称为紫外线C，这种强烈的紫外线能被臭氧层、大气层吸收，因而阳光中的这部分紫外线无法到达地面。波长为290～320纳米紫外线，称为紫外线B，它虽然也会被臭氧层吸收，但仍有部分可到达地面。适量的紫外线B对合成人体必需的维生素D有促进作用，对人体是有好处的。但过多地被紫外线B照射，对人体也是有害的。夏季的阳光中含有很多紫外线B，长时间照射后皮肤会变红，出现皮炎、红斑，也能在皮肤中形成黑色素，这些都发生在皮肤表层。黑色素能吸收紫外线，成为紫外线的遮挡物，可保护肌肉免遭紫外线进一步的侵害。波长为320～400纳米的紫外线，称为A紫外线。这种紫外线的穿透能力很强，能深入皮肤内部，它会逐渐破坏弹性纤维组织，使肌肉失去弹性，皮肤松弛，出现皱纹。若照射量过多，还容易引起皮肤癌。

几种典型的纤维截面

在臭氧层日益受到破坏的情况下，紫外线对地面辐射也日渐增多，有效地控制紫外线对人体的辐射量，对人类的健康有十分重要的意义。

过量紫外线的辐射不仅对人体有害，对纺织品也能造成破坏。我们都有这经验，衣服穿的时间长了，会发现衣服肩部的颜色会比其他部位的颜色要浅，这部分的布的牢固度也下降了，很容易撕坏，这也是紫外线在作怪。紫外线使染料分子结构发生变化，失去发色性能，从而颜色逐渐变淡。同样地，服装纤维的高分子在紫外光的长期照射下，大分子之间会发生交联，随着交联程度的增加，纤维就慢慢地变脆、失去强度而毁坏。

为了防护人体免受紫外线的侵害和提高纺织品的使用寿命，保持色彩的鲜艳，科技人员开发了不怕紫外线和可防止紫外线透过的纤维——抗紫外纤维。

抗紫外纤维是在可以制成纤维的高分子化合物里，添加一些可以遮挡紫外光的无机超细粉末，如氧化锌、二氧化钛等；也可添加可吸收和把紫外线转换为低能可见光和热量的有机化合物；也可将无机的和有机的抗紫外材料混合使用，然后再通过熔融纺丝或是湿法纺丝的技术，制成抗紫外纤维。

在人体的抗紫外防护方面，抗紫外纤维的织物可做成用于交通警察、边防战士、建筑工人、环卫工人等经常露天工作的人员的夏衣，这样的织物也可用来制遮阳伞、披肩、面纱等遮阳工具。

在装饰用纺织品方面，抗紫外织物可用作汽车内装饰材料、窗帘布、台布、沙发布等，从而提高织物的使用寿命和保持色彩的鲜艳。

（章悦庭）

用抗紫外纤维制作的遮阳伞

蜘蛛丝里有学问

你听说过用一小束细丝就能把小型飞机吊起来的事吗？这种丝就是我们许多人都看见过的蜘蛛丝。曾经有人做过试验，发现扯断蜘蛛丝所需的力，比扯断同样粗细的钢丝所需的力足足大上100倍。通过对蜘蛛丝的研究，还发现蜘蛛丝在目前已知的所有高强度纤维里，是最柔软的，质量也最轻。蜘蛛丝是由蛋白质分子构成的，因此，它和人体有生物的亲和性，可被微生物所分解，也有一定的吸湿性能，用它做的防弹衣将是世界上最坚固而又最轻柔、最舒适的防弹衣了。

蜘蛛丝具有广泛的用途。在医学领域，这种精细的蜘蛛丝是外科医生手术时理想的缝合线，不论是眼科、心血管疾病或神经病学手术都需要它。和医用尼龙线相比，这种蜘蛛丝既有尼龙线的灵活和结实，而且还有可以打结的优点。此外，它还可以用来制作人造肌腱或合成韧带。由于蜘蛛丝的强度大，人们还可利用它制作防弹衣、降落伞绳，或航空母舰上帮助战斗机在甲板上降落的缆绳、高强度的轮胎帘子线和高强度渔网等。在用蜘蛛丝制作防弹衣方面，有人曾预言，警察会在2010年时穿上这种柔软的防弹衣。美国尼克夏公司的科学家说，他们能够在这个时间到来之前，向市场上推出以蜘蛛丝为主要原料的产品供人们选择。

蜘蛛丝里有学问

既然蜘蛛丝有这么好的性能，有人会说我们也可以像养蚕宝宝那样来养殖蜘蛛，不就能得到好多蜘蛛丝了吗？事实上，这是不可能的，因为蜘蛛是一种同类相食的动物，如将众多的蜘蛛饲养在一个房舍里，它们会相互残杀吞噬。

能不通过蜘蛛来得到蜘蛛丝吗？科学家们告诉我们，完全有这样的可能。

这有两个方面的工作，第一要得到蜘蛛丝的蛋白质，第二把这蛋白质纺成丝，这样就可得到人造蜘蛛丝了。

蜘蛛丝的蛋白质的主要化学成分是丙氨酸，还有谷氨酸、丝氨酸、白氨酸、脯氨酸和酪氨酸等。科学家还发现，富含丙氨酸的蜘蛛丝还可以分成两种，一种氨基酸的排列非常有方向性，而另一种则显得杂乱无章。氨基酸排列非常有方向性的蛋白质就是制蜘蛛丝的原料。

世界上许多国家的科学家采用不同的方法在研究蜘蛛丝蛋白的合成，总的来说，采用的都是生物工程转基因技术。

有的设法分离并且克隆出了一些蜘蛛丝蛋白基因，这些基因就是负责编码制造不同类型的蜘蛛丝所必需的关键蛋白。他们现在能够确定并复制出这些基因，并把这些基因插入一种细菌里，让细菌来为人类制造这种蛋白。也有的利用遗传工程方法培育出一种转基因山羊，让这种山羊分泌的奶里含有这种蜘蛛丝蛋白。我国科学家运用转基因方法，并解决了蜘蛛丝蛋白转基因向蚕基因导入、活体基因鉴定、传代育种等一系列关键技术，从而在家蚕丝蛋白分子链中产生了部分蜘蛛丝蛋白。

有了蜘蛛丝蛋白，还得搞清楚蜘蛛吐丝的机制。研究人员仔细观察了蜘蛛吐丝的全过程，认为蜘蛛的造丝方法与制造工业纤维(例如维尼纶)所用的工艺十分相似。液态蜘蛛丝蛋白质从蜘蛛嘴里吐出来以前要通过一根管子，管子里有种特殊细胞将蛋白质中的水抽了出来。失去水分并变成丝状的蛋白在这管子的另一头与酸接触时，蛋白分子之间相互叠合，连接成链状，从而使丝强度大增。

按照这个原理，科学家们也正在进行纺丝技术的探索。

不久的将来，我们就能亲眼见到这种神奇的蜘蛛丝了。

（章悦庭）

“工业味精”——有机硅

现代和未来的社会需要生产出具有节省能源、节省资源、无公害、安全可靠、多功能、多形态、高性能和复合化的新材料，20 世纪 40 年代才投入市场的有机硅，是一类可以满足上述要求的新型高分子合成材料。它以能解决多种技术难题、提高生产技术水平而著称，它的上千种用途，几乎让每一个科技和工业部门都留下深刻的印象，使用效果之显著更是令人叹服。因此，它被形象地誉为现代科学文明的“工业味精”。

随着高新技术的发展，全世界有机硅生产规模不断扩大，研究势头方兴未艾，每年都有很多新产品投产和专利发明；新的应用领域、新的应用技术及新的产品不断产生，新的市场不断形成，新开发的应用领域都是刚刚出现不久的新兴工业和高新技术。例如：用光固化有机硅涂覆光导纤维外层的成功，才使光导纤维进入实用阶段；宇宙工业采用耐高温性能和化学惰性十分优异的碳化硅纤维，增加了金属和陶瓷的强度；有机硅改性高分子膜制成富氧膜、渗透膜和人工鳃，用于深水作业和高纯度气体的分离和富集，是医用工程、海洋工程和生命科学工程以及锅炉燃烧、节能的安全手段；生物有机硅和烷基化有机硅试剂的兴起，引起了有机合成、制药工业、生物化学的巨大变革等等。在今天的科技领域和各工业部门的不少新技术的应用，无不借助有机硅解决一些其他材料难以解决的难题。例如：地下铁道使用的变压器若不使用高性能硅油，就容易发生爆炸；高层建筑幕墙玻璃、飞机跑道、室内电线电缆穿洞口若不采用有机硅密封胶，则不可靠，万一着火，火便会穿过洞口蔓延燃烧；纺织品和羊毛衫若不采用有机硅整理剂进行高级整理，则很难进入国际市场；石油井开采若不注入有机硅使油水分离，则提不高产量；化妆品与日用化工不加入有机硅，则提不高性

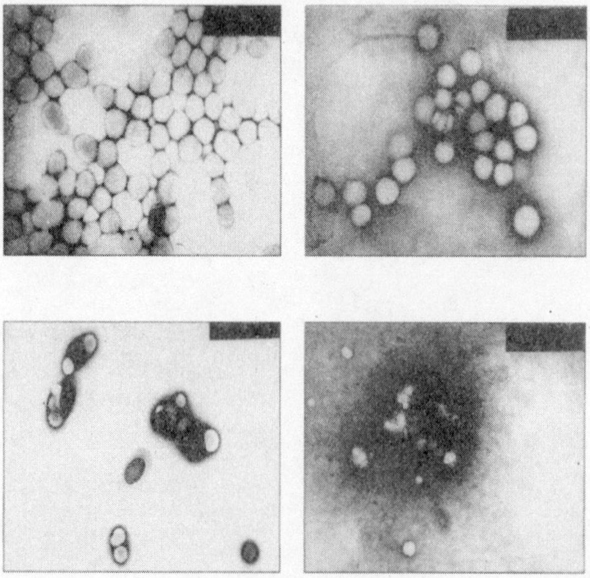

显微镜下的有机硅

能和品级;医疗和医药不用有机硅,一些先进手术就无法进行,药效无法提高;太阳能装置中高温集热器用的载体、密封材料、软管、垫片,选择性吸收膜的胶粘剂、原子能发电中用作热放射橡胶油润滑脂、清漆等,都非用有机硅不可。一台电视机至少需用十几个品种的有机硅,一辆小汽车至少有三十多个部位需用到有机硅。人体上从头到脚,以及人们的衣食住行,无不是有机硅可以大显身手之处。有机硅应用已深入到当代国防科技、各工业部门乃至人们日常生活各领域中,是合成材料最能适应时代要求和发展最快的新型品种之一。因此,人们愈来愈认识到我们人类离不开有机硅材料。国内外均对其发展给予高度重视,例如,日本把有机硅材料开发列为把握21世纪高新产业和关键技术与材料,确定为关系国家大事的“下一代规划”,认为它将支撑21世纪的材料革命。世界很多国家也都在加强有机硅的科技开发工作。

在此,人们不禁要问,有机硅为什么会有这样神奇的性能和功效呢?这是由于有机硅组成中,既有像无机石英玻璃结构的Si-O-Si(硅氧烷),又有有机基团,是一种典型的半无机高分子,正是这种半有机半无机的特种高分子材料,具有其他材料所不能同时具备的安全性、阻燃性、介电性、耐高低温性和生理惰性等一系列优异性能。另外,有机硅可以根据不同应用场合的需要,通过变换硅氧烷分子结构来改变结合在硅原子的有机基团,选择不同固化方法,采用有机树脂改性,选择各种不同填料和各种不同二次加工技术,采用各种聚合技术等等设计出不同分子结构,以满足各行各业不同场合下使用要求的各种形态。各具特色的硅油、硅橡胶、硅树脂、硅偶联剂及其二次三次加工产品有近10 000个品种,组成有机硅系大家族。同时,由于这个家族具有独特和充满活力的“基因”,因而呈现出十分旺盛的生命力,可以说是“青春常驻”,生命周期很长,为此,它深受人们的青睐。

当前,人们正在进一步研究扩大有机硅在能源、光电子、新材料、生命科学中的应用,并且发现和开拓了很多崭新的应用领域,有机硅已进入开发的新阶段,可以预料,有机硅不仅能满足当代人的需要,更能跟上未来时代的发展步伐。

(章基凯)

塑料水晶——有机玻璃

在装潢新房的时候，人们会被琳琅满目的厨房、橱柜所吸引，其中有一种俗称“水晶板”的面板材料，在众多材料中尤其显眼，它具有美丽的外观，表面闪耀着水晶般的晶莹光泽。人们在海洋世界游玩的时候，可以看到鱼儿在隔着高强度的透明厚“玻璃”的水中游荡，水草在其中悠悠飘浮。在休闲时间，人们享受着CD、VCD、DVD等产品给我们带来的快乐，各种“光盘”既可播放图像与声音，也可保存档案与数据。

无论是“水晶板”，还是“玻璃”或是“光盘”，其实都是有机玻璃，专业俗称亚克力，化学名称为聚甲基丙烯酸甲酯，简称PMMA，是以甲基丙烯酸甲酯单体MMA为主要原料聚合而成的热塑性塑料。

有机玻璃

有机玻璃是塑料中透明性最好的品种，透光率高达92%以上，具有水晶一般的透明度，而质量只有1.18克/立方厘米，仅为硅玻璃的1/2。有机玻璃抗碎裂性能为硅玻璃的12～18倍，机械强度和韧性大于硅玻璃10倍以上，不像玻璃那么易碎，即使受到破坏，也不会像玻璃那样形成锋利的碎片。有机玻璃具有非常突出的耐气候性和耐老化性，在低温(－50℃以上)和较高温度(100℃以下)中冲击强度不变，即便在室外放置10年，其物理机械性能也无显著下降。有机玻璃具有光导性，在一定程度上可以替代石英玻璃制成传递信息的光导纤维。有机玻璃具有良好的电绝缘性能，而且化学性能稳定，能耐一般的化学腐蚀，不过，它的吸水率及热膨胀系数较大。有机玻璃硬度相当于金属铝，耐磨性能不如钢铁、硅玻璃等无机产品，但若采用特殊涂层处理，亦可提高其耐磨性，以接近于硅玻璃。

有机玻璃具有良好的热塑加工性能，既可以采用浇铸成型，也可以采用机械挤出成型，或采用真空吸塑成型。有机玻璃具有良好的机械加工性能，可以用锯、钻、铣、车、刨进行加工，还可以采用激光进行切割和雕刻，制作效果奇特的有机玻璃工艺品。有机玻璃具有良好的适应性和喷涂性，采用适当的印刷和喷涂工艺，可以赋予有机玻璃制品理想的表面装饰效果。有机玻璃可以在浇铸成型过程中用染料着色，具有很好的展色效果。有机玻璃易于溶剂黏合，为成品加工提供了方便性与可操作性。有机玻璃之间用甲基丙烯酸甲酯单体和固化剂进行拼接，可以用来制造出超常规的特厚、特大的板材。

有机玻璃因其特殊的性质，被广泛用于各行各业。除常见的应用于玻璃橱窗、隔音门窗、高速道路隔音墙、密封操作箱、手术医疗器材等以外，还可以应用于飞机舱盖、太阳能采集器、潜望镜、光学透镜等重要技术领域。

有机玻璃制品在日常维护中应注意以下问题：因为有机玻璃表面硬度相当于铝，故使用时应注意保护表面，若遇有损伤情形，以研磨剂磨光，即可恢复原有优美的表面。有机玻璃表面以干布摩擦即有静电现象，故当表面带有尘埃时，用 1% 的浓肥皂水用软布轻洗净即可。有机玻璃受热或加热至 100 ℃以上即会软化，使用温度一般应低于 65 ℃。有机玻璃的热膨胀系数较大，其伸缩度约为金属类的几倍，固定有机玻璃材料时，对温度变化应加以考虑，预留好伸缩的空间。

另外，在购买有机玻璃制品时，应注意识别是否是其代用品。市场上有一种 PS 板，俗称“有机板”，化学名称聚苯乙烯，其透光率低于有机玻璃，脆性较大，抗冲击性、耐气候性及耐老化性比有机玻璃差，硬度与有机玻璃相似，吸水率及热膨胀系数小于有机玻璃，价格远低于有机玻璃。有些廉价眼镜使用 PS 塑料替代有机玻璃制作镜片，而 PS 塑料透光率低于有机玻璃，用作光学片对消费者的眼睛不利。

近几年，随着国内经济的稳步发展，我国有机玻璃产业发展较快，市政建设中所用材料有相当一部分为特大、特厚、异形有机玻璃。现在，有机玻璃已广泛应用于体育馆、宾馆、酒店、机场候机楼、候车亭等。我国有机玻璃产品结构不合理，大部分为普通品种，缺乏高抗冲击产品、耐高温产品、防射线产品，一句话，缺少高附加值的高档品种和特种品种。

总体上，有机玻璃作为塑料中的水晶，必将在人们生活中发挥越来越大的作用，我国有机玻璃生产应向规模化、专业化、高档化发展，以满足国内消费日益增长的需求。

（胡泳波　杜端钟）

水中溶解的纤维

我们知道衣服是由各种各样的纤维制成的，衣服穿脏了就要在水里洗，从未听说谁的衣服被水洗没了的。可现在有一种纤维，在水中会被水溶解掉，用这种纤维做的衣服可不能随便浸到水里面去，否则这衣服就会变没了。这种纤维就是水溶性纤维。

水溶性纤维是用一种叫聚乙烯醇的高分子化合物制造的。聚乙烯醇是一种亲水的高分子化合物，能溶解在水里形成透明的溶液。我们能在文具店里买到的、装在小塑料瓶子里的透明胶水，就是聚乙烯醇的水溶液。

聚乙烯醇最早是由日本的樱田一郎和朝鲜的李昇基共同开发成服装用纤维，由聚乙烯醇制得的服装用纤维叫维尼纶。在困难时期，我国引进该生产技术，解决了当时穿衣难的问题。维尼纶是由聚乙烯醇溶液经纺丝后再和甲醛反应缩醛化而成的。这种纤维有棉花一样的吸湿性和很高的强度，当时很受人们的欢迎。但这种纤维很容易弄皱，因此在涤纶兴起后，已逐渐退出服用范围。目前主要用在工业方面，它的优点是耐酸碱、强度高、亲水性、燃烧时不会发生熔滴现象。由于其分子上有大量羟基，也常利用它作特种的功能纤维。

现在采用特殊的凝胶溶剂纺丝工艺，用不同醇解度的聚乙烯醇可直接纺出在 1 ℃～100 ℃的不同温度的水中可溶解的聚乙烯醇(PVA)纤维，这是目前世界上惟一的溶于水的合成纤维。这种水可溶解的纤维在纺织工业上，可大有用途。

水溶纤维可在织物轻薄化、蓬松化上起很大的作用。在纺纱时和棉、毛等纤维混纺，制成织物以后再用水洗去水溶纤维，织物的纱线就会变得比原来的要细。这样，就可用比较差的、以前只能纺粗纱的纤维来纺高档的细纱。用这种和水溶性纤维一起纺纱的技术制造的毛巾相当的蓬松和柔软。

这种水溶纤维还具有通过热压手段使纤维黏合的本领，已经广泛用于化学黏合法非织造布的生产。

这种水溶纤维的绣花底布作为服装行业绣花的骨架材料，可单独绣花，也可与其他服装面料衬在一起使用。加工完后只要在热水中处理掉非织造布，即保留下绣制的花形。

用可在 70 ℃～80 ℃的水中溶化的聚乙烯醇纤维制成水刺法非织造布，这些非织造布用于制作医院的手术服、床单、口罩、病员服、医用纱布、婴儿尿布、妇女用护垫、一次性洁净布等一次性用品，用后在特殊的容器里用热水溶解后排放到污水处理池进行污水处理，最后，聚乙烯醇被微生物降解的同时，有害的病菌也在这过程中被杀死，完全没有环境污染。

如对上述用水刺法制造的水溶性 PVA 纤维非织造布，经过特殊的热处理能使非织造布的孔隙减少，致密度增加，从而提高产品的屏蔽性能。用于血液感染的防护织物，能防止血液的渗透和血载病菌的通过，预防一些具有较强传染力的血液传染病的传播和蔓延。同时，水溶性 PVA 纤维的吸湿性能较好，用其制成的医用屏蔽材料穿着舒适感也较好，能使产品的屏蔽性能与舒适性能得到较好的统一。

随着应用技术的发展，水溶性 PVA 纤维在其他领域也大有用武之地。

（章悦庭）

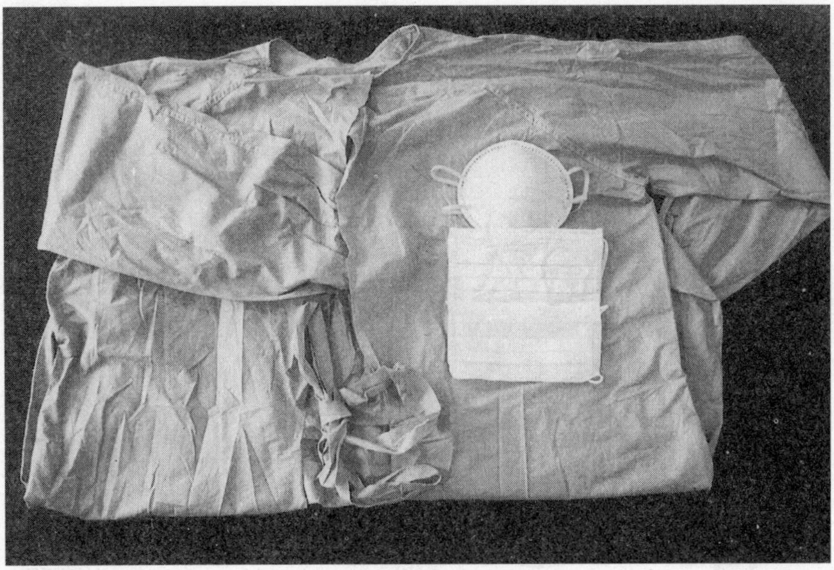

用水溶性 PVA 纤维非织造布制作的在水中可溶解的一次性手术衣及口罩

奇妙的弹性纤维

或许你喜欢穿着纯棉和真丝服装，因为它们比合成纤维的服装具有更好的舒适性，但是这些天然纤维织物有容易弄皱的缺点。为了克服这一缺点，面料设计人员在设计制造面料的时候，在里面加入了一种像橡皮筋一样有弹性的纤维，从而提高了折皱回复能力，它能使产生的折皱很快地消除掉。这种像橡皮筋一样的纤维的学名叫聚氨酯纤维，又叫氨纶，它的化学成分是嵌段的聚氨基甲酸酯。

聚氨酯纤维为什么能像橡皮筋一样有弹性呢？

因为聚氨酯纤维里的大分子链是由一种柔性的链段和一种刚性链段组成的嵌段的大分子链，正是这样的分子结构，赋予纤维伸长和回复的能力。

我们可以把柔性的链段设想为小小的弹簧，如果有两个小弹簧前后连在一起，我们用两只手各捏住一个小弹簧的外端，向两边拉伸，两个弹

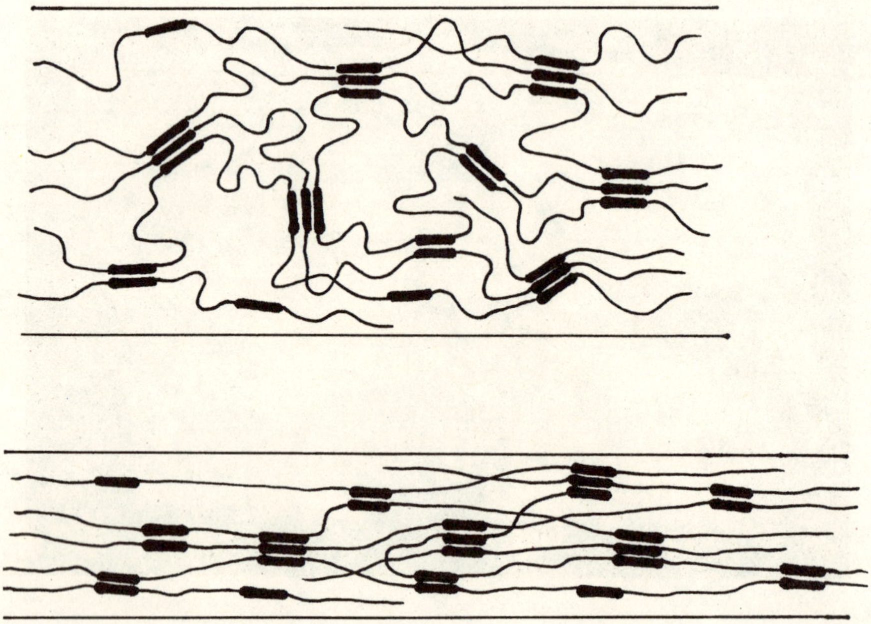

氨纶纤维的分子结构模型图

图中粗线表示刚性链段，细线表示柔性链段。刚性链段由于分子间的作用力，在常温下相互聚集在一起形成交联点，把柔性链段都连接在交联点上。上图是纤维未被拉伸时，柔性链段是卷曲的。下图为纤维被拉伸后，柔性链段都伸直了，当外力去除后柔性链段自动回复卷曲的原状。

簧就分开了。如果开始时,把两个弹簧连在一起的那端,用线固定住,这时再捏住每个小弹簧的外端向两边拉,小弹簧就会被拉长。这个时候,把手松开,被拉长的小弹簧就会回复到原来的状态。刚性链段就像是把两个柔性链段的弹簧连接固定在一起的线。聚氨酯大分子的刚性链段是由苯环和氨基甲酸酯基团组成;柔性链段是含有许多氧原子的有一定分子量的聚醚组成。

聚氨酯纤维就是由许多这样的大分子结合在一起组成的。在自然松弛状态下,柔性链段是紊乱无序的,卷曲的,在拉力下,各柔性链段伸直,纤维变长。外力消除后,被拉直的柔性链段又会回复到自然缠曲状态,纤维也缩短到原来长度。一般情况下,它可被自由拉长 4～7 倍,在外力释放后,即迅速回复原来的长度。

表面上看,聚氨酯纤维是一根连续的单丝,而实际上它是多根单丝合并在一起的一束细的长丝。在使用前,一般还要在这长丝外面包上棉纱形成包芯纱,这样才可和其他纱线一起织造各种面料。

聚氨酯纤维在纺织上用途很广。

好多衣服的有弹性的袖口和下摆里都有聚氨酯纤维;把聚氨酯纤维和其他的人造或天然纤维交织使用,它不改变织物的外观,但能极大改善织物的手感、悬垂性及折痕回复能力,能给所有类型的成衣增添额外的舒适感与合身度,包括针织内衣、健美服、定制外套、西服、裙装、裤装等,使各种服装显现出新的活力。把它放在游泳衣里,可使游泳衣很好地紧贴在身上,减小游泳时水的阻力。

目前市场上的聚氨酯纤维基本生产方法是这样的:先把聚氨酯溶解在一种溶剂里,形成一种均匀的溶液,或者直接合成得到聚氨酯溶液,通过小孔把溶液挤入热空气环境中,使溶剂挥发,或放入一种能使聚氨酯溶液中的溶剂脱出来的液体中,聚氨酯凝固出来形成纤维。现在还有直接把热塑性的聚氨酯在高温下熔化、再挤出抽丝的方法,来制造聚氨酯弹性纤维。

目前市场上所说的莱卡(LYCRA)就是杜邦公司独家发明生产的一种聚氨酯弹性纤维的商标名称。我们国家浙江、江苏、山东等地也有许多工厂生产聚氨酯弹性纤维,年产量已超过 10 万吨。

(章悦庭)

可以发出荧光的纤维

为了防止钱币的伪造,人们采取了许多方法。除了使用特殊纸质的纸张外,还使用了水印、凹凸手感、荧光油墨、金属线等方法。把某些纸币放在紫外光下,我们除了可看到用荧光油墨印的数字、图案发出光亮外,还可见到在纸张中有一些不规则的发出蓝色、草绿色光的短线。这些在紫外光下能发出多种颜色的线条就是荧光纤维。

荧光纤维是在可以纺成丝的高分子化合物里加入了在紫外光下能发出荧光的稀土元素的无机化合物(稀土元素为钪、钇及镧系原子序数为57～71的元素),或是加入可以发出荧光的有机染料。然后通过纺丝的技术把这些高分子混合物变成细长的纤维。

在室内非阳光直射的自然光下拍摄的荧光纤维线团

在紫外光照射下拍摄的荧光纤维线团

有的高分子化合物在高温下可熔融成黏稠的液体。这些高分子化合物为:聚对苯二甲酸乙二醇酯(制成的纤维就是我们通常说的聚酯纤维、涤纶或的确良纤维)、聚己内酰胺(就是我们说的尼龙)、聚丙烯等。我们可把稀土元素的无机化合物和这些高分子化合物混合,加温融化后,把它们从很小的孔中挤出,经过冷却、拉细等过程,就可得到荧光纤维。使用不同稀土元素的无机化合物,在365纳米紫外光下,可发出不同颜色的光来。

对于这些要通过高温熔融加工的高分子化合物,其中加入的荧光材料只能是稀土元素的无机化合物,而不能用有机荧光染料。因为大多数有机的荧光染料,在高温下会发生分解反应,失去发出荧光的性能。

有的高分子化合物在温度还没升到其熔融的温度时,就会分解,这些高分子化合物不能用熔融的方法制得纤维,但它们可溶解在某些溶剂里。如聚丙烯腈(纺成的丝就是人造羊毛或叫腈纶)、纤维素、聚乙烯醇(制维尼纶的原料)等。用这些高分子化合物作原料的话,可把它们溶解在一定的溶剂里,再在这些溶液里加入超细的、能在紫外光下发出荧光的稀土化合物,或是有机染料。然后在特殊的容器里,通过细小的孔洞把这些溶液挤入凝固剂的容器中,使高分子化合物凝固起来,再经过拉伸,就得到了可发荧光的纤维。

把通过上述方法得到的纤维,切成一定长度的短纤维,就可混入造纸的纸浆中造纸了。这种纸在普通的光线下看上去和普通纸张没什么两样,可放到紫外光下,就可看到纸中有许多会发出不同色彩亮光的细线来。这种纸张除了用作纸币的防伪外,还可以用于制造一些防伪要求较高的票据、商标或特殊文件的书写纸。

荧光纤维也可用于名牌服装商标的防伪。该商标上的文字或图案可用荧光纤维来绣制,在紫外光下,上面的文字或图案就会发出鲜艳的光亮来。

在防止高档面料的假冒伪劣方面,荧光纤维也大有可为。在面料的织造过程中,可在面料的布边中嵌入一根荧光纤维,这样可根据在紫外光下布边能否发光,来判别真假。

随着科技的进步,科技工作者又开发出了能在700～1 600纳米红外光下发出荧光的稀土化合物。用同样的方法,也可制造出能在红外光下发出荧光的新纤维来。科学总是在不断前进的,说不定什么时候,我们人类又制造出其他更新奇的荧光纤维。

(章悦庭)

未来我们穿什么——新型服装面料

千百年来，人类赋予服装的使命不外乎遮身御寒、美观时尚。未来，我们穿什么？当更多的高新科技融入到服装面料后，各种具有新奇功能的服装也从幻想走入我们的现实生活中。未来我们将穿上——

“冬暖夏凉”调温服装：我国企业与国外合作，利用“太空宇航技术”，成功开发了相变调温纤维，并在国内首次生产出“冬暖夏凉”的调温服装。相变调温纤维是在纤维表面用高科技手段涂上一层含有相变材料的微胶囊，在正常体温状态下，该材料固态与液态共存。用这种纤维制成服装后，当从正常温度环境进入温度较高的环境时，相变材料由固态变成液态，吸收热量；当从正常温度环境进入温度较低的环境时，相变材料又从液态变成固态，放出热量，从而减缓人体体表温度的变化，保持舒适感。

“形状记忆”服装：意大利人毛罗·塔利亚尼设计出一款具有“形状记忆功能”特性的衬衫。当外界气温偏高时，衬衫的袖子会在几秒钟之内自动从手腕卷到肘部；当温度降低时，袖子能自动复原。同时，如果人体出汗时，衣服也能改变形态。这种具有“形状记忆功能”的衣服的奥秘，就在于衬衫面料中加入了镍钛记忆合金材料。应用形状记忆面料剪裁的衣服还具有超强的抗皱能力，不论如何揉压，都能在 30 秒内恢复原状，这样，人们就再也不用为皱巴巴的衣服烦恼了。

“智能防护”服装：英国科学家研制出一种特殊衣料，受到撞击时会迅速变硬，借此减缓撞击力，随后立刻变软，不限制穿着人员的灵活性。这种服装面料平时轻而柔韧，但受到撞击时会在 1/1 000 秒内变硬，而且撞击力越强，反应越快。这是因为这种材料由在高速运动时会

新型服装面料

彼此勾连的柔韧分子链构成，其原理有点像汽车在潮湿的沙地上行驶的情况：慢速行驶时会陷下去，但车速很快时，沙粒就会粘在一起，车也不会下陷。应用这种面料可以制作运动员使用的柔韧护膝、比赛服、运动头盔和适应跑步时负荷变化的运动鞋等。

维生素T恤：如果你担心从饮食中不能得到足够多的维生素C，你可以穿上富含维生素的T恤。最近日本发明了这种含维生素的面料，这种面料是将含有可以转换为维生素C的维生素原引入到传统的纺织面料中，这种维生素原与人体皮肤接触后就会生成维生素C，一件T恤衫产生的维生素C量相当于2个柠檬的维生素C含量。穿着这种T恤，人们就可以通过皮肤直接来摄取维生素C，多神奇啊！

电子服装：未来的服装将把人们和数字世界融为一体，在电子服装中，甚至连电脑的应用都变得像拉链一样普遍。现在美国科学家已经发明了一种能够安在衣服上的键盘，你可以轻松地在这种衣服上弹奏出动听的乐曲。相信这种新材料将会成为服装设计师们的新宠。时尚的T型台将不再只是服装设计师艺术创新的发布场，也是科技展现魅力的新舞台。

自洁免洗服装：早在20世纪50年代，有自动清洁功能的衣服就出现在电影里了，今天，科学家正在将这一幻想变为现实。研究人员将二氧化钛微粒混杂到传统的纺织面料中去，制成具有自洁功能的服装面料。在阳光的照射下，这种面料中的二氧化钛微粒可以起到催化分解面料表面的油脂、污垢、污染物和有害微生物的功能。我国科学家以聚乙烯醇为原料，开发了一种具有超强的、不沾水的纳米高分子纤维材料。用这种材料裁成的衣服具有不沾雨水、油脂、油墨等脏物的特点，达到自洁免洗的功能。

抗菌保健服装：将银、氧化锌等具有杀菌消毒作用的微粒混杂到传统的纺织面料中去，可以制成具抗菌保健功能的新型面料。这种面料可以非常有效地祛除身上发出的难闻气味，杀死附着在衣服上的有害细菌。目前已经可以在市场上买到这类产品了。

抗静电和电磁屏蔽服装：写字楼里的干燥空气，常常使我们面临被静电“偷袭”的烦恼。将具有导电功能的高分子材料复合到传统的纺织面料中，可以制成具有良好的抗静电、电磁屏蔽效果的面料。只要穿上这种面料的衣服，不管到什么地方，都可以防止静电的侵扰，并有效地屏蔽电磁波对人体的侵害。

随着科技的发展，越来越多神奇的、具有特殊功能的新型服装将会面世，为我们带来更美好、更健康的生活。

（林开利）

与光对话——光致变色有机材料

你想过没有,你身上的服饰、室内的墙壁、手里撑的雨伞的颜色会随着光线或温度的变化而产生各种漂亮的颜色?当你置身于这种色彩随光而动的五彩缤纷的世界时,那种感觉是多么奇妙啊!这种时代正在向我们走来,而且已经在我们身边展现风姿了。

能够产生这种奇妙的色彩现象的,是一类光致变色有机材料所展现的神奇魅力。光致变色有机材料在不同强度的日光或其他光源照射或加热下,会瞬间由一种颜色变成另一种颜色,或由无色变成其他颜色,或发生颜色的深浅变化,当停止光照或加热时,又恢复到原来的颜色状态,是一种非常容易实现的可逆变色过程。为什么这类材料的颜色能够随着光照射或加热而产生变化呢?它的反应机制非常复杂。简单地说:太阳光是由红、橙、黄、绿、蓝、靛、紫等 7 种色光混合而成的,而光致变色有机材料在光的作用下,其内部结构发生了变化,从而吸收了太阳光中的某些色光,剩下的色光则被材料反射并传入人的眼睛,从而显现出材料的颜色。

含光致变有机材料的产品

应用光致变色有机材料制作的仪器设备具有驱动电压低、能耗小、反应时间短、发光亮度和发光效率高,以及便于调制颜色、实现全色显示等优点。此外,光致变色有机材料还具有轻便、易于加工、原料和制备成本低廉、无味无毒,且不会对人体和环境造成危害等特点,这些都是传统的光致变色无机材料所无法比拟的。

光致变色有机材料就其用途而言十分广泛,可以用于生产制造假发、指甲油、口红等化妆品,领带、头巾、T 恤衫等服饰,窗帘、壁纸等装饰材料，还广泛用于制造工艺品和玩具、油漆涂料、广告牌、道路标识牌等。这些产品在光照或加热下会呈现出色彩丰富、变化多样的图案、文字、标示或花纹，美化人类的生活环境、提高生活情趣。光致变色有机材料还可以做成透明塑料薄膜，贴到或嵌入汽车玻璃、窗户玻璃上，阳光照射时马上变色，使阳光不刺眼，以保护视力，保证安全，并可起到调节室内或车内温度的作用。还可以溶入或混入塑料薄膜中，用作农业大棚农膜，增加农产品、蔬菜、水果等的产量和质量。光致变色有机材料还可以用作军事上的隐蔽材料，例如应用这类光致变色材料制作的作战迷彩服、战地帐篷、军事武器、车辆装备等具有非常出色的伪装效果，从而更好地隐蔽自己、迷惑敌人，提高自身的战斗力。科学家正在致力于研究开发一种能够折叠的，或能够穿在身上的显示器件，未来战场上的士兵可以摊开一张塑料纸，显示实时战情地图，飞行员、士兵和消防队员将可以戴上应用光致变色有机材料制作的头盔，这些都将有力地提高军队的作战能力。此外，光致变色有机材料还可以广泛用作光信息存储、光调控、光开关、光学器件材料、光信息基因材料、修饰基因芯片材料、自显影感光胶片和全息摄影材料、高技术防伪识别材料等。

我国的纺织印染业、服装业面临着国际市场的激烈竞争，如果我们利用光致变色有机材料和技术对这些传统行业的产品进行升级换代，必将进一步提升这一产业的国际竞争力，创造更多就业机会，带来更大的经济效益和社会效益，促进国家的经济发展。

目前研究和应用光致变色有机材料最多的国家是美国、日本和法国等。日本在民用行业上开发比较早，并且开始生产和销售光致变色有机T恤衫、变色眼镜和玻璃等产品。我国也在该领域开展了富有成效的理论和应用研究，并较早地开展应用光致变色有机材料开发防伪识别技术，该成果已经在相关领域得到很好的应用。

（宋维芳　林开利）

能吸铁的塑料

一谈起塑料，人们总会想起那些五颜六色的包装、小饰品以及桌子、椅子、饭碗、床、书架、地板、天花板、门窗，它们都可以用塑料来做，而且方便、美观。塑料有好多种，像做桌腿、床架的塑料，是“塑料钢”，它像钢铁那样结实；做窗户的塑料，是“有机玻璃”或者“塑料玻璃”，又透明又结实；做地板用的塑料，是“塑料橡胶”，富有弹性，表面不滑，老年人不会滑倒跌跤；天花板和墙壁内衬是用一种“泡沫塑料”做的，这种塑料的肚皮里尽是泡泡，又轻又能隔热，能使房间里冬暖夏凉，这种泡沫塑料还能隔音，如果我们把门关上，里面说话的声音再大，也不会吵到别人。

但是，你知道还有一种塑料具有磁性，可以和吸铁石媲美吗？可能大家觉得难以相信，塑料怎么会有磁性？顶多也只能产生静电吸附那些可恶的小灰尘罢了。你可不能小看科技的力量哦！2001年，来自内布拉斯加州林肯大学的化学家们声称已研发出世界首创的塑料磁铁，不过该种磁铁只能在零下263℃发挥作用。其他研究人员也研发出诸多塑料磁铁，不过也只能在极低的温度下起作用，在室温下由于磁性太弱，无法供商业使用。后来经过科学家们的不断努力，在2004年，英国德罕大学的研发者们首次研制出了在室温下起作用的塑料磁铁。这种特殊的塑料是由两种化合物PNAi(翠绿亚氨基聚苯胺)和TCNQ(四深蓝喹啉丙二甲烷)聚合而成的。人们之所以选择PNAi，是因为PNAi是一种在空气中非常稳定、类似金属的导电体；而TCNQ具有形成自由基带电粒子的倾向。传统磁铁的磁性是电子自旋排列的结果。借用这一理论的支持，在这种独特的塑料中，人们通过把组成塑料的聚合物链呈直线排列，从而使其产生的带电的自由基也作直线排列，来达到具有磁性的效果。

那么，这种塑料磁铁能够给我们的生活带来什么方便呢？科学家们认为，这种能使用于日常制品中的塑料磁铁，最可能的应用是作为塑料存储设备。这可能导致新一代的高容量轻便的内存和磁盘的产生。这种磁盘不但可存储的东西多，而且质量很轻，可以大大降低电脑的重量，未来可取代磁性硬盘，成为一种便宜、快速、高容量的存储设备。目前，Intel公司正在加紧开发一种采用聚酯型材料制备的塑料内存。这种新产品将向当前市场上的半导体内存(优盘)发起挑战。塑料内存具有非常高的性能价格比：成本只有当前采用硅材料生产的同类产品的1/10，但其存储

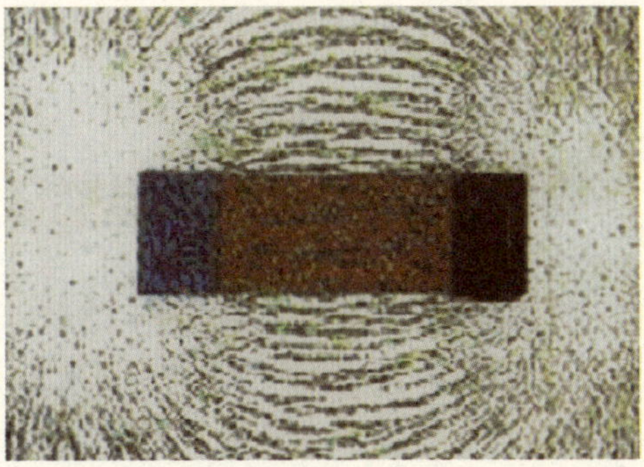

塑料磁铁原理示意图

密度却高出许多倍，这是因为塑料内存采用了3D存储技术，数据被存储在成千上万的聚酯层内。我们可以想像，一旦这些产品进入市场，会给我们的生活带来多大的方便。笔记本、手机的重量将减少三分之一以上；便携式的移动硬盘不但体积、重量大大减轻，而且可以折叠，随便放在口袋里就行了，真正做到了口袋式；至于我们现在经常用的优盘，就不再会像现在这么硬邦邦了，它可以柔软得像手表表带那样，我们只要扣在手腕上就行了。除此以外，由于塑料易于调色，制成的产品色彩鲜艳、透明亮丽，而且可以加工成任意形状，因此这种塑料优盘还会成为一种新潮的饰物呢，既漂亮又实用，一定会受到大家欢迎。

除了作为计算机存储设备以外，塑料磁铁还可能具有重要的医学用途，譬如用于牙科医术或用于耳蜗移植的转换器上。因为是有机的磁性材料，人体排斥的可能性较小。因此，塑料磁铁具有非常广阔的应用前景。

不仅如此，塑料磁铁还可以成为人类的环保卫士呢！人们可以利用它们来清理一些带有磁性的废弃物。所以，当你看到有人用塑料棒在河水里搅的时候，你可不要以为他在瞎玩啊，那可能就是河道清理工在清理河道里的铁废弃物呢。

（夏　炜）

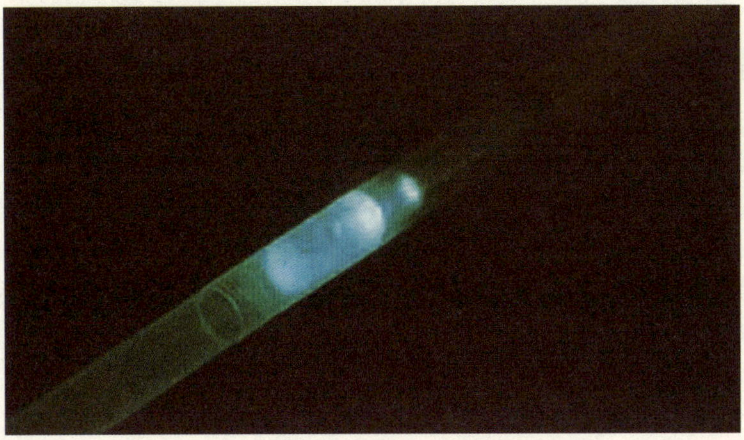

会发光的塑料磁铁管

可降解塑料——绿色世界的希望

目前,世界塑料年总产量已超过1.7亿吨,用途渗透到国民经济和人民生活的各个领域,和钢铁、木材、水泥并列为四大支柱材料。塑料的用途小到我们生活中经常使用的塑料袋、塑料盆等,大到国防中的飞机、火箭等。然而,随着塑料产量的不断增长,用途的不断扩大,废弃塑料也日益增多。由于塑料在自然环境中难以降解、腐烂,严重污染了环境。由大量的废弃塑料袋、一次性餐具引起的“白色垃圾”问题已成为“百年难题”。有资料显示,城市固体废弃物中塑料体积高达30%左右。由于塑料是一种很难处理的生活垃圾,它混入土壤能够影响作物吸收水分和养分,导致农作物减产;填埋起来,占用土地。大量散落的塑料还容易造成动物误食致死,北京南苑的麋鹿因误食附近垃圾场飞入的塑料袋而死于非命。塑料易成团成捆,能堵塞水流,造成水利设施、城市设施故障,酿成灾害。不仅如此,甚至飞行员都能发现它们飞舞的身影,而且束手无策、避之不及,唯恐酿成大祸。

目前已有很多方法用来处理“白色垃圾”问题,包括焚烧、填埋等。但是,废弃塑料焚烧时,将对环境造成严重的二次污染,而填埋又会造成土地资源的浪费。因此,标本兼治是解决问题的最好办法。专家认为,一方面应及时有效地处理既生垃圾,一方面用能降解、易降解的制品代替塑料。为解决这个问题,高效降解塑料的研究开发已成为塑料界、包装界的重要课题,而且成为全球热点。由于降解塑料在一定条件下最终会转化成对环境无害的产物,因此我们又称其为“绿色塑料”。这些塑料有的可以通过吸收太阳光、通过光化学反应而分解,我们称其为“光降解塑料”;有的可以通过微生物作用而分解,我们称其为“生物降解塑料”;有些则可以通过空气中光和氧气的作用而分解,我们称其为“化学降解塑料”。

国外对降解塑料的研究较早,其中光降解塑料的研究技术最成熟。光降解塑料在日本已实行工业化,主要用于农膜、发泡托盘、瓶子、包装材料等,其降解速度取决于光照时间和强度,因此在实际应用中不同地域会受到限制。生物降解塑料则能解决这一难题,而且避免了二次污染,因此这类绿色塑料备受青睐。化学降解塑料的应用领域也较为广阔,普通农药包装塑料薄膜用后难以降解,严重污染农田生态环境。英国的帕罗格安公司研制成功一种可水解的塑料薄膜,它具有普通薄膜的力学性能和印刷性能,可有效保证包装袋内的农药气味不外泄,并能耐碳氢类化学品的腐蚀,而其最大的特点是用后可水解降解,解决了农药包装薄膜污染环境的难题。

我国光降解塑料的研究开发起始于20世纪70年代中期,90年代随着环保呼声日益高涨,降解塑料如雨后春笋般蓬勃发展。1998年11月,一种以秸秆制成的一次性餐具首次摆上了北京百盛购物中心的快餐桌。这种餐具不但安全卫生,而且一次性使用后入土即为肥料,入水可成为鱼饲料。随后,在1998年12月13日的“绿色一次性餐具交流会”上,100多家企业展示了他们以稻壳、纸浆、淀粉等为原料制作的餐具。一种生物全降解一次性快餐盒经北京一轻研究所30多名研究人员近三年的研究,日前已通过检测。测试证实,该餐盒使用后暴露在大自然中,40天内全部变为水和二氧化碳。这种餐盒以淀粉(玉米、木薯淀粉)为原料,加入一年生植物纤维粉和生物防水胶,喷注到模具内加热发泡成型。

目前降解塑料作为高科技产品和环保产品,正成为当今世界瞩目的研发热点,其发展不仅扩大了塑料的功能,而且一定程度上缓解了环境矛盾,对日益枯竭的石油资源是一个补充,适应了人类可持续发展的要求。降解塑料制成的包装袋以及餐具已在我国开始推广使用,然而,由于制备这种塑料的成本相对传统塑料较高,以及人们环保意识还有待加强,要大量普及使用,还需要我们大家共同努力,我们相信,降解塑料的广泛使用,必然会带给我们一个美好的绿色世界!

(李海燕)

让我们共同创造一个美好的世界

塑料之王的王者风范

有些人或许知道，氢氟酸具有很强的腐蚀性，玻璃、铜、铁等常用的材料都会被它“吃”掉，即使很不活泼的银制容器，也不能安全地盛放它。可是，别看氢氟酸很厉害，能“吃”掉很多东西，有一种东西它见了却无可奈何，这就是“塑料之王”。它的耐腐蚀本领可以说是“全球冠军”，现在人们还没有发现任何一种溶剂能够把它溶解，就是腐蚀性最强的“王水”，虽然可以腐蚀金和铂，但对它也无能为力。

那么，“塑料之王”到底是一种什么材料呢？它的化学名称叫聚四氟乙烯，是以四氟乙烯为单体聚合起来的高分子，商品名称叫特氟隆，俗称“塑料之王”。它的每一个基本单位由2个碳原子4个氟原子组成，基本原料是煤、石油、天然气，再加上一种被称为氟化氢的气体制成。聚四氟乙烯之所以被称为“塑料之王”，不仅仅在于它有很好的耐腐蚀性能，而且它还特别坚牢，既耐热又耐冷，在250℃高温至零下195℃低温范围内都可使用！另外，“塑料之王”还有一种其他材料无法比拟的性质，就是由它制成的产品表面非常光滑，所以人们又称它为“世界上最滑的材料”。我国于1965年成功制造了“塑料之王”。从此以后，由于它具有许多优良的性能，因此在现代生活中到处可见“塑料之王”的超凡魅力，使这种材料真正显示了其“塑料之王”的气魄，给人们的生活带来了很多便利。下面就来给大家说说“塑料之王”在我们生活中的广泛应用吧！

在商场，大家都可以看到商品架上“不粘锅”炊具和“不粘油”灶具，这种炊具给苦恼于饭后刷锅的人带来了福音，因为在炒菜烧饭时再也不用担心粘锅底了，吃完饭后，只要用水一冲，锅就会干干净净。那么，大家有没有想过这种锅为什么会有这种优点呢？这就是“塑料之王”的功劳了。人们利用它无可比拟的光滑特性，在锅的内表面涂上了一层“塑料之王”，使得锅的表面十分光滑，所以食物不会粘在它上面。而且，这层“塑料之王”还可以把食物跟铝质隔开，能够避免人体摄入过量的铝呢！

除了这种光滑的炊具外，人们还利用了它的光滑特性制造出了一种特别的钢笔。大家都知道，钢笔用上几天后就要吸一次墨水，普通的钢笔从墨水瓶里拿出时，钢笔套外面墨迹斑斑，这时你要找废纸擦去这些墨迹，一不小心还会弄脏自己的手，这多麻烦呀！但使用这种特别的钢笔时，既不会弄脏你的手，还可以省去许多麻烦，因为它是用“塑料之王"制成的。把它从墨水瓶里拿出来时,上面一滴墨水也不会粘上,多么省事呀!

不仅如此,科学家们正在不断努力利用"塑料之王"的这种性能给人们带来健康呢!我们都知道,人的关节会由于一些疾病而受伤、损坏。在用药医治无效的情况下,人们研制出了一种人造关节,用来置换原有受损的关节。然而,如果所制备的"人工关节"不够光滑,在其活动时将会由于摩擦而给人体带来很大的痛苦。人们在情急之下,想到了"塑料之王"的超光滑特性和耐摩擦性能,并且用这种方法制备了性能很不错的"人工关节"呢!目前,这种"人工关节"的研究正在如火如荼地进行着,我们相信不久的将来,"塑料之王"又会给我们的健康带来福音哦!

除了生活中到处可以见到"塑料之王"的影子外,利用它的稳定以及耐腐蚀特性,人们还制成运输液态氢的超低温的软管、垫圈和登山服的防火涂层,以及化工厂的反应罐、防腐衬里等。在原子能、半导体、超低温研究和宇宙火箭等尖端科学技术中,它也都有广泛的应用。不过,值得我们注意的是,它的优点也成了制造上的困难,因为把它加热到 415 ℃也不呈现流动状态,不像一般热塑性塑料,只要把高分子树脂加热后,用灌注、挤压吹塑等方法便可以使塑料成型。将"塑料之王"加工成型,必须先预压成毛坯,再烧结,成本较高。不过,我们相信"瑕不掩瑜",在不久的将来,"塑料之王"将会与我们越来越亲近,成为我们的好朋友!

(李海燕)

现代生活的伴侣——胶粘剂

一架超音速飞机凌空而过,刹那间消失得无影无踪,飞得好快啊!飞机这么庞大的物体为什么飞得那么快?原来飞机是由新型航空材料——蜂窝夹层结构的板材制造的。这种既轻巧又结实的板材是借助于胶粘剂,将六边形的蜂窝芯子和铝质蒙皮紧密胶接成一个整体。晚上的上海大剧院在灯光照耀下,晶莹剔透,熠熠生辉,这是因为它的外墙采用了玻璃幕墙。这种玻璃幕墙就是用胶粘剂将玻璃和金属框架黏合在一起的。胶粘剂在我们现代生活中充当的角色可是太重要了,无论是天上飞的、水中航行的、路上跑的,还是身上穿的、家里用的,或者是医疗卫生、建筑施工,都离不开胶粘剂。有了胶粘剂,我们的生活才变得如此丰富多彩!

使用胶粘剂的产品

能够把同种类和不同种类的固体材料表面紧密连接在一起的物质称为胶粘剂,也叫黏合剂。胶粘剂这个家族的老一辈都是在大自然中生长的,什么松香啦、树胶啦,动物骨皮熬制的牛皮胶啦等等,我们统称为天然高分子胶粘剂。已经有几千年历史的天然高分子胶粘剂,现在已经让位给了新兴的一代——合成高分子胶粘剂。合成胶粘剂的出现距现在仅有100多年的历史,但发展十分兴旺发达,名堂也很多:有树脂类型,如环氧树脂、酚醛树脂、脲醛树脂等;有合成橡胶类型,如丁腈橡胶、氯丁橡胶等,有意思的是,这两类胶粘剂又攀上了亲家,出现了树脂-橡胶混合型胶粘剂,如丁腈酚醛胶粘剂,这样又衍生出许多胶粘剂品种。合成高分子的发展,使高性能胶粘剂层出不穷,像有机硅、聚氨酯和丙烯酸酯等胶粘剂已经大量应用。胶粘剂家族中还有一类称为无机胶,它的性能同天然和合成胶粘剂截然不同:特别耐高温,比较硬脆。

胶粘剂能够黏合的材料很多:金属、各种合金、玻璃、陶瓷、木材、皮革、塑料和橡胶等等。黏合时一般对黏接面用砂纸打磨和表面清洁后,用胶粘剂直接黏合就可以了。对于黏合强度大、耐久性良好的或者两种被黏材料性质差别大的,则对被黏材料的表面进行特别处理,如喷砂、涂表面处理液,再用胶粘剂黏合,就可以得到很好的黏接效果。

使用胶粘剂好处可多啦!利用黏接可以有效地将不同种类的金属和非金属之间连接在一起,这是用电焊方法难以做到的。黏接是通过胶粘剂均匀地分布在黏接面上,不像焊接那样存在应力集中问题,因此能提高黏接的疲劳寿命。黏接能减轻重量。选用功能性胶粘剂还能赋予黏接面特别的性能如导热、导电、导磁、绝缘等等。当然胶粘剂也有局限性,例如与焊接相比,黏接强度还不够高;耐高低温性能还是有限的,一般使用温度在－60 ℃～＋200 ℃;在光、热、空气及其他因素作用下,胶粘剂会老化,影响寿命。

木材加工业是胶粘剂消耗量最大的行业,胶合板、密度板、家具等大量使用酚醛树脂和脲醛树脂;航空航天工业中一架波音 747 喷气式客机要用胶膜 2 500 平方米和胶粘剂 450 千克;电子电器工业、汽车和造船工业、建筑业及包装印刷业等都大量使用胶粘剂。过去人们使用的胶粘剂大多含有溶剂,现在已经向无溶剂型和水基型发展,胶粘剂给我们生活带来的是更安全、更方便。

(杨中文)

功能强大的人造树叶——染料敏化太阳能电池

人类利用和使用太阳能的历史很悠久,早在西周时代,我们的祖先就曾用“阳燧”这种简单的器具向太阳“取火”,开辟了人类利用太阳能的新纪元。国外古代传说中就有阿基米德借助镜子聚焦,烧毁了敌人的战船,从而保卫了国家和人民。近代太阳能利用历史,可以从1615年法国工程师所罗门·德·考克斯在世界上发明第一台太阳能驱动的发动机算起。对于太阳能的利用,最具潜力的是各种太阳能电池的开发和使用。太阳能电池实际上就是一种把光能变成电能的能量转换器,这种电池是利用“光生伏打效应”原理制成的。光生伏打效应是指当物体受到光照射时,物体内部就会产生电流或电动势的现象。

1941年,国外出现有关硅太阳电池的报道。1945年,美国贝尔电话实验室制造出了世界上第一块实用的硅太阳能电池,开创了现代人类利用太阳能的新时代。1958年,太阳电池应用于卫星航天领域。随后,人们先后研制了单晶硅电池、多晶硅电池、非晶硅电池、砷化镓双结电池等,能量转化效率最高可以达到28%。但是,这种电池制造工艺复杂,成本很高,大约是传统电池成本的10倍。

1991年,瑞士洛桑工学院的葛瑞特发明了一种成本非常低廉的太阳能电池。这种太阳能电池使用了很廉价的、性能很好的纳米二氧化钛为电池的负极,然后,在纳米二氧化钛上吸附一层对太阳光敏感的有机染料,用透明导电玻璃作为正极,两个电极之间充入电解质。这种电池由于使用了有机染料,所以也叫染料敏化太阳能电池。它制作的原材料简单易得,工艺又不复杂,而转化太阳能的效率却相当高,功能如同于一片树叶,所以被形象地称为“人造树叶”。

和树叶相比较,染料敏化太阳能电池中所使用的有机染料,就如同树叶中的叶绿素,在太阳光的照射下,会产生光生电子,纳米氧化钛电极就像集结电子的收集器,当有外电路接通时,收集器中的电子就会通过外电路,跑到另外一极,形成电流。当外电路没有接通时,电子就聚集在纳米氧化钛上储存起来,形成电压。这种电池只要在光照下,就会源源不断地产生电子,将光能直接转化为电能,不会排放任何废物,就如同树叶一样,实现了真正的“零排放”。它又比树叶具有更多的优点,比如,它可以随时使用,使用的时候,只要用导线一连接,就会有电流,不用的时候，电子会自动储存在氧化钛电极中；由于氧化钛具有较好的可见光透过率，所以，这种人造树叶几乎是透明的。

和其他类型的太阳能电池相比较，这种染料敏化太阳能电池能量转换效率虽然不是最高的，但是，它以其简单的制备工艺、低廉的成本，达到了很高的性价比，成为纳米材料发展中非常激动人心的事件。另外，这种染料敏化太阳能电池的每一个部分都可以独立优化，采用导电薄膜为基板，这种太阳能电池可以薄如蝉翼，而且可以随意弯曲；采用氧化钛纳米管阵列以及寻找效率更高的有机染料，可以使光电转化效率进一步地提高。

目前，实验室的结果显示，这种神奇的人造树叶已经能够满足实用化的要求。日本已经开始生产出部分的商品，我国中科院等离子物理研究所也于 2004 年建立了500 瓦规模的小型发电站。当然，这种电池的关键技术仍需进一步突破，并实现产业化，它的应用前景十分巨大而且诱人。

例如，这种透明的“树叶”如果做成大面积，有可能代替玻璃，只要受到光照，就可以为室内小型器件提供动力；它更有可能成为为室外广告牌提供电力的主角，当有光照时，这些广告牌受到驱动，会产生美丽的七彩图案，这样就可以减少因电力消耗而产生的热辐射，创造最佳的人居环境。在光照充足的地方，这种太阳能电池有更大的用武之地，例如，在高原沙漠地带，这种太阳能电池可以为小型汽车提供动力，届时只要在车顶上架一个装有太阳能电池的大篷，在阳光照射下，太阳能电池就能供给汽车电能。人们可以做长途旅行，不用担心汽车缺少燃油，也免除了旅行中额外的辎重。电视差转机一般都建在高山上，架设高压输电线路供电很困难，投资很高，所以最适合使用太阳能电池供电，电视差转机使用太阳能电池作电源，既快捷，又节省投资，而且维护、使用方便，可以做到无人管理。

这种可弯曲并且透明的电池不但收放自如，而且可以层叠起来，提高太阳光的利用率。在航天方面，将是宇宙飞船或者卫星动力的新宠。相信经过我们坚持不懈的努力，在不久的将来，这种神奇的“树叶”必定会让我们的生活更加美好。

（葛万银　李永祥）

膜科学技术的魅力

今天我们这里讲的膜可不是我们生活中常见的塑料袋、保鲜膜，而是一种分离膜。其实，我们生活中的许多产品都涉及膜技术，不知不觉中，它极大地改善了人们的生活质量。比如，地中海中部的马耳他王国，岛上有3.5万居民，每年有数十万前来观光的旅游者，但是岛上缺乏淡水，只有又苦又咸的海水，那么，他们是如何解决生活用水的呢？马耳他利用反渗透膜建设了世界上最大的反渗透海水淡化厂，成功地去除了盐类物质，把海水提纯为淡水。迄今为止，反渗透技术已为世界上1亿多人口解决了喝水问题，特别是在中东和海岛等淡水资源贫瘠的地方。在我国，据调查，到2010年，全国需水量7 300亿立方米，可供水量6 200～6 500立方米，缺水量达1 000亿立方米。缺水最严重的当属沿海地区、内陆苦咸水地区和内陆大中型城市。而海水淡化、苦咸水淡化以及污水净化，正是膜技术的强项。

膜技术最主要的应用是水处理，包括我们喝的纯净水，都采用了膜技术去除水中杂质、细菌等。在微电子工业中，比如电脑芯片的生产中，对所用的水要求都非常高，不能有一点点的杂质和离子，否则就会导致大量次品。电视机中的集成电路制造中，清洗硅片时，若纯净水不纯，荧屏就会变色、变暗，成为次品。而这种高纯度的水都是通过膜技术获得的。再有我们平时喝的高档饮料，都是经过膜分离过程除去沉淀和杂质的。还有牛奶脱脂、果汁浓缩、黄酒纯化、白酒陈化、啤酒除菌、味精提纯、蔗糖脱色、氨基酸浓缩、酱油除菌等生产中，膜技术都立下了汗马功劳。此外，医疗上的人工肺、人工肾实际上用的都是分离膜。有关机构指出：膜技术与光纤、超导等技术将成为主导未来工业的六大高新技术之一，也将是新世纪十大高科技产业之一。

膜技术到底是什么呢？简单地说，所谓分离膜就是遍布微小孔洞的一层薄膜，只不过，这个孔洞非常小，小到肉眼看不见的程度。根据孔径的大小，可分为微滤膜、超滤膜、纳滤膜、反渗透膜等。还有些膜技术除了孔道的筛分效应外，还利用了电场、浓度差等效应来实现分离。膜分离技术具有常温下操作，无相态变化，高效节能，在生产过程中不产生污染等特点。因此，膜技术及与其他技术集成的技术，将在很大程度上取代目前采用的传统分离技术，达到节能降耗、提高产品质量的目的。

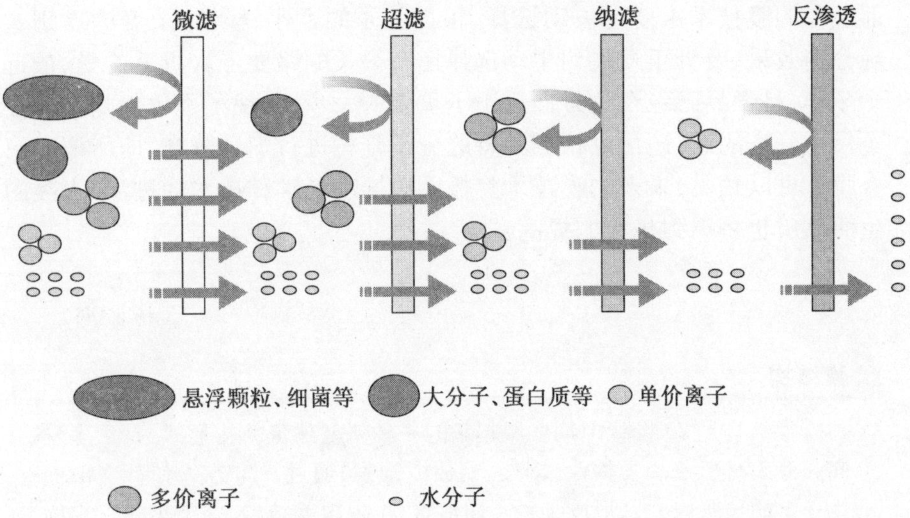

膜分离技术(压力驱动)示意图

膜技术的诞生只有短短的50年历史。20世纪50年代末,以离子交换膜为代表的渗析和电渗析技术率先创建了膜工业,在脱盐和浓缩等方面得到了普遍应用,尤其是离子交换膜技术的发展,使制碱工业发生了革命性的变化。20世纪80年代中期以来,膜技术进入全面发展阶段,研究开发出了以空气为气源的膜法富氧技术;用于低分子切割的纳滤膜技术;高通量、高脱盐率的反渗透复合膜技术;用于有机溶剂分离的渗透汽化技术,以及用于微滤和超滤的无机膜分离技术等,这一切为膜分离技术产业的发展奠定了坚实的基础。从材料上分,可分为有机膜和无机膜;按功能分,可分为分离膜和反应膜。可用作有机膜材料的有几百种。由于它的种类繁多,组合的多变,在环保、医药、化工、食品、电子、冶金、纺织等众多领域里都身手不凡,被公认为是当代最有前途的高新技术之一。

中国膜工业协会根据近几年膜工业发展的速度和经济建设的需求分析预测:2005年,我国膜市场需求将达50亿元以上,2015年,膜市场需求可望超过200亿元,将占到世界总量的10%～15%。目前,我国在膜法富氧、纳滤膜、反渗透复合膜、渗透气化和无机膜分离等技术领域的开发和应用,都进行了有益的尝试并取得重大突破。在工业气体膜法脱湿、工业气体酸性组分、(二氧化硫、二氧化碳)膜法脱除有机蒸气与回收、天然气膜法净化、膜法废水资源化、城市中水回用、水中溶解气体脱除,以及海水淡化处理等技术,均已进入中试和工业生产阶段。

不过现在的膜技术还处于幼年期,我们知道生物体内的生物膜其实也是一种分离膜,只不过它更加高级。因为它在物质和能量交换时,只允许其中的某些物质通过,而排斥其他物质,实现主动选择和可识别选择。

而现在的膜技术主要是被动选择，根据分子的大小、极性、浓度的差别实现分离效果，要真正发展到主动选择还有很长的路要走。可喜的是，最近十多年，科学界已经在这方面迈出了重要的一步，实现了不仅仅是依靠分子尺寸分离的膜，还可以根据独特的分子结构进行识别分离，即所谓的亲合膜。可以预见，未来的膜技术将极大地推动科学和技术的进步，人类的生活品质也将得到极大的提高。

（杨　虎）

膜结构

膜结构是20世纪中期发展起来的一种新型建筑结构形式，是由多种高强薄膜材料及加强构件（钢架、钢柱或钢索）通过一定方式使其内部产生一定的预张应力以形成某种空间形状，作为覆盖结构，并能承受一定的外荷载作用的一种空间结构形式。膜结构可分为充气膜结构和张拉膜结构两大类。充气膜结构是靠室内不断充气，使室内外产生一定压力差，室内外的压力差使屋盖膜布受到一定的向上的浮力，从而实现较大的跨度。张拉膜结构则通过柱及钢架支承或钢索张拉成型，其造型非常优美灵活。世界上第一座充气膜结构建成于1946年，设计者为美国的沃尔特·勃德，这是一座充气穹顶。张拉膜结构的应用比较著名的有沙特阿拉伯吉达国际航空港、加拿大林德塞公园水族馆、英国温布尔登室内网球馆等。

“筛”出海洋中的淡水——分离膜材料

水是人类赖以生存的基本物质。人可以7～10天不进食,但不能滴水不进。要知道,人体总重量的50%～60%是水,儿童体内的水分更是高达80%。可以说,水是孕育一切生命的基础。然而,人口的激增和工业的发展,直接导致了世界众多国家和地区闹水荒。据世界卫生组织的调查,早在20世纪70年代中期,世界上就已有70%的人喝不到安全、卫生的水了。我国是世界上极度缺水的国家之一。可以预计,按照目前的淡水消耗速度和水源污染状况,未来“水贵如油”的说法也许将毫不过分。

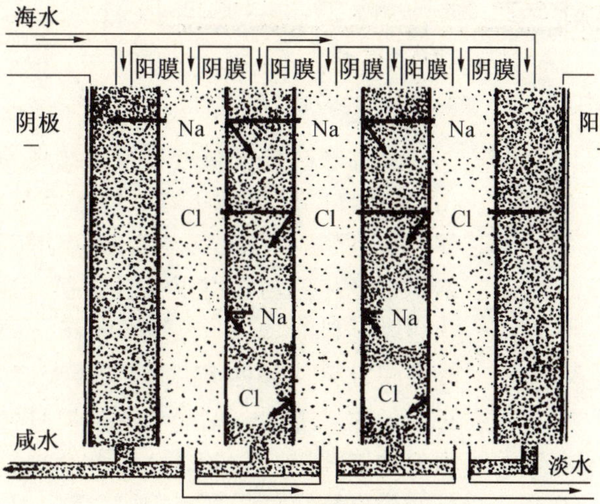

电渗析海水淡化原理

地球表面的71%被水覆盖着,总水量约14亿立方千米。但是被水覆盖的地球表面中97.3%是浩瀚的海洋,而淡水资源只占地球水资源总量的3%,在这3%的淡水中,可供直接饮用的却只有0.5%。一个非常矛盾的问题摆在了人类的面前:一方面,地球上的水并不少,但绝大多数是苦涩的海水;另一方面,人类生存所必需的淡水却越来越少。怎么办?向海洋要淡水,这才是从根本上解决人类水危机的唯一出路。

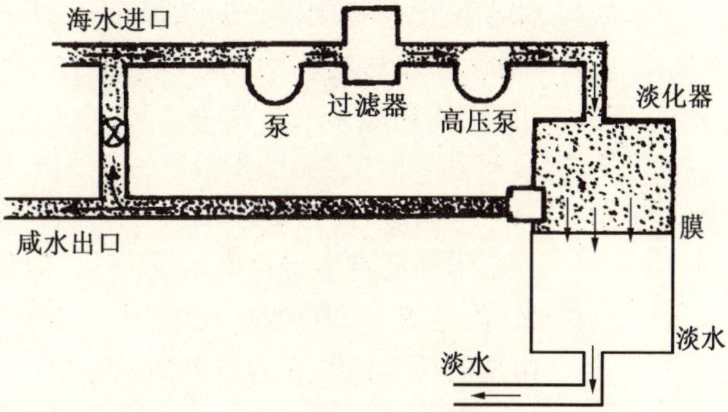

反渗透海水淡化原理

其实,海水淡化早就是人们重视的一项技术,如今已有多种海水淡化的方法,如多级闪蒸法、电渗析法、溶剂萃取法、冷冻法、反渗透法等。其中,反渗透法是耗能最少的一种方法,而且用它可直接从海水中得到清洁

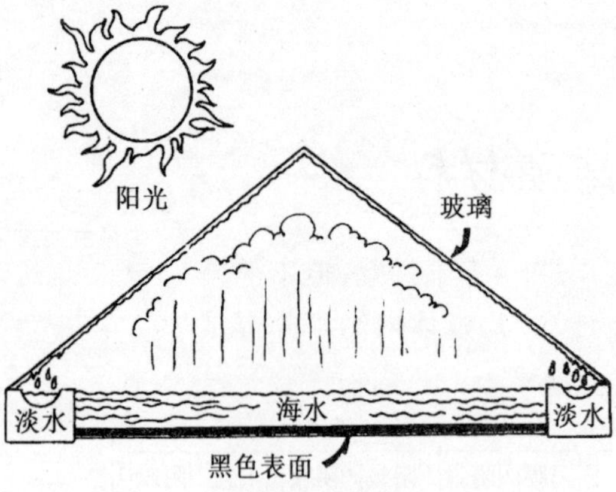

太阳能海水淡化原理

的淡水，成为海水淡化最有前途的技术。该技术中最核心的部件就是分离膜高分子材料。这种膜材料是应用纤维素衍生物、聚氯乙烯、聚乙烯醇等高分子材料制备而成的。这种膜材料的表面和内部布满了无数的、孔径大小在几纳米到几十纳米大小的微孔。这种膜材料就像筛子一样，它能够让水分子通过，而把海水中的泥沙、盐分、细菌及其他杂质"筛"掉。非常合适的孔径尺寸分布，让盐分等杂质休想蒙混过"关"。

分离膜高分子材料和膜分离现象在大自然特别是在生物体内广泛存在，如动物的膀胱和鱼鳔。但人类对它的认识、利用、模拟，直至人工制备却只有不到50年的历史。1960年，美国加利福尼亚大学洛杉矶分校的索里拉金和劳勃制得了世界上第一张透水量大、除盐率高的醋酸纤维素分离膜材料。1969年，美国杜邦公司制成了以尼龙66为主的中空纤维分离膜材料。20世纪80年代，人们发明了一种复合膜。这种复合膜由三层组成。上面一层是超薄分离膜材料，中间一层是多孔支撑层，最底下为织物增强层。它"筛"水量极大，除盐率更是高达99%，是一种非常理想的分离膜高分子材料，被广泛应用于海水淡化装置中。

分离膜高分子材料除了在海水淡化中得到应用，还广泛用于分离、浓缩和纯化生物制品，节水，血液处理，废水处理，超纯水制备，中草药的浓缩提纯，原材料的回收与再利用，污水及废气处理，化工产品生产，乳品加工，气体和细菌的分离等领域。目前，这类材料及装置的市场年总销售量已超过100亿美元，形成了一个相当规模的工业技术体系。

今天，应用分离膜高分子材料制备的海水淡化装置已在为人类服务了。国外已有多套日产水量为10万吨级以上的海水淡化装置。据不完全统计，世界上已有海水淡化工厂1 000多家，其中最大的是建在位于地中海中部的马耳他。它为这个岛国的3.5万居民以及来观光的旅游者源源不断地提供着清洁的淡水。关于分离膜高分子材料的研究仍在进行之中，随着人们对这一材料的认识的进一步深入，其"筛选"功能必将得到改进和加强，对人类社会的贡献也将越来越大。总有一天，人类再也不必为缺水而发愁！因为有了这种"筛子"，海洋就可以源源不断地为人类提供淡水了。

（林开利）

由大闸蟹说开去

上海人爱吃大闸蟹，阳澄湖的大闸蟹更是名噪国内外。但吃完大闸蟹，看到满桌狼藉的蟹骸，你可曾想到过它的用途，可曾想过变废为宝？

其实，蟹壳中含有一种丰富的自然资源，即甲壳素。甲壳素又名蟹壳素、聚乙酰氨基葡萄糖等，是一种维持和保护甲壳动物和微生物躯体的线性氨基多糖，广泛存在于节足动物类（蜘蛛类、甲壳类）的翅膀或外壳中。壳聚糖又称聚氨基葡萄糖、可溶性甲壳素，是由甲壳素经脱乙酰化反应转化变成的分子量为12万～59万的生物大分子。从勃拉康于1811年描述甲壳素至今，甲壳素和壳聚糖已有100多年的发展历史。

也许你没有发现，在我们的日常生活中时时可见壳聚糖的身影。壳聚糖具有很好的抗菌活性，将其添加到固液食品中，既会对汁液有一定的澄清作用，又可起到防腐保鲜作用，又由于壳聚糖只能溶解在弱酸中，因此特别适合酸性或低酸性的食品保鲜，如常添加于腌制食品中或用于海产（虾）、水果（荔枝、猕猴桃）的保鲜。

保湿剂是化妆品中不可缺少的重要成分，它起着湿润皮肤的作用。保湿剂种类很多，其中来源于生物体的保湿剂——透明质酸（简称HA）是一种性能极佳的保湿剂。HA对人体皮肤无任何刺激性，应用到化妆品中，对皮肤有滋润作用，可使皮肤富有弹性、光滑，延缓皮肤老化。但其制备工艺复杂，成本较高，这在一定程度上制约了HA的广泛应用。为此，人们不断研究开发与其作用相似的产品。壳聚糖作为一种资源丰富、价格低廉的天然高分子化合物，由于含有羟基、氨基等，呈现出较好的吸湿性和保湿性，近些年来已引起化妆品界的极大重视，目前已经开发出一定数量的保湿性能优良的衍生物产品。如用脱乙酰度为40%～60%的壳聚糖与橄榄油、乙二醇、甘油、羟苯甲酸酯成分混合，1%的壳聚糖与氨基酸、氨基葡萄糖盐酸盐复制而得到的护肤液，均具良好的保湿及润肤性。

壳聚糖能溶解于弱酸中，是很方便的成膜材料，而且这种膜是可食用膜，同时又可在水和热水中保持原状，因此特别适合于固体、液体食品的包装。香肠肠衣类的膜也是壳聚糖与其他物质复合制成的。

你身边有戴隐形眼镜的人吗？用壳聚糖做原材料，让其溶液在聚乙烯膜上蒸发，进而在一个钢膜中加压即可形成软性接触眼镜，即隐形眼镜。最新品种的彩色隐形眼镜，其中的染色成分与壳聚糖的骨架紧密相

蟹壳中含有一种丰富的自然资源

联,在水中浸泡几个月也能保持稳定。以壳聚糖作为原材料制备的隐形眼镜,其优异的透氧性和促进伤口愈合的特性,也为发炎或受伤眼睛的辅助治疗提供了一个美好的前景。

壳聚糖具有良好的生物相容性和生物降解性,降解产物一般对人体无毒副作用,在体内不积蓄,在生物医学领域有着极广阔的前景。

用甲壳素、壳聚糖等原料制成的人工皮肤吸水性、透气性、组织相容性良好。若与乙酸合用,还有镇痛、抗感染等功效。国内已有掺加诺氟沙星的壳聚糖烧伤膜报道。甲壳素无纺布人工皮肤现已在国外销售,用于整形内科、皮肤科,作为一二度烧伤、采皮伤、植皮伤以及肤介伤的被覆保护材料。

与传统使用的羊肠线相比,用甲壳素制成的吸收型外科手术缝合线组织反应好,柔软性好,易打结,具有治愈创伤效果,伤口修复快,创口平整漂亮。甲壳素缝合线系采用高纯度的甲壳素粉末,用适宜溶剂(如酰胺类溶剂)溶解,配制成10%的甲壳素浓溶液,经湿法纺丝制得细丝,除去残留溶剂后纺制成不同型号的缝合线,而且缝线的力学性能良好,能很好地满足临床实践的要求。这种缝线与天然组织相当,并适于打结。在手术伤口愈合过程中,甲壳素缝线在体内的抗张强度逐渐下降,并在溶菌酶的作用下首先分解成低聚糖,然后经一系列化学反应,一部分以二氧化碳的形式由呼吸道排出体外,另一部分则以糖蛋白的形式为人体吸收利用。

除此之外,壳聚糖曾在1991年被欧美学术界誉为继蛋白质、脂肪、糖类、维生素和无机盐之后的第六生命要素。据文献报道,壳聚糖对疾病的预防和保健作用有:强化免疫功能;降低胆固醇;降血压,降血糖,强化肝脏功能;使血管扩张,从而改善腰酸背痛症状;治疗烧伤,烫伤,加速外伤愈合;防止胃溃疡,吸附体内有害物质并排出体外等。此外,壳聚糖还能够用于生物传感器、合成人工器官(人工皮肤、黏膜、腱、牙、骨),还可作减肥药使用。

壳聚糖的应用涉及许多领域,其中化妆品、保健品、食品工业等行业对壳聚糖的需求增长最快;在医药、化工、造纸、农业、环保、轻纺等领域正在得到广泛的应用。壳聚糖以其资源丰富、价格便宜、安全无毒等众多优点,使得各国对壳聚糖的应用研究不断深化,预计未来若干年,国内外在对壳聚糖的开发和利用上会取得更多成果。

(赵　莉)

绿色化学创造绿色生活

近20年来，随着全球性环境污染的加剧、能源的匮乏和社会公众对环境保护及人类可持续发展的日益关注，人们开始对造成环境与生态恶化的主要元凶——化学和化学工业的重要性提出质疑。人类的生存和发展是利用和消耗自然资源的过程，这个过程的科学基础就是化学。化学工业是人类文明和社会发展的基石。随着世界人口的剧增、人类消费的日益增加，我们越来越感受到来自自然的巨大压力，最主要的是人口、能源和环境三大问题。化学化工的发展为人类生活的改善提供了源源不断的能源和物质基础，但同时又是造成能源和环境问题的罪魁祸首之一。因此，绿色化学的出现，为人类最终从化学的角度解决环境和能源问题带来了新希望。绿色化学又叫环境无害化学、环境友好化学、清洁化学。顾名思义，绿色化学就是应用化学的技术和工艺去减少或消灭那些对人类健康、社区安全和生态环境有害的原料、催化剂、溶剂和试剂的产物与副产物等的使用和产生。绿色化学的理念和目标在于不再使用有毒、有害的物质，不再产生废物。这是一门从源头上阻止环境污染的新兴学科，它追求可持续发展，并从节约资源和防止污染的角度来重新审视和改革现在的整个化学和化工。“绿色”是环境意识的革命，“绿色化学”则是化学学科的又一次飞跃。为此，美国在1996年设立了总统绿色化学挑战奖，奖励在利用化学原理从根本上减少化学污染方面的科学成就。此外，日本、欧洲、拉美等国家也相应地制定了环境无害制造技术、减少环境污染技术等方面的法规和制度，并建立了大量的绿色化学研究机构。总之，绿色化学的研究已经成为一门重要的化学学科分支，是我们人类通向绿色生活的必由之路。

绿色化学创造绿色生活

绿色化学的研究和应用主要是围绕化学反应、原料、催化剂、

溶剂和产品的绿色化而开展的。这也是对传统的先污染后治理的化学工业的挑战和革命，是从源头上防止污染的新理念，是解决环境与生态困境的必然出路。为了实现绿色化学工艺和工业，主要着眼于以下几个方面：

首先，采用无毒、无害的原料。化学研究和化工生产中经常采用有毒、有害的原料，如剧毒的光气、氢氰酸、苯类、醛类等原料和中间体，它们严重地污染环境并危害人类的健康。采用无毒、无害的原料是绿色化学的一项重要任务。

其次，开发、应用“原子经济”反应路线。就是最大限度地利用原料分子中的每一个原子，使之结合到目标分子中，不产生副产物或废物，从而实现废物的零排放。“原子经济”反应有利于节约资源和保护环境。

第三，采用新型、高效、环境友好、可回收的催化剂。通过选择催化剂，可以提高反应的选择性，并避免副产物的生成，提高原子的利用率，减少有害物质的排放。

第四，采用无毒、无害的溶剂。致力于开发无溶剂存在下的反应，如固态反应；开发和应用无毒、廉价、不危害环境的水介质体系；以超临界流体做介质的反应，将成为绿色合成工艺的重要途径。

第五，产品的绿色化。采用新的工艺、新的原料、新的配方，合成新的对人类和环境无毒、无害的绿色产品，是绿色化学的最终使命和终极目标。如开发新型的制冷剂，减少对臭氧层的破坏；开发新型的、可生物降解的高分子材料，解决“白色污染”问题。

第六，充分应用可再生资源。采用可再生资源做化学化工原料，是绿色化学的一项重要任务和研究方向。据统计，现代95%以上的有机化学品都来自石油和煤，但石油和煤的储量有限，属不可再生能源。同时，石油和煤的开采、加工和使用又严重污染环境。采用可再生的生物质，如淀粉、纤维素、沼气、糖类等取代传统的石油、煤等工业原料，既可以保护资源，又有利于环境，可谓一举两得。

第七，从产品开发的途径上考虑。传统的化学工艺的开发是经过漫长的实验探索，并不断地改进、优化和完善。在这种研究模式下，必将消耗大量的化学试剂、溶剂和能源，并源源不断地产生副产物和废物。往往开发一条可行的化学工艺需要经过漫长的时间和消耗大量的人力、物力。为此，计算机辅助新材料和分子设计得以迅速发展，并在实践中得到应用。如在有机合成和药物合成中，科学家首先建立了一个已知的有机合成反应尽可能全的资料库，然后在确定目标产物后，第一步找出一切可产生目标产物的反应；第二步又把这些反应的原料作为中间目标产物，找出一切可产生它们的反应路线；接着应用计算机智能技术，优化出价廉、不浪费资源、不污染环境的最佳反应路线；最后，通过化学方法合成出所设计的目标分子。

绿色化学在节约原料、保护环境、保障人类健康与安全方面发挥了日益显著的作用，并受到社会的广泛关注。世界各国的许多科研机构和政府部门都在致力于绿色化学的开发和推广应用。目前，欧美等国家在这方面的研究和应用取得较好的进展，我国也加大了这一领域的研究和开发力度，并筹建了相关的部门和研究机构。相信随着科学的进步和人们绿色意识的提高，我们赖以生存的地球环境会变得更加美好！

（林开利）

绿色化学标志

液晶显示材料

提起计算器、手机以及液晶显示器，大家都很熟悉。也许你曾经思考过：它们的屏幕是如何显示文字和图像的呢？这就不得不提到这些屏幕都采用的一种关键材料——液晶。那么，什么是液晶呢？液晶是一种性能介于液体和晶体之间的有机高分子材料，它既有液体的流动性，又有晶体结构排列的有序性。液晶的发现已经有100多年的历史了，最早可追溯到1888年，奥地利植物学家莱尼茨尔在做加热胆甾醇苯甲酸酯结晶的实验时发现：在145.5℃时，结晶熔解为混浊黏稠的液体，加热到178.5℃时，则形成了透明的液体。第二年，德国物理学家莱曼用偏光显微镜观察时，发现这种材料具有双折射现象，他阐明了这一现象，并提出了“液晶”这一学术用语，现在，人们公认这两位科学家是液晶领域的创始人。此后，液晶的研究没有重大进展，直到1968年，美国的海尔迈使用向列型液晶的动态散射效应，发明了液晶数字手表(电子表)，并提出了壁挂式电视机的设想而引起轰动，开创了液晶电子学。目前，已有75 000多种液晶物质，多数为脂肪族、芳香族和胆甾族化合物。

带液晶显示器的汽车仪表盘

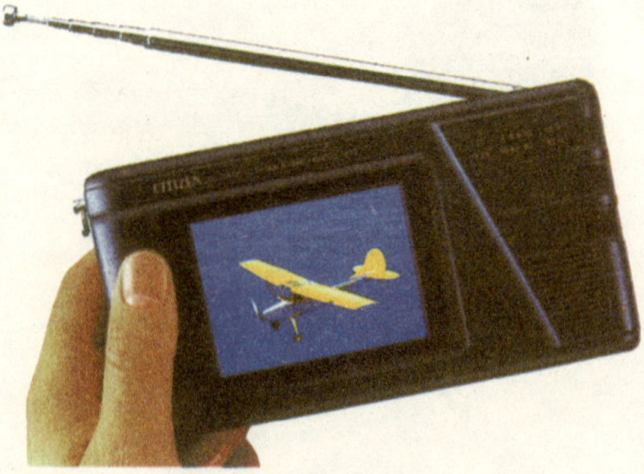

彩色液晶显示电视机

大多数液晶高分子是棒状分子。人们根据分子排列的不同，把液晶分为胆甾相、近晶相、向列相等形态。低温下它是晶体结构，高温时则变为液体，在中间温度则以液晶形态存在。目前，各种形态的液晶材料基本上都用于开发液晶显示器(简称LCD)，已经开发的有各种向列相液晶、铁电液晶和聚合物分散液晶显示器等，其中市场份额最大、发展最快的就是向列相液晶显示器。液晶是如何显示的呢？首先要介绍一下偏振片，它是一种特殊器件，只允许偏振方向与它的偏振化方向平行的光透过。普通自然光是一种复合光，它在各方向都偏振，因此可以通过偏振片，透射光的偏振方向与偏振化方向平行。但是，如果让两个偏振片的偏振化方向相互垂直，则由于第一次出射光的偏振方向与第二个偏振片的偏振化方向垂直，因此光不能通过第二个偏振片(图1右)。

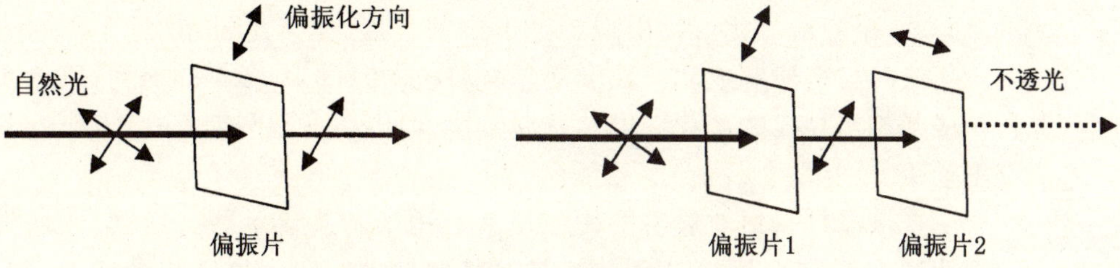

图1　偏振片透光原理示意图

如果把液晶放在两个偏振片之间，如图2所示，情况会发生变化。在向列相液晶中，棒状分子的排列是彼此平行的。在玻璃上涂一层特殊物质可以使靠近玻璃板的液晶分子朝某一方向排列，如果上下两玻璃板的定向是彼此垂直的，则液晶分子将采取逐渐过渡的方式被扭转成螺旋状。此时，如果有光线从上端进入，通过第一个偏振片后，将被液晶分子逐渐改变偏振方向(从上至下旋转了90度)，因为这种螺旋结构的液晶具有调制光线偏振方向的特性，光线最终可以从下端射出。图2中同时用纸片作为模型类比，这个原理就可以直观地表现出来。如果两玻璃板之间被

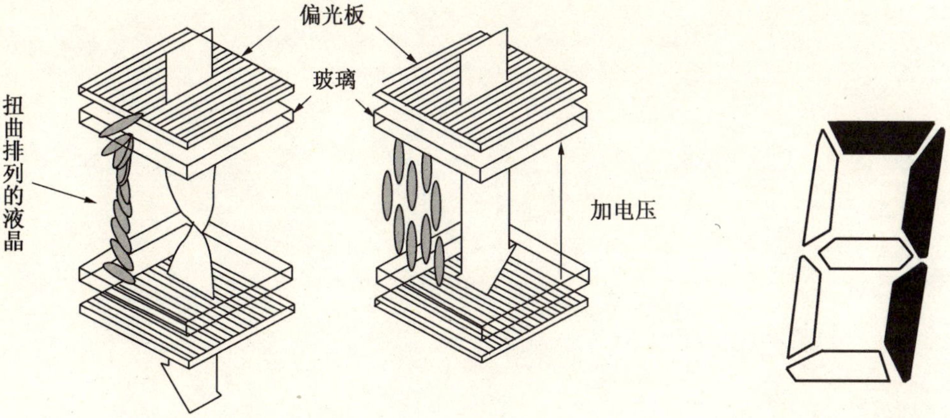

图2　液晶显示器透光原理示意图

加上电压,则分子排列方向将与电场方向平行,光线则不能通过第二个极板(与图 1 右情况类似)。图 2 右是显示出来的数字 7。这就是黑白显示器的显示原理,当然,要能显示各种图像还需要先进的制造技术以及复杂的控制芯片。至于彩色液晶显示器就更复杂了,在此不作介绍。

LCD 具有很高的成像质量,而且它还具有工作电压低、功耗低、体积小等特点。随着 LCD 技术的迅速发展,人们对研发液晶材料的兴趣越来越大。世界市场对液晶显示器的需求也日益增大,现在已经有越来越多的液晶显示器、液晶电视进入普通家庭。目前液晶材料正在以每年 3 000～4 000 个新液晶化合物出现的速度向前发展,尤其是日本,每年都有大量新液晶材料研制成功。我国液晶材料技术经过 10 多年的努力,已逐步形成了相当规模的产业。虽然发展较快,但仍与发达国家存在 10 年左右的差距。

液晶材料目前最主要的应用就是用来制造显示器。当然,任何材料的用途都是多方面的,因此液晶在其他领域的应用也日益受到人们的重视。比如:液晶高分子可以作为结构材料,用来制造高强度的防弹衣、舰船缆绳等;由于具有很小的膨胀系数,可以用于微波炉具,用作光纤的包覆层;在电子学方面,可以作液晶电子光快门、压力传感器、温度传感器,以及信息存储器件;在生命科学方面,有关生物液晶的研究已经取得了很多成果;在航空航天领域,可用于航天飞机、宇宙飞船,人造卫星等。

在 21 世纪,液晶高分子材料作为化学、物理学、材料科学和信息科学等多学科交叉的一门学科,正在成为一个十分活跃的研究领域,它对工业、国防和人民生活的贡献将日益增大。世界各国的科学界、工商界和政府对此都有极大的兴趣,在不远的将来,液晶材料将会得到更大规模的应用。

（李玉科）

碳纤维及其复合材料

煤,在以前大家一定都挺熟悉的,煤就是碳的混合物。在自然界里,碳以三种不同的形式存在,就是炭、石墨和金刚石。碳有这三种不同存在形式是由碳原子的排列方式不同引起的:炭是非晶体,石墨是多晶体,而金刚石是单晶体,就是钻石。当然,它们的性能也大不一样。

科技人员通过不断的探索,研制成功了一种由碳元素组成的、具有石墨结构那样的一种特种纤维——碳纤维。它也具有石墨一样的优异性能,它沿纤维轴方向表现出很高的强度,是一种强度比钢大、密度比铝小、比不锈钢还耐腐蚀、比耐热钢还耐高温、又像铜那样能导电,具有许多宝贵的电学、热学和力学性能的新型纤维。同时,它又相当柔软,可加工成各种织物。这种纤维因制造原料和工艺的不同,碳含量也会略有差异,一般在 90%以上。

这样好的性能的纤维作什么用呢?

碳纤维的主要用途是与树脂、金属、陶瓷等基体复合,做成复合材料。碳纤维增强环氧树脂复合材料,其比强度、比模量等综合指标,在现有结构材料中是最高的一种。在强度、刚度、重量、疲劳特性等有严格要求的领域,在要求高温、化学稳定性高的场合,碳纤维复合材料都颇具优势。

这样的复合材料无论是在我们的生活、工业生产、军事还是航天事业上都有不可替代的用途。

在我们的生活中用到的有,一些高档羽毛球拍、网球拍和钓鱼竿,以及撑竿跳的撑竿都是由碳纤维和树脂复合材料制成的。

在化学工业中,用碳纤维复合材料可制造耐腐蚀化工设备;用碳纤维制电子计算机的磁盘,能提高计算机的储存量和运算速度。

当然碳纤维复合材料的最重要用途还在军事和航天方面。

用碳纤维与树脂制成的复合材料所做的飞机非常轻巧,消耗动力少、噪音小;用碳纤维增强塑料来制造卫星和火箭等宇宙飞行器,机械强度高,质量小,可节约大量的燃料。有一种垂直起落战斗机,它所用的碳纤维复合材料已占全机重量的 1/4,占机翼重量的 1/3。据报道,美国航天飞机上 3 只火箭推进器的关键部件喷嘴,以及先进的 MX 导弹发射管等,都是用先进的碳纤维复合材料制成的。

利用碳纤维的导电性,可制造印刷厂、纺织厂等所需的抗静电刷;可制抗静电防尘服、耐高温消静电过滤网等。

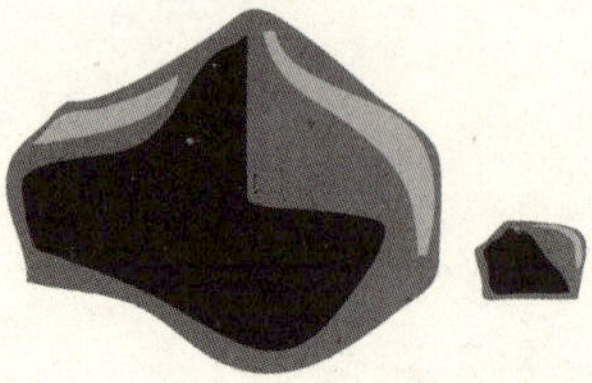
炭

石墨

金刚石

也有直接把碳纤维用于战争的。那是 1999 年发生在南联盟科索沃的战争中，北约使用石墨炸弹破坏了南联盟大部分电力供应，其原理就是产生了覆盖大范围地区的碳纤维云，这些导电性纤维使供电系统短路。

目前，人们还不能直接用碳或石墨来抽成碳纤维，只能采用一些含碳的有机纤维（如尼龙丝、腈纶丝、黏胶丝等）做原料，将其中的氢及其他元素“烧”掉，转化为碳纤维。也有通过低分子烃类的气相热解来制取的。

目前世界上生产、销售的碳纤维绝大部分都是用聚丙烯腈纤维（即人造羊毛）直接固相碳化制得的。

（章悦庭）

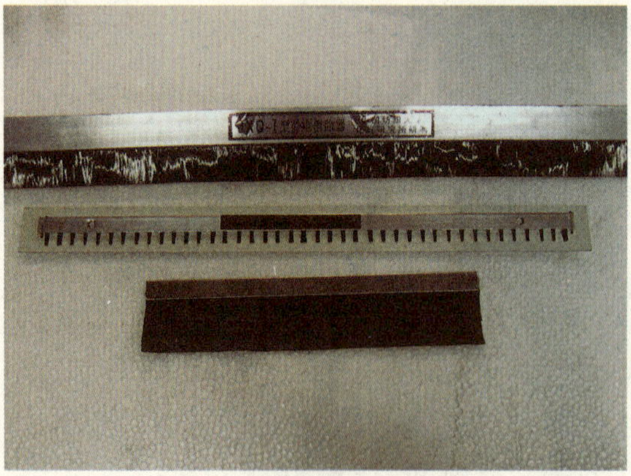
用导电碳纤维制作的消静电刷

用碳纤维制造的导弹外壳，不仅重量轻，同时有防止内部温度升高的烧蚀作用。用特殊碳纤维制造的导弹外壳还有防止雷达跟踪的效果。

有机硅在生命科学中闪光

在生命科学方面,有机硅材料在人体上、新药的合成以及遗传工程等方面,都成为延续生命的链条而大有用武之地。

有机硅是一种新型的人体医用高分子材料,是当今合成材料中生物兼容性最好的材料之一。它可长期埋藏于人体内作为器官或组织的代用品。

作为人工心脏各部分的材料,除了必须具备抗凝血作用外,还必须富有弹性和具有优良的抗拉强度。这是因为,无论是胎形人工心脏的胎膜,还是袋形人工心脏的外层,都受到很大的局部弹性变形,即靠它们的变形挤压而成为输送血液的"泵",每天要有10万次以上的往复压力操作。

硅橡胶不仅具有优良的抗拉强度和弹性,而且具有生理惰性,耐生物老化,不会引起异物反应和变态反应,因此,是制作人工心脏各部分的优良材料。用硅橡胶做成的人工心脏瓣膜,可通过手术置换,以维持严重心脏病患者的生命。例如,我国1964年在上海研制成功的人造球形二尖瓣,植入人体后20年仍能正常工作。另外,硅橡胶已用于心脏起搏器的包封、脑积水引流装置和人造硬脑膜、人工角膜。用硅橡胶制成的人工晶体已普遍应用于治疗各种类型的角膜病,可用于为阳痿病人做阴茎,解除他们难言的痛苦,使性功能得到恢复。近20年来,硅橡胶在整形外科获得广泛的应用,其优点是对皮肤黏膜无影响、不易老化、材料软硬可任意调节,达到与周围组织同样的软硬程度。硅橡胶可着色、易加工成型,在整形外科上已大放异彩,可用于人造鼻、人造耳、人造眼眶、人造上下颈、人造乳房,还可以填补有缺陷的面庞。对于先天性的塌鼻、外伤性塌鼻和扁平鼻,可以用硅橡胶进行矫治。使用前,将硅橡胶块按需要的形状大小削剪适当,煮沸消毒,然后注入人鼻部,使鼻梁挺直;脸部的其他缺陷或伤疤可用液态硅橡胶注入体内补救而增加美观,将液态硅橡胶注入眼窝可作眼窝骨折的辅助治疗,也可用作乳房扩大。在骨科方面,用硅橡胶堵塞于下肢断骨与肌肉之间,断端处平滑不疼,且能耐断端处的负荷。用硅橡胶制作人造手关节,仅在美国已有9万名病患者接受这种手术。病人手术后,可作正常的手指活动,这种人造关节经100万次弯曲试验没有折断。用硅橡胶制作托牙组织面软衬垫,是一种新型口矫修复软衬垫材料,这种材料具有牙龈的弹性感觉,不但使人感到舒服,而且防止了松动、脱落，提高了病人的咀嚼功能。硅橡胶也已成功用于修补和医疗膀胱、肠瘘、尿道和胆囊。

有机硅可以短期置于人体的某个部位，起补疽、抢救、引流等作用。例如，医用硅橡胶腹膜透析管、静脉插管、动静脉外瘘管、导液管、肠瘘内堵片以及肺气肿消泡剂，不规则大孔视网膜剥离治医等。以动静脉外瘘管为例，它可以用来治疗急慢性肾功能衰竭和急性药物中毒，挽救病人的生命。硅油用于治疗胃溃疡、胃出血和消化不良。利用有机硅消泡性能可做胃镜检查。硅油消泡剂可用于抢救急性肺水肿，可迅速疏通呼吸道、改善缺氧状态、减少或避免因泡沫阻塞气流通过而窒息死亡，可用于抢救因心脏病刺激性气体中毒的肺水肿患者，以及肝炎引起的腹胀。大孔不规则视网膜剥离者用手术很难医疗，往往造成失明，此时注入少量专用硅油，视力可保持在 0.1～0.4，使病员重新获得光明。

有机硅也可作为药物载体而留置于体内，长期发挥药效。例如，可通过硅橡胶胶囊慢慢扩散释放各种抗生素、菌苗和麻醉剂。这方面典型的例子有可充注的输药泵和硅橡胶长效避孕环等，它埋入人体内可以用 2～3 年。硅橡胶由于具有优良的透氧、透二氧化碳的特性和与人体皮肤水分蒸发量相近的透湿性，对人体无毒、无害、无过敏、不引起异物的反应或排斥反应等优点，在用尼龙、聚酯纤维增强后，用作人工皮肤，与创面的密合性良好，可较长时间地贴于创面，有效地防止水分与体液从创面蒸发与流失，防止由细菌侵入而引起的感染，从而起到保护创面、促进创面愈合的作用。硅油、硅橡胶在烫伤、烧伤中也有特殊功能，例如，对严重烧伤的患者，使用含硅油的软膏和纱布包扎，可使疼痛和浮肿迅速消失，并促进肉芽的生长，还因具有防水作用而能防止伤口感染。用硅橡胶和硅油加工而成的“瘢痕贴”(又称祛疤硅凝胶膜)，是治疗增殖性瘢痕及瘢痕疙瘩的理想医用材料，它适用于治疗外伤、烧伤及手术后的瘢痕增生，经我国各大医院使用，效果均很显著。

在艺术舞台上，可预先根据历史人物的容貌，借用有机硅塑制成假鼻子、假耳朵、假面罩、假头发，可根据设计直接在演员头盔上塑造头型，工艺方便、真实感强，扮演周恩来总理、蒋介石等演员的造型都需要借助有机硅来完成。另外，含有机硅的化妆品已成为当今最受青睐的高档美容品，各种硅油霜露，用以保护皮肤不受盐、酸、碱的溶液和肥皂、合成洗涤剂的损害，硅油涂在皮肤上，可以治疗皲裂、湿疹、皮炎、褥疮等，也可以防止因太阳曝晒而造成的炙伤，可抗海水侵蚀。另外，有机硅药品在皮肤病治疗上也颇具功效。

此外，有机硅还可以作为医疗器械上的关键组成部件发挥重要作用。

例如，人工心肺机输出血泵、管模式人工心肺机、模式人工肺和人工血液循环装置的关键材料——有机硅血液消泡剂。

近年来，有机硅药物研究已成为一个新的热点，目前已有三类药物研制成功：①与有机药物结构不同的药物，如杂氮硅三环；②与有机药物结构相似的有机硅药物，如日氨酸酯类；③有机硅的保护作用可使有机药物改性，提高药效。所以含硅药物已引起人们的广泛关注，在农业上利用遗传工程，有机硅还可以制成催熟剂、杀虫剂、灭鼠剂等。

称有机硅为生命科学中延续生命的链条，可谓名副其实。

（章基凯）

上海科稀有机硅凝胶、盐水混合人工乳房植入体

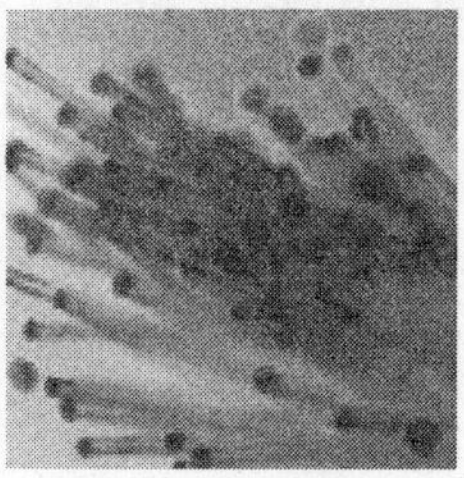

硅橡胶产品在人体上的应用

从排球比赛的换人说起

在排球比赛中，双方的主教练为了赢球，常依据赛场比赛情况不断换人：或调上高个队员，以提高拦网成功率；或调上发球高手，以破坏对方接球；或调上主攻手，以提高进攻杀伤力；或是调下主力队员，换上替补，使主力队员得到休息，确保关键时刻的拼搏，力争取得最终胜利。

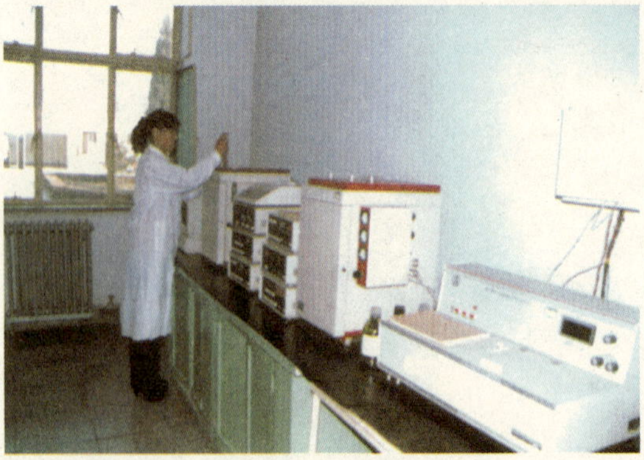

北京林华水质稳定剂厂

在工业用水的水处理技术中，存在着相似于排球赛中“换人”的现象，原水中钙、镁阳离子被钠离子替代了，水就被软化了，软化水进锅炉，就没有水垢产生，不仅节约了锅炉运行的成本，还从根本上消除锅炉因水垢生成而产生爆炸的危险。原水中去除强电解质（如氯化钠，硫酸钙，硫酸镁，游离的酸、碱），或将其减少到一定程度，残余含盐量为0.5～5毫克/升的水，称为脱盐水，可作高压锅炉的补给水和高压工程的冷却水。纺织、化工、制药、食品、冶金、实验等各行各业都需要使用脱盐水。原水中的强电解质基本被交换去除，硅酸根、碳酸氢根等弱电解质也大部分除去，残余含盐量为0.5～0.05毫克/升的水，称为纯水，或称去离子水、深度脱盐水，在化工优级品的生产、生化、医药食品等行业中广泛应用。半导体器件和大规模集成电路的生产中，对水质的要求更高，由此诱发了超纯水的制备技术。超纯水中的导电质几乎完全被H^+和OH^-所交换而被除去，水中残余含盐量小于0.05毫克/升。20世纪70年代以后，膜分离技术与离子交换组合使用，使水中不解离的胶体物质、气体、微生物及有机物降至最低程度。

在水处理技术中充当“换人”角色的物质称做离子交换树脂，它是一类带有功能基、具有离子交换功能的功能高分子材料。离子交换树脂结构由3部分组成：不溶性的三维空间网状骨架，以共价键与骨架相连接的功能基团和功能基团所带的相反电荷的可交换离子。离子交换树脂大体可分为阳离子交换树脂和阴离子交换树脂，细分则有强酸性、弱酸性、强碱性、弱碱性和螯合性离子交换树脂等。

离子交换反应一般是可逆的，反应方向受树脂交换基团的性质和含量、溶液中离子的性质和浓度、溶液的pH值、温度等因素的影响。离子交换树脂经交换后，可用酸、碱、盐再生。因此，离子交换树脂能反复再生、重复使用，使用寿命长，经济效益高。离子交换树脂在应用中除用于交换反应外，尚存在分子吸附。它不仅应用于工业水处理，还应用于制糖工业，湿法冶金中提取分离贵金属、稀有金属、稀土金属，及提取铀和其他放射性元素，在合成化学中作催化应用；在废水处理中也越来越得到重视，不仅能回收资源，而且能使废水符合国家排放标准，在医学生物工程等领域也有广泛的应用。

在水处理技术中担当“主教练”角色的，是水处理工程师，他要依据原水的实际情况及处理后的水质要求，选用合适的树脂、确定处理流程和制定操作工艺条件。通常要选用体积交换容量高、选择性高、再生性能好和使用寿命长的树脂，选择要兼顾交换能力和再生能力。彻底去除微量杂质时，宜选强型树脂；如杂质含量多而不要求彻底净化的，可选弱型树脂去除特定离子，最好选用有高度选择性的螯合树脂。在确定处理流程和制定操作工艺条件时，要经过试验，用数据说话，惟有经过试验才能获得最合理的处理流程和最佳的操作工艺条件。

（陆妙龙）

绿色溶剂——离子液体

不少化学反应和分离过程由于使用大量易挥发的有机溶剂，对环境造成严重污染。所以一提到化学，人们马上想到化学反应过程可能会产生有毒物质或某些污染物。现在，化学家正在研究一种新的溶剂——离子液体，从而可能从源头上解决化学反应过程出现的上述问题。

离子化合物在常温下都是固体，这是一个众所周知的常识。这是由于离子键是很强的化学键，而且没有方向性和饱和性，大量的阴、阳离子同时存在时，强大的离子键使它们彼此靠拢，尽可能地利用空间，形成具有平移对称性的固体，所有离子只能在原地振动或者加上角度有限的摆动，而不能移动。离子化合物一般具有较高的熔、沸点和硬度。知道了离子化合物在常温下为什么呈固态的原因，反其道而行，将带正电的阳离子和带负电的阴离子做得很大，其中之一的结构极不对称，难以在空间结构上做有效的紧密堆积，离子之间作用力也将减小，从而使这种化合物的熔点下降，就有可能得到常温下呈液态的离子化合物，这就是离子液体。

早在 19 世纪，科学家就在研究离子液体，但当时没有引起人们的广泛注意。20 世纪 70 年代初，美国空军学院的科学家威尔克斯开始全力研究离子液体，以尝试为导弹和空间探测器开发更好的电池，结果，他发现了一种可用做电池的离子液体，即液态电解质。到了 20 世纪 90 年代末，科学界兴起了离子液体的理论和应用研究的热潮。

与典型的有机溶剂不一样，在离子液体里没有电中性的分子，100％是阴离子和阳离子，在－100 ℃～200 ℃之间均呈液体状态，具有良好的热稳定性和导电性。对大多数无机物、有机物和高分子材料来说，离子液体是一种优良的溶剂。离子液体表现出酸性及超强酸的性质，使得它不仅可以作为溶剂使用，而且还可以作为某些反应的催化剂使用，这些催化活性的溶剂避免了额外的可能有毒的催化剂，或可能产生大量废弃物的缺点。离子液体一般不会成为蒸气，所以在化学实验过程中不会产生对大气造成污染的有害气体。离子液体还具有优良的可设计性，可以通过分子设计获得特殊功能的离子液体。总之，离子液体具有的无味、无恶臭、无污染、不易燃、易与产物分离、易回收、可反复多次循环使用、使用方便、价格较低廉、较容易制备等优点，使它成为传统挥发性溶剂的理想替代品，能有效地避免传统有机溶剂的使用所造成严重的环境、健康、安全以及设备腐蚀等问题,可谓是名副其实的、环境友好的绿色溶剂,适合于当前所倡导的清洁技术和可持续发展的要求,为此,它已经得到人们广泛的认可和接受。

离子液体已经在诸如聚合反应、选择性烷基化和胺化反应、酰基化反应、酯化反应、化学键的重排反应、室温和常压下的催化加氢反应、烯烃的环氧化反应、电化学合成、支链脂肪酸的制备等方面得到应用,并显示出反应速率快、转化率高、反应的选择性高、催化体系可循环重复使用等优点。此外,离子液体在溶剂萃取、物质的分离和纯化、废旧高分子化合物的回收、燃料电池和太阳能电池、工业废气中二氧化碳的提取、地质样品的溶解、核燃料和核废料的分离与处理等方面也显示出潜在的应用前景。

目前,对离子液体的合成与应用研究,主要集中在如何提高离子液体的稳定性,进一步降低离子液体的生产成本,解决离子液体中高沸点有机物的分离,以及开发既能用作催化反应溶剂,又能用作催化剂的离子液体新体系等领域。随着人们对离子液体认识的不断深入,相信未来的绿色溶剂——离子液体的大规模工业应用指日可待,并给人类带来一个面貌全新的绿色化学高科技产业。

(林开利)

离子液体电池驱动人造肌肉

日本科学家开发出一种新型人造肌肉,用一节干电池即能驱动,用于微型机器和小型机器人的关节部位十分合适。这种人造肌肉形状像口香糖,长约5厘米,宽1厘米,厚几百微米。它由一种随电压变化而伸缩的高分子材料与一种不易挥发的离子液体混合制成,可以在正常环境下长期使用。这种人造肌肉可根据施加在其表面上的电压强度和方向,改变弯曲的程度和方向。在人造肌肉的表面加上1.5伏的电压,可上下最大弯曲40微米;电压再加大,可弯曲数百微米。如电压方向改变,人造肌肉弯曲的方向也会改变。另外,人造肌肉对电流的灵敏度很高,打开和关上电源,人造肌肉的反应时间仅为0.1秒。因此如果在微型机器的关节和驱动部位装上这种人造肌肉,它可像人的关节一样发挥作用。

力大无穷的环氧树脂

在一个胶粘剂工业展览会的入口处，人头攒动，参观者把一个展台围得水泄不通，并时时发出惊呼声和赞叹声。只见一条大钢索串连着两片相叠的铝片，下面一片铝片上竟悬挂着一辆轿车。展板上写明：这是用环氧树脂胶黏剂黏结的铝片，其黏结的面积为2.25平方厘米，只有成人大拇指指甲大小。这种神奇的力量来源于环氧树脂所具有的极强的黏结力，由于环氧树脂的这种特性，它已经被广泛应用于各个领域。

在高速公路的收费处前，有一排排钢质的减速器，是环氧树脂胶粘剂把它们牢牢地黏结在水泥地上的，任凭日晒雨淋、冰刀雪剑，加上车辆的碾压和冲撞，它总是毫不动摇地履行自己的职责。

大到水坝上的混凝土出现了裂缝，小到人的牙齿上有了蛀洞，都可以用环氧树脂胶来填平黏牢。用上环氧树脂胶，任凭浪潮汹涌，水坝依旧岿然不动。嗑瓜子、啃骨头、吃大闸蟹，用上环氧树脂胶，修复好的牙齿仍然无所不能。

为了减轻飞机和宇宙飞船的重量，它们的壳体也用上了环氧树脂。例如，用环氧树脂点焊胶代替部分铆接，可以减轻飞机整体重量10%左右。用特种环氧树脂和碳纤维经高温高压制成的复合材料，它的比强度(强度和密度之比)是钢的5倍，铝合金的4倍，钛合金的3.5倍，这种质量轻、强度高的材料，已经成为宇航工业中的宠儿，是“神舟5号”飞船壳体的主要材料。

环氧树脂还有杰出的耐酸、耐碱和耐各种介质的能力(即浸渍于各种液体中不变质)。当你拉开易拉罐品尝着甘美、清凉的饮料时，你可曾知道，正是由于易拉罐的内壁有一层环氧树脂涂层，保护了铝质易拉罐不受酸性的柠檬汁的锈蚀！只有打开番茄酱、鱼、肉等罐头时，你才能看清在罐头内壁有一层金光灿灿的环氧涂层，它是如此的天衣无缝，致密得连一个针眼也找不到，所以番茄酱中的高酸性、鱼类中的高含硫量、杨梅等水果中的高色素都不能锈蚀马口铁罐或使涂层染上颜色，正是环氧涂层的存在，使这些罐头食品能保持原有的风味。当然，环氧树脂涂料这种杰出的耐酸、耐碱、耐介质的性能，主要被用于制造重防腐涂料，成为船舶、桥梁、大型钢结构建筑的守护神。例如：给输油、输气管道的内外壁各穿上一层环氧树脂涂层，便能如盔甲一样保护钢管，使钢管在50年内不锈蚀。

环氧树脂一经加热，就是一种流动性很好的液体，它能像融化的蜡烛油一样自由地流动，可以注满任何容器，能凝固成任何形状的固体。但它又不同于蜡烛，因为环氧树脂从液体转变成固体是一种化学反应，再也不会因受热而融化，也不会再溶解于液体，即成为不溶不熔的、绝缘强度很高的热固性塑料。在这种液体变成固体的过程中，它的体积变化很小，对于要求铸造尺寸十分精密的电力、输变电、绝缘材料来说，这种性能是十分难能可贵的。因此环氧树脂又成为干式变压器(其体积是传统油浸式变压器的三分之一，重量减轻 50%)、电力互感器绝缘珠的主要原料。

环氧树脂之所以能在国民经济和国防工业，以及人们的日常生活中有那么多的贡献，主要是由于它特有的化学结构以及成型加工的灵活性和多样性，这也是它在合成材料中占主要地位的原因。以上仅列举了它成为胶粘剂、涂料、复合材料、铸造塑料的某些应用实例，科学家们还在不断地挖掘它的性能和应用潜力，相信它还会有更大的价值被人们所利用，对于环氧树脂的赞叹声将会更大。

（王德中）

环氧树脂

环氧树脂是泛指分子中含有两个或两个以上环氧基团的有机高分子化合物。由于分子结构中含有活泼的环氧基团，使它们可与多种类型的固化剂发生交联反应而形成不溶、不熔的具有三向网状结构的高聚物。

环氧树脂的性能和特性：

1. 形式多样；
2. 固化方便；
3. 黏附力强；
4. 收缩性低；
5. 力学性能优良；
6. 具有高介电性能、耐表面漏电、耐电弧的优良绝缘材料；
7. 化学稳定性；
8. 尺寸稳定性和耐久性；
9. 耐霉菌。

奇妙的"人造金属"

在我们的记忆中,塑料都是不导电的绝缘体,如塑料导线包皮、塑料插头、插座及许多电器的塑料外壳,就是利用了塑料的绝缘特性。

有没有可能使塑料成为电的良导体呢?科学家为此进行了长期的探索。说起来,导电塑料的发现还有一段有趣的故事呢!1967年,日本科学家百川正在研究用乙炔气体制备聚乙烯塑料,当他听说著名的研究聚乙烯合成的科学家池田回国后,就虚心拜访。池田谈了自己多年的心得,并把自己试验中用到的一些试剂的数据随手写在一张纸条上。后来百川在用池田的方法制备时,发现塑料虽没有合成出来,却得到了一种闪着金属光泽的薄膜。1975年,百川偶然和来日本访问的美国化学家麦克蒂亚米德谈到这种金属样的塑料时,对导电塑料研究多年的麦克蒂亚米德仿佛看到了黎明前的曙光。不久,一种电导率令人吃惊地达到3 000伏/米的导电塑料聚乙烯制备成功。从而证实了19世纪初人们从理论提出的长链高分子材料可以转变为金属的预言是正确的。百川、麦克蒂亚米德和另一位美国科学家也因此获得了2000年的诺贝尔化学奖。

值得回味的是,事后,当池田知道百川是根据自己的数据,在实验中添加催化剂时,由于疏忽而将添加剂的浓度放大了1 000倍而制造出导电塑料时,他不禁懊恼万分。可以说,导电塑料的发现是偶然的,但又不是偶然的,"机遇只钟情于有准备的大脑"。

大家知道,金属之所以能导电是由于载流子在电场的作用下发生迁移。那么,导电高分子材料是怎样导电的呢?

塑料基本上是聚合物,具有长链且以固定单元不断重复的结构,要使它能导电,就必须使它能仿真金属的行为,也就是说电子必须能不受原子的束缚而自由移动。首先,聚合物应该具有交错的单键与双键,亦称为共轭的双键,形成一个共轭π电子,去互相重叠形成整个分子共有的电子带,这些共轭π电子可作为传导电流的载流子。不过,具有共轭双键的长链并不足以造成它的导电,要让电流通过这个分子,必须将一个或多个电子移走或加入,此时通电后,π电子才能快速地在分子的链上移动,形成电流。这样就必须对这种塑料动点手脚,一则将部分电子移出(氧化),一则加入一些电子(还原),这种过程称为掺杂。上面提到的科学家百川,由于催化剂添加量大大增多,造成聚乙炔的氧化,从而引起导电机制的形成。

塑料和金属的导电有些不同。金属的导电是各向同性的，而塑料的导电性则是各向异性的，沿高分子主链方向的电导率特别大，垂直于主链方向则相反；普通金属的导电性随着温度的降低而增大，而导电塑料的导电性却相反。这种新型导电塑料被称为“人造金属”。它的出现引起了人们很大的兴趣，因为它既能导电，又具有重量轻的特点，所以，很快就被应用到新技术上。

这种新型导电塑料不仅能导电，而且还能传光。它是利用了电致发光的原理，光线是由于聚合物的薄层受到电场的激发而放出的。传统的发光二极管都是使用无机的半导体，例如磷化镓，但是现在却可使用具半导体性质的聚合物。这种塑料装置有许多可能的运用，例如利用LED膜所制成的平面电视，会放光的交通号志以及信息板等就可能实现。由于制造大面积的薄层塑料是相当简单的，我们可以想像未来的家庭中将能使用会放光的壁纸，以及一些其他精彩的运用。

新型导电塑料可制成太阳电池，结构与发光二极管相近，但机制却相反，它是将光能转换成电能。其优势在于廉价的制备成本，迅速的制备工艺，具有塑料的拉伸性、弹性和柔韧性。目前，这项研究正处于实验室的重要攻关阶段，已取得了突破性的成果，但要达到商业化则还有一段很长的路要走。另外，处理过的聚乙炔薄膜也已经在实验室阶段制成3.7伏/厘米和5毫安电流的薄膜电池——全塑电池。从长远来看，结构型导电高分子材料可望应用于蓄电池、太阳能电池、传感器及电缆等方面，这将对未来工业技术的变革产生重大的影响。

我们知道，军用飞机上使用了大量电器元件，如果这些元件部分地采用导电塑料来制造，可使飞机元件的重量大大降低，这种轻量化不但可以节省燃料油的消耗量，而且可以提高飞机的战术技术能力。此外，导电高分子材料还可以在战略防御中起到重要的防护作用，它可以使军用电子设施免遭损害，确保军队指挥、控制通信和情报系统畅通。因为，核爆炸产生的电磁脉冲会使各种电子电器设备的线路系统发生损坏，失去效能，但是对聚合物光学系统却无能为力。

尽管塑料型电子组件离真正的电子组件仍有一大段距离，分子大小的集成电路距以硅为主的集成电路还有很长一段路，但是，随着具有超导电性塑料的发现，人们对导电塑料的研究会越来越深入，可以说，我们正站在一个塑料电子革命的关键点，它将向人们展现出其化学、物理，以及信息科技方面的无穷潜力。

（闫永杰）

作用奇特的氟碳材料

关于氟碳材料，从前人们会想到塑料王聚四氟乙烯，也叫特富龙（英文名称的音译）。近些年，氟利昂将在全世界逐渐被禁止使用（已经发现氟利昂会破坏高空的臭氧层），最近大家又从不粘锅是否有毒的争议中了解到有一种叫氟碳表面活性剂的材料。

像很多新材料一样，氟碳材料问世以来为人类作出了很大的贡献。原子能工业要用氟碳材料，汽车工业也要使用氟碳材料，有了氟碳材料，纺织工业才有可能生产出来既防水、防油又防污的新型服装材料，等等。总之氟碳材料如今在很多工业领域和生活领域中已经是不可代替的材料，而且其应用范围还在不断发展、扩大和深入。其根本原因在于氟碳材料由于氟原子的存在，而具有非常特殊的物理性能和化学性能，这些性能是其他材料所不具备的。

氟碳材料能具备如此特殊的性能的原因又是什么呢？或许从下面的一些例子可以了解其中的奥妙。

例如，只要将织物浸渍上含有氟碳材料的水乳液，再经过烘干，这些织物就可以防水、防油和防污。实际上要具备防水、防油又防污的性能，其他材料也可以做到，不过这些可代替的材料都有一个共同的弱点，那就是不透气。不透气性使得这些材料不可能用于人们穿着的服装上，穿上这种不透气的服装将非常闷热不舒适。而氟碳材料的水乳液不仅使织物（服装）具有防水、防油及防污的性能，而且并不影响原来织物的透气性和手感，也就是不影响原来织物穿着的舒适性。不管是天然纤维织物（如棉、毛、丝等），还是人造纤维织物（如尼龙、腈纶等），经过氟碳乳液的处理，就有很好的防水、防油及防污性能，同时也能满足人们对于穿着舒适的要求。

不粘锅

当然，像皮革及其制品也可以经过这些类似的工艺处理而显示相似的优异性能。

织物这种防水、防油性能的直观表现就是水滴或油滴可以像珠子般在其表面滚动。液体的滴状物能在固体表面形成球状，而且可以自由滚动，其必需的条件是液体和固体之间的表面张力(表面能)相差很大，就是说固体的表面张力必须远低于液体的表面张力。我们知道，当水银撒在地面时，水银会永远保持着滚动状态的大大小小球珠，而水撒在地面却不可能形成球珠，相反水会很快润湿地面，这是因为水银的表面张力远高于水的表面张力、水银与地面之间的表面张力相差很大的缘故。经过氟碳材料水乳液处理，织物表面的表面能大为降低，与通常的水和油的表面张力的差距大为增加，从而导致防水、防油性能的出现。

如果将氟碳表面活性剂添加到液体(水或油)中，那么它所降低的就是这些液体的表面张力。虽然降低的只是表面张力，这一降低却非同小可，这一降低能够颠倒多少年来人们习以为常的常规现象。例如，雨后马路上的水面由于汽车漏油而形成漂浮在水面的油膜，如果添加过氟碳表面活性剂的水溶液的表面张力降低到一定程度，这种油漂在水面的现象就会逆转，即变成水膜漂浮在油面上。这种不寻常现象的出现奠定了近年最新开发而成的灭油火水成膜灭火剂的基础。这种水成膜泡沫灭火剂就是依靠灭火液在油面形成水膜而具有快速、彻底的灭火效能，因此这种灭火剂已经在国内外广泛使用。

如果表面张力很低的水溶液被注入开采石油的油井中，即可渗入岩层或沙层的表面，将油排挤出来提高采油量。

氟碳表面活性剂这种降低液体表面张力的作用应用到涂料中，即可使涂料有很好的流平性，也就是涂料表面显得更为平整，能大大增加涂料的牢度。由于氟碳表面活性剂的分子能迁移至涂料的表面，使涂料具有优良的耐气候性能，能抵抗风吹雨打，从而延长了涂料的使用寿命。很多在沿海地区建造的大桥，使用了氟碳材料，使涂刷在大桥上的涂料(油漆)能防止有强腐蚀性的潮湿海风的腐蚀。

由于氟碳表面活性剂能大幅度降低水溶液的表面张力，也就大大增加了水溶液的渗透性，这种功能用于农药，便可以使农药更快、更有效地杀灭虫害，其结果是增强了药效，而降低了农药的使用量，为提高果蔬食用的安全性提供了重要的保证。

还有一种氟碳材料一直在保护着人们的身体健康。在电镀工业中，电镀过程会不断产生致癌的铬酸雾，严重污染环境，危害人们健康。为解决这一问题，曾经有人在电解槽中放入洗衣粉，以产生一层泡沫覆盖在电解槽表面，不让铬酸雾跑出来。可是由于电镀过程是强氧化的化学过程，电解槽中还有极强的酸液存在，洗衣粉很快就被氧化分解，致使表面的泡沫层很快消失，酸雾又继续跑出来。自从出现了既不怕酸又不怕氧化作用的氟碳材料，问题很快就得到解决。只要将极少量的氟碳材料加入电解槽中，即可在槽面长时间地保持一层密实的泡沫层，阻止有毒酸雾跑出来。

含氟药物有很好的治病功效，氟碳高分子材料在各种工业领域和生活领域都得到广泛的应用。

凡此种种，都源自氟原子的电负性，以及其原子正合适的大小尺寸。科技工作者正是从氟原子这一不同于其他原子的特点出发，经过不断地研究开发，才有今天氟碳材料在各方面的广泛应用。科技界对氟碳材料的研究开发从未停止，一方面是深入、扩大其应用，揭示尚未了解的奥秘，同时又不断去克服可能的不利因素，使氟碳材料不断为人类作出更多的贡献。

（曾毓华）

氟碳涂料

氟碳涂料是在氟树脂的基础上经改性、加工而成的一种新型装饰、保护涂料。主要特点是涂层中含有大量的 F-C 键，决定了其具有超强的稳定性，这种涂料具有一般涂料不可比拟的超耐久装饰性、耐化学药品性、防腐性、不玷污性、耐水性、柔韧性、高硬度、高光泽度、耐冲击性和附着力强的优良性能，使用寿命长达 20 年。无可挑剔的氟碳涂料，几乎超越并涵盖了各种传统涂料所有的优良性能，为发展涂料工业带来了一次质的飞跃，氟碳涂料也理所当然地戴上了“涂料王”的桂冠。

从黑色幽灵说起

1991年1月17日凌晨,美军数架F-117“夜鹰”隐形战斗机飞过伊军预警雷达站,深入伊拉克雷达覆盖区,开始对伊拉克进行大规模空袭,摧毁了一些高级军事目标。“夜鹰”像黑色幽灵一样,在茫茫黑夜之中把激光导弹投入伊拉克防空司令部的烟囱中,用导弹炸毁向海洋泄放原油的油管。投弹45分钟后,巴格达才实行灯火管制,进行反击。整个海湾战争中,F-117出动架次占多国部队各种战斗机总出动架次的2%,而其命中的目标则占攻击目标总数的40%。最令人们惊讶的是44架F-117隐形战斗机前后总共出色地完成了1 600架次空袭任务,无一损伤。在近年的科索沃战争和阿富汗战争中,美军的B-2隐形轰炸机也有出色的表现。F-117和B-2为什么能够隐形呢?关键是采用了隐身技术。

隐身技术是一项高技术综合体,目的是使敌方探测器接收到的信号降低到零。它主要包括三个方面,即外形设计技术、隐身材料和隐身涂层的使用,并使这三种技术有机结合。如:F-117战斗机是美国洛克希德公司研制的单座亚音速隐形战斗机,它的外形像一个堆积起来的复杂多面体,大部分表面向后倾斜,具有大后掠机翼和V形垂尾。这种外形能使反射雷达波改变方向,产生散射,敌方雷达很难收到反射信号。F-117的机身、机翼和垂尾大量采用了玻璃纤维、碳纤维等雷达隐身材料。B-2是美国诺斯罗普公司研制的隐形战略轰炸机,它是一种无机身、无前翼、无尾翼的古怪飞机,外形像飞镖一样。它的雷达反射面积仅有0.1～0.3平方米,据说在正常探测距离下,它在雷达荧光屏上反映出的是仅相当于一个飞行中的“蜂鸟”。飞机蒙皮大部分由碳纤维蜂窝夹层结构制成。隐身技术不仅适用于飞机,也可以用到导弹、坦克、卫星、战舰和潜艇,以及固

图1 F-117隐形战斗机(左)和B-2隐形轰炸机(右)

定军事设备等方面。

隐身材料是隐身技术最重要的一个方面，是实现武器隐身的物质基础。隐身材料是一个很广的概念，隐身材料按波谱范围可分为声、红外、可见光、激光、雷达隐身材料；按材料的用途可分为隐身涂层材料和隐身结构材料。声隐材料包括吸声材料、隔声材料、消声材料等，主要用于潜艇的螺旋桨和外壳的消声瓦，以避开敌方的声纳系统。任何物体都会辐射红外线，温度越高辐射越强。红外隐身材料就是要降低物体的红外辐射，或者使物体的红外辐射与背景基本达到一致，从而难以被敌人的红外探测器发现。红外隐身材料主要用于飞机蒙皮、坦克外壳等部位。可见光隐身材料一般采用颜色与环境一致的保护色材料，形成与背景颜色接近的迷彩图案，用于战斗机、坦克、装甲车等军用装备。北约国家在这一领域处于领先地位。目前，法国国家科学研究中心等机构正在研究光致变色、热致变色和电致变色 3 种变色材料，使用这种材料的坦克就像变色龙一样能够变色伪装，逃开人的视线。激光隐身材料用来对抗激光制导武器、激光雷达等，这些材料对激光的反射率低而吸收率高。下面重点介绍雷达隐身材料。

雷达依据目标反射的电磁波来跟踪目标。根据反射信号的强弱、方位、时间等信息可计算出敌方目标的方位、运动速度等。目标的反射信号越强，雷达就越容易探测到目标。雷达隐身材料(也称吸波材料)能吸收雷达波，使反射波减弱甚至不反射雷达波，从而达到隐身的目的。吸波材料主要是通过电磁能转化为热能而耗散，或者使电磁波因干涉而抵消。图 2 是普通材料与雷达隐身材料的比较，左图普通材料反射雷达波不能隐身；右图隐身材料能吸收雷达波，达到隐身目的。

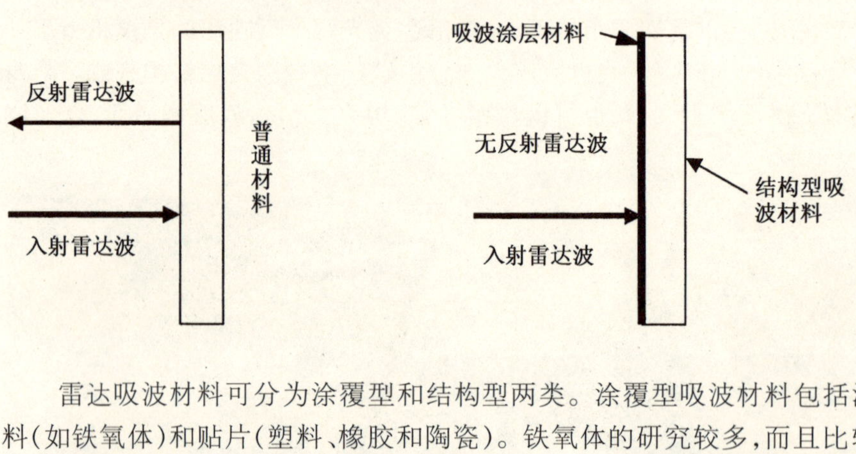

图2 非隐身材料与隐身材料比较示意图

雷达吸波材料可分为涂覆型和结构型两类。涂覆型吸波材料包括涂料(如铁氧体)和贴片(塑料、橡胶和陶瓷)。铁氧体的研究较多，而且比较成熟，是隐身飞机上使用最多的吸波涂层，至今已使用了半个世纪。铁氧体是一种粉末材料，成本低，吸波性能好，它主要依靠自身自由电子的重排来消耗雷达波的能量。结构型吸波材料具有承载和吸波的双重功能，一般是由碳、硼、玻璃纤维等与树脂构成的复合材料。这种复合材料密度低，力学性能好，同时又具有隐身功能，可用在飞机蒙皮、雷达天线罩等结构。碳纤维是最常用的结构型吸波材料，它由碳纤维骨架和碳基体（碳粒、碳化硅粉等）组成，耐高温，既能吸收红外信号又能吸收雷达波信号。

未来隐身材料将朝着“薄、轻、宽、强、多”的方向发展，也就是使用的材料要薄、要轻，隐身的频段要宽，材料强度要高，要集多种功能于一身。近年来，主动视觉隐身材料、纳米隐身材料、智能隐身材料和导电聚合物等新型隐身材料引起了科学家的重视，这必将推动21世纪隐身技术的发展。也许在不久的将来，科幻小说中的“隐身人”也将不再是幻想。

（李玉科）

法国拉斐特隐身护卫舰

功能梯度材料

在生活中,人们所使用的材料的内部成分或结构往往是比较均匀的,而实际上材料会遇到各种使用环境,或者不同部位使用环境不同的情况,这就要求材料的性能应该随它在构件中位置的不同而不同。例如,一把厨房菜刀刃部需要硬度高的材料,而其他部位的材料则应该具有高强度和韧性。同样,一台内燃机主体必须有好的强度,而燃烧室的表面层则必须耐高温才能提高热效率。也许有人会想,把两种材料直接结合在一起即可解决,实际上这么做会存在隐患,因为构件中不同的材料热膨胀系数不同,若构件处于高温环境,会导致其局部应力集中,使材料开裂。因此人们设想,如果从一种材料逐步过渡到另一种材料,就能大大地降低应力集中。于是,人们就想到了功能梯度材料。

然而,功能梯度材料并不是新事物。古人就已经根据这种思路来炼铁,图1是日本出土的剑刃图,可以看到剑锋、刃部和主体的颜色是不同的,这说明它们的成分是不同的。大自然早就把这个概念引入生物组织中,例如,骨头就是一种梯度结构,外部坚韧,内部疏松多孔。在20世纪50～80年代,一些美国的学者对这种材料进行了初步的研究,但没有正式提出这个概念。作为正式的科学概念,"功能梯度材料"这个术语是在1984年前后由日本的新野正之、平井敏雄等材料学家提出的。当时,一系列的政府报告论述了以航天飞机为重点的太空领域对高性能材料的需求,应用的目标就是航天飞机的发动机和防热系统。几年后,德国、美国、瑞士、中国和俄罗斯等国也竞相开始了功能梯度材料的研究,这一研究迅速成为材料界研究的热点。

功能梯度材料(英文简称FGM)是一种材料内部组分、结构、性能等,从材料的一部分到另一部分呈连续变化或分层阶梯式变化的新型材料。图2是功能梯度材料与普

图1 日本的剑刃截面图

通均质材料内部结构比较示意图，左侧是3种组分的梯度材料结构，右侧是均质材料的结构。FGM是一种特殊类型的复合材料，它的特点是材料的正反两面在性能上有很大的差异，因而可以发挥不同的作用；另一方面，这种成分或结构的变化是逐渐过渡的，可以有效缓解材料两侧存在温差所引起的巨大应力，因此它能够耐热冲击，具有良好的机械强度。

功能梯度材料的制备方法有很多种，使用的原料可以是液相、气相或固相。原则上讲，只要能有效地控制和改变各成分含量与比例的工艺都可以成为它的合成方法。一般通过物理方法或者化学方法来达到所需的梯度，从而使材料在不同区域会具有不同的功能。在制备功能梯度材料之前，首先要根据环境的需要对各部分的参数（如应力、热膨胀系数等）进行计算，得出使这种参数按照预定分布值所需的组分变化数据，然后通过精确控制生长工艺制造出这种所需参数的材料。因此，材料在制备之前就已经得出了解决这个问题的方案，可谓“胸有成竹”。

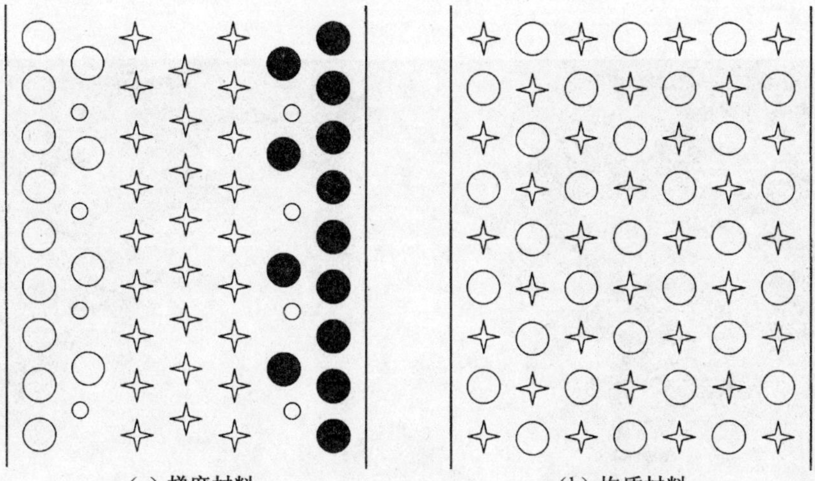

图2 功能梯度材料与均质材料结构比较示意图

从研究方向来看，目前各国的科研人员对热障功能材料的研究有很高的兴趣。比如日本川崎重工业公司把氧化锆和金属钛的结合面做成梯度结构，得到了氧化锆-钛合金系功能梯度材料，这种材料的氧化锆一侧可承受1 600 ℃的高温，比常用的镍基合金材料的耐热温度高200 ℃，而且它能够耐热冲击，可用于制造燃气轮机的发动机，从而提高发动机的工作效率。

功能梯度材料的应用领域十分广泛。由于它具有较高机械强度、耐热冲击、耐高温性能等特点，在航空航天、电子器件、人造脏器、汽车发动机、制动器、化工部件等方面有广泛的应用。例如，在航天领域就需要采用金属陶瓷功能梯度材料，一面是陶瓷，一面是金属，中间是从陶瓷到金属逐渐变化的过渡层，它具有金属材料和陶瓷材料的双重特点，既有陶瓷的硬度和耐高温、耐腐蚀的特性，同时还具有金属的强度和韧性，可作为火箭耐热部件；在通信领域里，功能梯度材料可以制造多模光纤，这种光导纤维的光学折射率从轴心至外层是逐渐变小的。FGM 还能够在其他领域中作为极端条件下使用的材料。

目前世界各国对功能梯度材料的研究正在如火如荼地展开，它的应用已经取得了重要进展，为人类的生产生活做出了贡献。不过，还有许多问题需要人们去解决。可以预计，在不久的将来，功能梯度材料必将得到更大规模的研发和应用。

（李玉科）

航天飞机（发动机、机身表面采用功能梯度材料）

材料设计——新材料研制的先导

人类为各种目的所利用和制造的材料种类之多已到了数不胜数的地步。特别是因为多种高新技术都对材料提出越来越高、越来越多的要求，开发各种新材料已不但是许多研究单位的任务，而且也是许多企业的奋斗目标。这种情况和人类远古时代已经不可同日而语了，但是人类探索新材料的方式却仍然没有完全改变：大体上还是凭经验反复实验以求找到合用的材料。但凡有某种需要，材料科学家就要根据他们的以经验性知识为主的依据，试探各种配方和工艺条件，企图试制出合用的材料。一般而言，要经过多次失败的试探才能取得成功。例如，橡胶材料技术的鼻祖古德意发明橡胶硫化技术就是经过多次失败，已经走投无路时意外得到成功的。而今广泛应用的不锈钢，原来是试制坦克的材料不合用，被当作废品扔进了垃圾堆，后来发现垃圾堆中别的钢样都锈蚀了，惟独它光亮如初，这才被捡回来而成为新发明的。一般而言，没有百折不回的精神，是不可能发明新材料的。这种情形被西方称做“试错法”(Trial and error method)。中国材料科学界则形象地称之为“炒菜”。不是吗？一个高明的厨师，总是从初出茅庐的蹩脚厨师百折不回地锻炼出来的，他当学徒头一天烧的菜不可能很高明。

这种“炒菜”方法虽然踏实有效，可实在太费工夫了。特别是 20 世纪中叶以来，包括原子能、计算机、航天技术等等高新技术的发展日新月异，每时每刻都在对材料提出新要求，用“炒菜”方法发明新材料的速度远远跟不上实际需要，以致原子能、计算机、航天等新技术的许多问题都被卡在材料问题上不能过关，于是材料科学家不得不另觅开发新材料的捷径。就在这时候，国际上发生的一件大事冲击了材料科学界。1957 年，前苏联先于美国把人造卫星送上了天，引起美国朝野震动。因为美国人一向习惯于他们的科技在全球领先，这次怎么落到了别人后面？何况，当时美苏正在全球争霸，如此重要的技术落后于人可不是小事。美国经过反省后，认为教训之一就是对材料科学抓得不够。于是政府大幅度增加科研投资，动员一大批优秀科学家从事材料科学研究。他们财大气粗，敢想敢干，有人提出以“材料设计”作为研究目标。当时的说法是要“根据指定性能的要求定做新材料”。严格说来，所谓“设计”的含义，可以从“房屋设计”“衣服设计”来理解。比如说，某学校要建一座教学楼，请设计院设计，

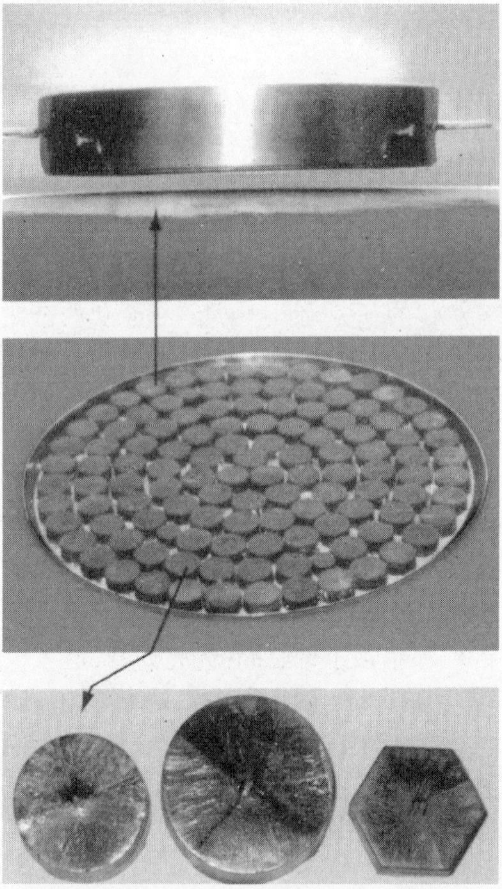

一批用熔融结构法制备的饼式 Y123 材料

按照设计的图纸施工，就能一次性建成一座包括许多教室的大楼。如果建成的大楼的结构只能作学生宿舍，或者还没建成就倒塌，那学校一定不肯接收，而且决不许设计院以“试验—失败—再试验”的理由来搪塞。这就是人们对“设计”的要求了。所谓“根据指定性能的要求定做新材料”，意思就是说：根据某种用途，要求材料具有某种性能，科学家就要通过某种理论计算，预见到应当靠什么原料、什么配方、什么工艺，一次成功地制造出合用的材料，而不是用“炒菜”的方法，通过多次实验去试探。

“材料设计”说说容易，实际上要实现却很难。最初，人们想：物质都是由原子组成的。原子的种类、原子的排列、原子的相互作用从根本上决定物质的性质，于是人们寄希望于描述原子和原子间相互作用的两门学问：量子力学和统计力学。无奈人类使用的材料结构太复杂，一般包含几万亿亿个原子。如果把这样多的原子的方程式都写出来，一个人写一辈子都写不完，更不用说如何求解了。迄今为止，人们在多数情况下，充其量只能将问题简化，靠这种“不得已而求其次”的方法，人们通过简单得多的原子集团的计算得到某些启发，为找寻新材料提供线索。虽不能百发百中，终究可以少走些弯路。近年来，随着超级计算机的出现，已能计算越来越复杂的原子集团，这种从“第一原理”出发的算法，其实用价值也越来越大了。从 20 世纪 60 年代末开始，用计算机代替人脑的想法逐渐得到实施。首先是模仿人的“记忆”功能，建立各种数据库，使人类专家凭经验找新材料有了一个辅助工具。这一技术很快便成了开发新材料的利器，因为计算机的记忆能力远胜于人。比如：要凭经验找新材料，就应该知道世界上已有物质的性质。据统计,截至 20 世纪末,人类发现的化合物已达 2 300 万种以上。即使是最“博闻强记”的材料学家也不可能背得出这 2 300 多万种化合物的各种性质。因此,能储存、检索大量实验数据的数据库能帮助材料研制,就是容易理解的了。计算机不但可以储存和检索数据,还可以对数据进行加工,从中抽提有用的规律。这就是“人工智能”和“数据挖掘”技术。如前述,只靠“第一原理”的应用预报新材料困难尚多,但是通过量子力学和统计力学对简单体系的理解设计描述原子、分子特性的参数(例如表征原子大小的“原子半径”,原子吸引电子的参数“电负性”,描述分子结构的“分子拓扑指数”等等)对粗略预测材料物性还是有用的。因为材料的性能往往是由多个因素决定的,所以利用计算机多因子数据挖掘技术总结材料性能的数学模型,据以预报未知材料的性能,找寻材料制备-生产条件和材料性能关系的规律,进而根据需要控制制备条件,优化材料性能,是大有可为的。根据这种原理优化材料制备和生产,已经在多种新型合金钢、陶瓷材料、航天用火箭推进剂、绿色电池材料等方面取得多项应用成果了。

早期人们对材料设计的重点理解为结构-性质关系和材料性能预测。这当然是材料设计极其重要的一方面,根据结构-性能关系预报有优异性能的新材料,当然能导致材料研究的重大创新,但至少同等重要的是要研究制备材料的新方法和高质量、低成本大量生产材料的新技术。20 世纪后半叶,日本的制造业正是汲取了欧美国家的基础研究的成果,大力开展应用研究,使许多材料及其制品的质量和成本略胜一筹,在国际市场上对美国货造成巨大威胁。为了改变这一局面,美国组织了一批材料科学的精英搞软课题商讨对策。此时美国人领会到:必须在重视“结构-性质关系”的同时,大力开展材料制备的科学研究,也就是材料制备方法的设计研究。为了在这一关键领域“百尺竿头更进一步”,美国科学家提出了“材料智能加工”的新概念。按照这一概念,人类制造材料的方式可分为三种模式。第一种是最原始的模式,即靠人工控制制造材料,这样做有许多弊病。比如说我们要做一块陶瓷半导体,先要将几种原料配在一起,靠人工研磨,加水捏成块,然后放到电炉里烧结。因为是人工研磨,每次研磨的力度不可能完全一样,这样做出的半导体性能就会有波动,不能达到最佳效果,因此靠人工操作不是个好办法。于是,人们发明了第二种方式,即计算机优化控制方式,先用计算机数据挖掘总结出性能最佳的陶瓷半导体的工艺条件,用计算机严格控制各个技术指标,这样产品质量就大大提高了。但是,这第二种方式仍不能完全保证产品最佳。例如,工业生产或实验室实验都证明:即使按第二种方式,产品质量仍有些波动。有些新材料如某些电子陶瓷，其电学性能虽经严格控制，波动仍很显著。为什么呢？首先，即使采用第二种方式，还是有不少影响因素不可能测量和控制（例如：即使研磨设备和能控制的操作条件都一样，也不能保证粉末的粒子形状分布都一样，等等）。其次，许多材料制备过程很复杂，有时会有混沌现象发生。混沌现象是一种能将不可控制的极微小的变化“放大”成有较大影响的作用，而第二种方式没有办法对付这种混沌现象。因此，美国材料学家建议研究和实施第三种方式，即“材料智能加工”方式。在实施这种方式时，要用多种传感器探头监测正在制备的材料，并根据监测的结果“随机应变”地改变控制条件，以便应对各种不可控因素的影响，使产品始终保证最优。目前，这种新的材料制备方式在复合材料制造、半导体单晶拉制等方面都取得很好的效果。这是材料设计的一个新发展。

总的说来，自从20世纪中叶材料科学家提出材料设计这一研究目标以来，已经差不多半个世纪了。由于这个课题难度很大，现在我们离所有材料都能一次“设计”成功的目标还相当遥远。但是由于大量有成效的研究成果，人类探索新材料的方式正在经历一个渐变的过程。人类对物质结构-性能关系的深入了解，多种物质结构的测量技术的进步，材料数据库和数据挖掘，人工智能技术的进展，都给新材料研制提供了有用的指导。材料研制的盲目性实际上也已大大减少了。今后，随着材料物理、材料化学的深入研究，随着计算机硬件和软件技术，特别是人工智能技术的进步，材料设计势必会在材料研制中发挥越来越大的作用。

（陈念贻）

降服雷电的利器

老天爷总喜欢开人类承受不起的“玩笑”，2004 年 12 月南亚和东南亚国家发生强烈地震和海啸，造成成千上万人死亡，不少著名的旅游胜地转眼间从天堂沦为人间地狱，一时哀鸿遍野，老百姓家破人亡，流离失所。在人类发展的历史过程中，天灾就像一把利剑悬在头顶，随时都可能给人类带来灭顶之灾。地震和海啸的灾难使人们更加清醒地认识到了自然界的威力与可怕。地震和海啸这类毁灭性的灾难事故引起了全球的高度重视，而在平常的生活中，一些不易引起人们注意的天气事故也时常威胁着人类的生命和财产安全。比如说雷电事故，据我国气象领域权威机构调研，我国每年因雷电事故造成的伤亡人数达千人之多，经济损失高达近百亿元。现代社会的发展一日千里，雷电事故直接影响着计算机网络系统、建筑、电信、航空航天、电力、石油化工、消防和交通等与人类生活息息相关领域的安全，雷电灾害被国际电工委员会(IEC)称为“电子化时代的一大公害”。因此，需要寻求科学的方法来尽量避免雷电灾害带来的损失，人们对防雷技术的需求日益迫切。

在防雷减灾工作上，金属材料占有一定的地位，有机和无机非金属材料在防雷上也发挥着十分重要的作用。我们通常见到的建筑物顶上的避雷针，就是一种耐腐蚀、电导率高的不锈钢材料。避雷针是针状金属物，用粗导线与埋在地下的金属板相连，以保持与大地的良好接触。当带电云层接近时，大地中的异种电荷被吸引到避雷针的尖端，由尖端放电释放到空气中，与云层中的电荷中和，达到避雷的目的，从而能保护建筑物免遭雷击损坏。

大地中的异种电荷能否被有效地吸引到避雷针的尖端，是十分关键的，金属接地极与土壤之间的接触电阻，及接地极周围土壤的状况，关系到防雷与接地保护的效果。在土壤电阻率较小的区域，要降低接地电阻是比较容易的，但在高山岩石区和土壤电阻率较高的其他区域，需要往土地中填充降阻剂，使接地电阻降到一定的范围，一般要求接地电阻在 0.5～10 欧姆之间。目前，降阻剂有很多品种，从性质上分，有化学降阻剂和物理降阻剂两类，但广泛使用的是化学降阻剂模式。化学降阻剂的共同特点主要是以 Cl^-、SO_4^{2-}、NO_3^- 与碱性金属构成的电解质盐类为导电物，如 KCl、Na_2SO_4 等。化学降阻剂与土壤结合而形成的胶凝物凝固后,紧密附着在接地极金属板表面,可防止空气中的氧渗透而减缓对金属的腐蚀。化学降阻剂只有在有水时电离出带电离子,才能成为导电主体。化学降阻剂电解质的浓度越高或电离度越大,电阻率就越低,降阻性也越好,但这时电离出来的阴离子对金属的腐蚀也越严重。季节性的地下水起落,使得电解质流失,尤其是当无水时,电解质结晶或低温结晶,电阻率会升高而失去降阻能力,这些缺点对接地降阻将会产生不利影响,从而限制了化学降阻剂的应用。物理降阻剂由非电解质导电材料组成,其导电性不易受周围环境的影响。如用强导电的碳素粉末作导电材料,其导电性不受酸、碱、盐,高、低温,干、湿度所限。因碳素导电物不溶于水,与金属也不发生反应,与土壤有限渗混,凝固后不因地下水位下降、天气干旱、雨水季节而流失,因此性能更稳定,寿命更长。值得一提的是,有一种含有稀土元素的防雷降阻剂在环保上具有与日俱增的优势,它不会对土地产生污染,素有"绿色防雷降阻剂"之称。稀土材料被看作是"21世纪发掘新功能材料的宝库",稀土资源在我国具有绝对的优势,地球上已知稀土矿藏的2/3在中国,它在气象产业这一新领域的应用,对发展稀土工业、开拓稀土功能也是一大促进。

自然灾害虽然可怕,但是人类可以借用科学技术来保护自己,尽可能地将灾害造成的损失降到最低限度。

(金　敏)

组织工程——再造生命奇迹

什么是组织工程？可能很多人都会觉得比较陌生。可是，大家应该都知道，我们的人体是由不同的器官和组织构造而成的，例如，我们比较熟悉的骨、肝、心脏等。这些器官一旦因为疾病或其他原因受到损害时，人体健康就会受到很大的威胁。就拿骨来说吧，每年因为车祸或者骨肿瘤等一些疾病而造成的组织缺损、功能受到限制的，就不计其数。目前，修复骨缺损的方法一般有自体移植、异体移植和组织代用器等3种，但它们各有弊端。如自体移植，要以牺牲患者自己正常器官组织为代价，这种"拆东墙补西墙"的办法不仅会增加患者痛苦，还因有的器官独一无二而无法做移植手术；异体移植最难解决的是组织强免疫排斥反应问题，失败率很高，加之异体器官来源有限，供不应求，因而难以实施；动物器官移植同样存在排斥反应，而且还要冒着将动物特有的一些病毒传给人类的危险；采用组织代用品如硅胶、不锈钢、金属合金等，它们致命的弱点是与人体相容性差，不能长久使用，还易引起感染。感染后，可能还需要再进行手术将这些代用品取出来，不仅增加了患者身体的痛苦，而且还增加了他们的医疗费用，给病人带来很多麻烦。

然而，面对这些困难，人们并没有妥协，而是积极思考对策。人们产生了一种设想：是否可以人工地在实验室构建一种具有正常组织功能、具有生命并且能够被人体慢慢吸收的器官，然后再将它们植入人体器官的缺损部位来达到修复的目的呢？在这个设想基础上，20世纪80年代初，美国麻省理工学院的化学工程师罗伯特·朗格和波士顿麻省大学医院的约瑟分·瓦坎蒂医生首次描述了组织工程的简单涵义，并开展初步的研究工作，即将可以在人体内降解的聚合物材料制成薄层状，将细胞种植到材料上，在体外培养形成组织，再由外科医生植入人体内，随后聚合物材料逐渐降解消失，而新形成的组织则在体内存活并行使功能。他们不仅取得了令人兴奋的成果，并且在此基础上提出了"组织工程学"概念，而这个概念最早是由美国国家科学基金会1987年正式确定下来的，它的核心就是建立细胞与生物材料的三维尺寸的复合体，即具有生命力的活体组织，用以对病损组织进行形态、结构和功能的重建并达到永久性替代。其基本原理和方法是将体外培养扩增的正常组织细胞，种植于一种生物相容性良好并可被人体吸收的生物材料上形成复合物，将细胞—生物材料复合物植入人体组织、器官的病损部分，细胞在生物材料逐渐被机体吸收的过程中，形成新的、在形态和功能方面与相应器官一致的器官和组织，从而达到修复创伤和重建功能的目的。

20世纪90年代以来，科学家们运用组织工程技术，利用人体残余器官的少量正常细胞进行体外繁殖，既可获得患者所需的、具有相同功能的器官，又不存在排斥反应，已取得了令人满意的成果，不少新近成立的生物技术公司正准备推出商品。再生的和在实验室培育的骨骼、软骨、血管和皮肤，以及胚胎期的胎儿神经组织都在进行人体试验，肝脏、胰脏、心脏、乳房、手指和耳朵等正在实验室里生长成形，名副其实的备用人体器官将在不久的将来由实验室走向患者。在美国马萨诸塞大学，由查尔斯·瓦坎蒂领导的一个研究小组正在生物反应器里为两位切掉拇指的机械师培育拇指的指骨。瓦坎蒂说，他们会把其中一个拇指或者两个拇指移植给患者。

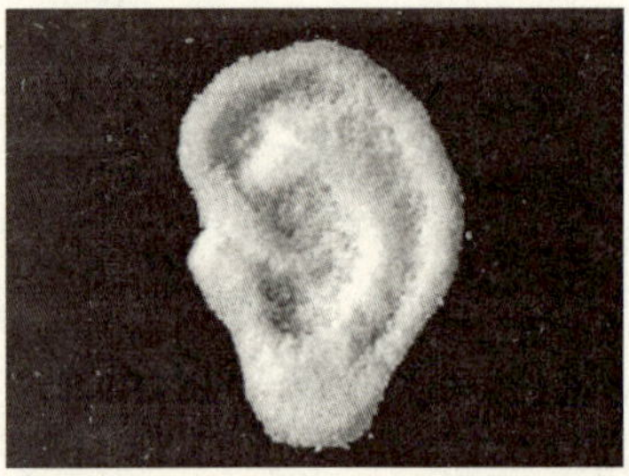

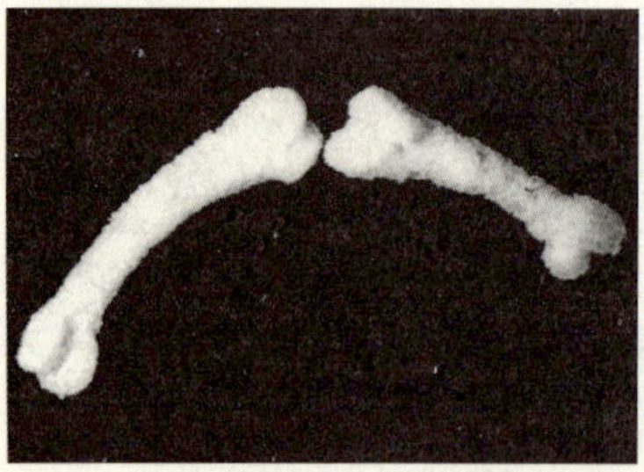

组织工程技术制备的人的耳朵和腿骨

在中国，勤奋而聪明的科学家们也正在致力于人造器官的研究。我国于1999年和2000年连续召开了两届组织工程学术交流会，并掀起了一个组织工程研究热潮，很多高校和研究所都投入了大量的人力和财力来进行组织工程的研究。上海第二医科大学的曹谊林教授与约瑟分·瓦坎蒂合作，1997年首次在鼠皮下构建并培育出具有人耳郭形状的软骨，其成果发表后引起世界广泛关注。上图就是人们用组织工程技术培养出来的人体耳朵和骨的外观，是不是很相似呢？当然，这些在实验室培养出来的器官要真正应用在人体上，给人们带来福音，还有很长的路要走。但是人们相信，组织工程是继细胞生物学和分子生物学之后，生命科学领域又一新的发展里程碑，标志着传统医学将走出器官移植的范畴，步入制造组织和器官的新时代。同时，组织工程作为一门多学科交叉的边缘学科，将带动和促进相关高技术领域的交叉、渗透和发展，并由此衍生出新的高技术产业。组织工程将是21世纪最具潜力的高新技术，必将产生巨大的科学、社会和经济效益，给我们的生活带来更多的奇迹。

（李海燕）

探索太阳能电池的奥秘

现在,在许多居民楼的屋顶都可以看见一排排人字形的太阳能热水器,成为城市空中一道独特的风景线。安装了太阳能热水器以后,家里的热水"滚滚来",方便快捷,还可以省下不少煤气费、电费。利用太阳能获得热量,只是人类开发和使用太阳能资源的一种方式。太阳能作为地球上取之不尽、安全洁净的能源,已经成为人们关注的焦点。

在人类社会工业化的进程中,地球上大量的不可再生能源如煤炭、石油等即将耗尽,并且造成了严重的环境污染,于是,人们把目光投向了每天给予我们光明和温暖的太阳。据测算,太阳每秒钟向四周辐射的能量约380亿亿亿焦耳,而地球表面吸收它的能量仅20亿分之一,换算成电能,每年为60亿亿千瓦小时,相当于全球年消耗总能量的2 000倍,可谓"取之不尽,用之不竭"。

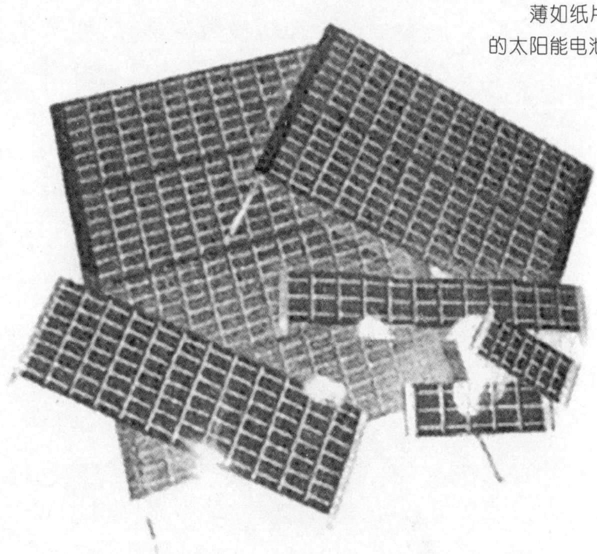
薄如纸片的太阳能电池

除了太阳能的热利用,人们还利用太阳能来发电。一般我们把将太阳能转换成电能的装置称为太阳能电池。在太空中运行的人造卫星,不可能"背上"一大堆的普通电池来供电,而是安装一些薄如纸板的太阳能电池来源源不断地提供电能。在北京天安门广场上新出现的太阳能交通信号灯和上海松江街头新亮起的太阳能路灯,与普通信号灯、照明灯相比,更环保、节电,而且因为其具有蓄电功能,在阴雨天及晚上也能正常工作。目前,国外一家公司还推出了带有超薄和超轻太阳能电池的一系列移动产品,如调频收音机、CD播放机、无线耳机、掌上电脑等,让您边走边用,不必担心电被用完。

设想一下,如果我们在屋顶上排满太阳能电池板,不就可以实现家中

天安门广场上的太阳能人行横道信号灯

用电的自给吗？答案是肯定的。但是目前，太阳能电池在世界范围内年发电量不过几个兆瓦。为什么太阳能电池在较其他能源有众多优势的情况下，仍不能得到普及呢？主要原因是成本太高。太阳能发电的成本大约是生物质发电（沼气发电）的7～12倍，风能发电的6～10倍。现在市面上一块1平方分米的普通太阳能硅电池能提供1瓦的输出功率，价格在40元人民币左右。正是这个价格，使它还不能普及。

为什么太阳能电池的成本会如此之高呢？主要是制作太阳能电池的材料问题。太阳能电池是由半导体组成的。硅（Si）是最理想的太阳能电池材料，目前市场上80%以上的太阳能电池都是用硅制成的，其中又分为单晶硅、多晶硅、非晶硅。单晶硅太阳能电池转换效率最高，技术也最为成熟，但由于单晶硅材料价格及相应的工艺繁琐，单晶硅成本价格居高不下，难以实现太阳能发电的大规模普及。随着新材料的不断开发和相关技术的发展，以其他材料为基础的太阳能电池也愈来愈显示出诱人的前景。低成本、可大规模生产的、用于制作太阳能电池的新材料，主要有多晶硅、大面积薄膜非晶硅、化合物半导体如砷化镓、碲化镉等。当这些材料制作廉价太阳能电池的技术取得突破后，利用太阳光来发电这项新技术就将获得广泛应用，从而缓解电力的短缺。

使用太阳能电池的CD播放机

太阳能电池受到阳光或灯光的照射产生电流的奥秘在哪儿呢？原来，太阳能电池的表面由两个性质各异的部分组成的。当太阳能电池板受到光的照射时，能够把光能转变为电能，使电流从一方流向另一方。为了使太阳能电池尽可能多的吸收太阳光，将光能转变为电能，一般在它的上面都蒙上了一层防止光反射的膜，使太阳能电池的表面呈蓝紫色。

小小一块太阳能电池可以帮助我们人类在地球上千秋万代地生存下去。科学的奥秘是无穷无尽的，等待着我们去发现，去探索。

（彭　芳）

"展翅飞翔"的太阳能飞机

航天飞船上的太阳能电池翼

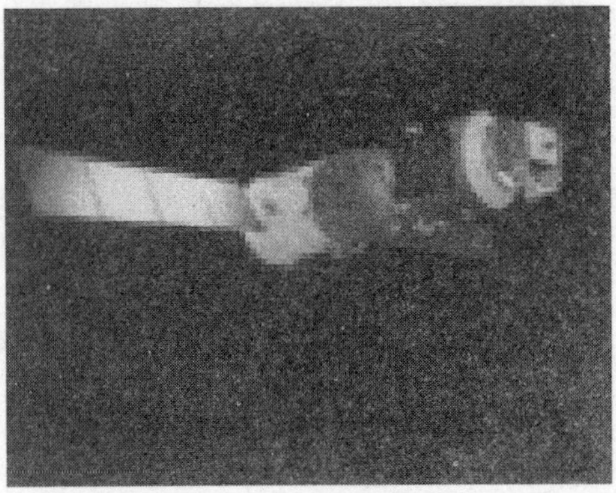

给航天飞船提供能源的太阳能电池翼

薄如纸的显示器

造纸术作为中国古代的四大发明之一,为人类文明的发展作出了不可估量的贡献。纸已成为文明的记录和显示的载体。进入到21世纪的信息时代,纸的记录功能被超大密度的芯片所体现,据计算,方糖大小的一块芯片,可以存储美国国家图书馆所有的资料还绰绰有余。纸的另一种功能被各种显示器所体现,这些显示器包括阴极射线显示器、液晶显示器件、电泳显示器件、铁电陶瓷显示器件、等离子体显示器件、电致发光显示器件、场发射显示器件、真空荧光显示器件等。但是,一般的显示器体积太大(例如电视机的显示器),很难随身携带。这几年,各种轻便的平板显示器进入寻常百姓的生活中(如液晶显示器、等离子显示器等)。但是,这些平板显示器视角比较窄(如液晶显示器),耗能大,发热多(如等离子显示器),暴露了不少缺点。近几年,一种新型的超薄电致变色显示器使科学家极感兴趣。尽管这种显示器还没有实现全色彩化,但是它耗能小,具有极低的驱动电压(1伏左右);同时,它有很强的对比度,而且,对比度连续可调,可以满足不同视力的需求,极具人性化。

电致变色材料是指在外接电压或者电流的驱动下,材料的光学性能(透射率、反射率等)在可见光范围内产生稳定的可逆变化。在外观上,电致变色材料表现为颜色及透明度的可逆变化。电致变色材料分为无机变色材料(例如氧化钨、氧化镍、氧化铑、氧化钴等)和有机电致变色材料(例如紫精类、稀土酞箐、吡嗪类、吩噻嗪类等)。无机电致变色材料主要集中在过渡金属氧化物,这些过渡金属氧化物通过离子(例如 Li^+,Na^+ 等)和电子的共注入和共抽出,使其化学价态或晶体结构发生变化,从而实现着色和退色的可逆变化。由于离子扩散比较慢,所以,这类无机电致变色材料响应速度有几百秒,无法满足显示器的响应速度的要求。有机电致变色材料主要通过得失电子发生的氧化—还原反应,实现着色和退色的可逆变化。它的速度可以达到飞秒(千万亿分之一秒)。利用纳米半导体材料(例如氧化钛),嫁接一层有机电致变色分子,可以做成三明治结构的电致变色器件。通过加电压的地方变色,没有加电压的地方保持原来的透明态,就可以实现显示的功能。这种纳米电致变色显示器具有极快的响应速度,同时,它采用的是薄膜型结构,所以可以做到像纸那样薄,故而也叫电子纸。这种纳米电致变色显示器的颜色亮度比液晶显示屏的要高4

倍，比其他仍在发展的显示技术要高2倍。其显示内容即使在断电后也可以保持不变，具有记忆效果，所以可实现超低耗电量，其耗电量还不到反射型液晶的1/10。

这种显示器已经有一些小型化的产品面市，例如ACREO和NTERA公司研制的几种电子钟和指示标记。NTERA公司已经在爱尔兰和台湾建立了自己的生产基地，中科院上海硅酸盐所在这方面也正在进行研究。尽管这种纳米变色显示器才开始发展，但它结合了纳米材料和有机变色材料各自的优点，具有较大的发展潜力。当然，要进一步拓宽应用，还要不断地进行研发。不过，我们可以充满自信地预见，在不久的将来，这种纳米变色显示器，极有可能会改变我们的生活和阅读习惯。

例如，采用有机导电薄膜，就可以制造出可折叠的电子纸张，能够任意弯曲而不扭曲字型。同时，再附加上一块芯片，就能变成一个真正的“口袋图书馆”。当人们作长途旅行时，可以随时在巴士和火车上阅读，看完以后卷起来放进书包，一“纸”在手，便能书海畅游。另外，这种电子纸除了断电后具有记忆效果外，还可以加上反向电压，擦除显示的内容，这样，电子纸便可以反复使用。可以想像，通过无线电传输技术，它可将新闻即时下载，让人们能在同一张“纸”上看到每天的新闻。届时，消费者不需要再购买传统报纸，就可使报纸日日翻新，杂志月月不同。这不仅方便了人们的生活，还可节省大量的木材，极有可能改变印刷史，并拯救美丽的森林。

这种纳米变色电子纸也可以替代各种广告招牌，届时，只需按动几个键，就可以改变上面的广告内容，它能够根据需要显示不同的商品图案和广告文字，以帮助招徕顾客。商店里就不需要到处悬挂五花八门的广告招牌了，而广告的图案更加五彩缤纷。

这种纳米变色电子纸可以用在电视机或者“笔记本”上，电视机可以像纸一样贴在墙上，创造更好的居住环境。

（张增艳　葛万银）

生活的朋友——氟

在所有的元素中，要算氟最活泼了。氟气是一种淡黄色的气体，在常温下，它几乎能和所有的元素化合：大多数金属都会被它腐蚀，甚至连黄金在受热后，也会在氟气中燃烧！如果把氟通入水中，它会把水中的氢夺走，放出氧气。氟是1886年被人们发现的，在这以前，它被人们认为是一种“死亡元素”，是碰不得的。这是为什么呢？说来话长，人们在1768年就发现了氢氟酸，认为它里面有一种新元素，很多化学家都在实验室里进行实验，试图从氢氟酸中制出单质氟来。也许你知道，氢氟酸是氟化氢气体的水溶液，它具有很强的腐蚀性，玻璃、铜、铁等常见的东西都会被它“吃”掉，即使很不活泼的银制容器，也不能安全地盛放它。氢氟酸能挥发出大量的氟化氢气体，氟化氢有剧毒，人少量吸入后，就非常痛苦。尽管化学家们在实验时采取了许多措施来防止氟化氢的毒害，但由于氢氟酸的腐蚀性过强，许多化学家在实验中吸入了过量的氟化氢气体而死去了，还有许多化学家由于中毒损害了身体健康，被迫放弃了实验。由于当时的科学水平有限，最后，大部分化学家都停止了实验，人们在谈到氟时都称它为“死亡元素”。氟真的就是“死亡元素”吗？

1886年，英国化学家莫瓦桑在总结前人的经验教训并采用先进科学技术的基础上终于制出了氟气，活泼的氟终于被人类征服了。从此以后，氟给我们的生活带来了很多方便。

大家都知道，玻璃是生活中常见的东西，我们喝水的杯子大多是玻璃做的，窗户上用来挡风的是玻璃，课堂上老师用来做实验的好多器皿也是玻璃的。可你们注意到没有，玻璃杯上有好多花纹，老师用来做实验的玻璃仪器上有很多刻度，这些花纹和刻度是怎么“刻”出来的呢？也许有人会说，这有什么难的，只要找一个比玻璃坚硬的东西，就能在它上面刻出花纹。金属的硬度一般都比玻璃高，我们可以找一把刀，看看能不能用它在玻璃上刻出花纹来？只要这样试过的朋友就会知道，这样在玻璃上是刻不出花纹来的。后来，聪明的人们想到了氢氟酸能强烈地腐蚀玻璃。利用氢氟酸的这一特性，人们先在玻璃上涂一层石蜡，再用刀子划破蜡层刻成花纹，涂上氢氟酸。过上一会儿，洗去残余的氢氟酸，刮掉蜡层，玻璃上就会出现美丽的花纹。我们平常见到的玻璃杯上的刻花，玻璃仪器上的刻度，都是用氢氟酸“刻”成的。

氟与我们的人体健康息息相关。1916年,美国科罗拉多州一个地区的居民都得了一种怪病,无论男女老幼,牙齿上都有许多斑点,当时人们把这种病叫作"斑状釉齿病",现在人们一般都把它称作"龋齿"。这儿的居民为什么都会得上这种病呢?原来,这里的水源中缺氟,而氟是人体必需的微量元素,它能使人体形成强硬的骨骼并预防龋齿。当地的居民由于长期饮用这种缺氟的水,因而对龋齿的抵抗力下降,全都患了病。为何人体缺氟会患上龋齿呢?这是因为我们每天吃的食物,都属于多糖类,吃完饭后如果不刷牙,就会有一些食物残留在牙缝中,在酶的作用下,它们会转化成酸,这些酸会跟牙齿表面的珐琅质发生反应,形成可溶性的盐,使牙齿不断受到腐蚀,从而形成龋齿。而如果我们每天吸收适量的氟,那么氟就会以氟化钙的形式存在于骨骼和牙齿中。氟化钙很稳定,口腔里形成的酸液腐蚀不了它,因而可以预防龋齿。为了预防龋齿,人们采取了许多措施。比如说在缺氟的水中补充一些氟,这样,人们在喝水时不知不觉地会吸收一些氟。另外,人们还研制出了各种含氟牙膏,它们中的氟化物会加固牙齿,不受腐蚀。而且,有些氟化物还能阻止口腔中酸的形成,这就从根本上解决了问题,因而效果十分明显。

大家现在还认为氟是一种"死亡元素"吗?知道了它的这些用途,就应该为它"平反"了吧!我们相信,经过科学家们的不断努力,氟将会越来越多地参与我们的生活,为人类做出更大的贡献!

(李海燕)

扣人心弦的玻璃雕刻

光折变材料——光子计算机的心脏

作为人类认识和改造自然的一种标志，人们在改造电脑运算和存储速度的征程上不断跋涉，英特尔公司的芯片从20世纪80年代的80386几十兆的频率发展到当今的高达3.6吉兆赫兹的奔腾4芯片；制造技术也从硕大无比的晶体管到现在自动化纳米级(65纳米，90纳米，130纳米)的光刻工艺。但随着运算速度要求的不断提升，现有的用短波长进行的基于光学刻蚀的硅时代即将走到尽头，于是人们纷纷寻找下一代替代现有硅片的材料。存储量和瞬间运算速度惊人的“光硅片”概念在这种潮流下便粉墨登场了，科学家们也开始憧憬和企盼未来光子计算机时代的到来。而光折变效应的发现，更缩短了这一时刻的到来。

自从光折变效应发现以来，因为其奇异的性能，人们一直孜孜以求地想把这种优良的性能用到光子计算机的心脏——光子存储器上。

什么是光折变呢？

光致折射率变化效应，简称光折变效应，是指电光材料的折射率在空间调制光强或非均匀光强的辐照下，发生了相应的变化。广义上讲，光折变材料是指那些光照引起了折射率变化的材料。

未来的光电子计算机

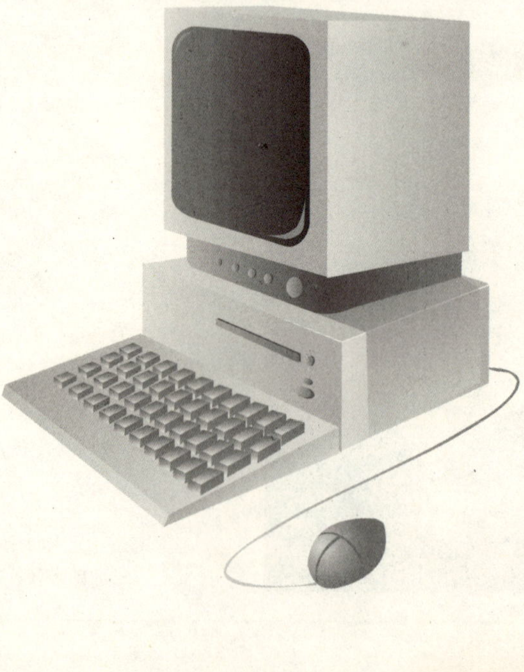

1966年，美国贝尔实验室首次在$LiNbO_3$晶体的激光倍频实验中发现了光折变效应，当时把这种由于折射率的不均匀改变导致的光束散射和畸变称为“光损伤”。后来人们认识到这种“光损伤”在暗处可保留相当长的时间，而在强的均匀光照下，或在200℃以上加热情况下又可被擦除而恢复原状。因此，有人提出将这种性质用于全息光学记录，从此光折变效应的研究工作迅速地在世界范围内开展起来，并形成了非线性光学的一个重要分支——光折变非线性光学。作为物质基础，光折变材料的研究和发展，是光折变非线性光学学科发展的关键因素。

根据材料的不同，大致可以将光折变材料分为晶体材料和高分子聚合物材料。

光折变晶体是众多晶体中最奇妙的一种晶体。当外界微弱的激光照到这种晶体上时，晶体中的载流子被激发，在晶体中迁移并重新被捕获，使得晶体内部产生空间电荷场，然后，通过电光效应，空间电荷场改变晶体中折射率的空间分布，形成折射率光栅，从而产生光折变效应。

光折变效应的特点是，在弱光作用下就可表现出明显的效应。例如，在自泵浦相位共轭实验中，一束毫瓦级的激光与光折变晶体作用就可以产生相位共轭波，使畸变得无法辨认的图像清晰如初。由于折射率光栅在空间上是非局域的，它在波矢方向相对于干涉条纹有一定的空间相移，因而能使光束之间实现能量转换。如两波耦合实验中，当一束弱信号光和一束强光在光折变晶体中相互作用时，弱信号光可以增强 1 000 倍。

此外，光折变晶体还具有以下特殊的性能：可以在 3 立方厘米的体积中存储 5 000 幅不同的图像，并可以迅速显示其中任意一幅；可以精密地探测出小得只有 10^{-7} 米的距离改变；可以滤去静止不变的图像，专门跟踪刚发生的图像改变；甚至还可以模拟人脑的联想思维能力。因此，这种晶体一经发现，便引起了人们的极大兴趣。

“超级晶体”——铌酸锂晶体。这种晶体具有高衍射效率、快光折变响应及强抗光散射能力等多项光电功能，而且总体光电功能指标是最好的。它将有望成为类似于“电子学”中的硅材料一样的光子学“硅”材料，它可以通过掺杂和处理产生各种颜色，也可以加工成各种形状。

南开大学开发出的基于光折变三维光子海量存储材料双掺铌酸锂晶体新型三维全息光存储器，日前已通过国家级鉴定。该存储器将成为未来的主要存储器件，广泛应用于航空航天业、娱乐行业、大数据量存储股票和期货等信息业、多媒体工作站、三维图像处理技术、影视业等领域，具有非常看好的市场前景。

目前，有应用价值的光折变晶体有钛酸钡，铌酸钾、铌酸锂、铌酸锶钡系列，硅酸铋等晶体。其中，掺铈钛酸钡晶体是由中国科学院物理研究所于 20 世纪 90 年代在国际上首次研制成功的。我国光折变晶体的研究已进入世界先进行列，掺铈钛酸钡晶体在世界上处于领先地位。

（蔡闻捷）

调节人造卫星"体温"的材料

2003年10月我国成功发射了载有航天员杨利伟的"神舟五号"飞船,实现了定点定时安全的软着陆,圆了亿万中国人民的航天梦。

包括宇宙飞船等所有的地球人造卫星是在非常苛刻的宇宙环境中运行的。在地球四周笼罩着一层稠密的大气层,可是离地球较远的地方,那儿的空气却十分稀薄,是个真空的世界,此外还有来自外层空间的很强的紫外线及其他强射线的辐射。更为严重的是当人造地球卫星在环绕地球轨道旋转时,它有时是面对太阳,受到太阳的照射,表面温度可以升到200℃左右;但它有时又进入了地球的阴影区,见不到太阳,这时它的表面温度将下降到−200℃左右。飞行器处在一个温度交变的恶劣环境之中。因此,如果不采取调控温度的技术手段,人造地球卫星内部的电子仪器和元器件就会烧坏或者"冻坏",无法正常工作,更为严重的是,如果是载人宇宙飞船还会危及宇航员的生命安全,因此,就要想方设法来控制和调节宇宙飞船或人造卫星的"体温"。

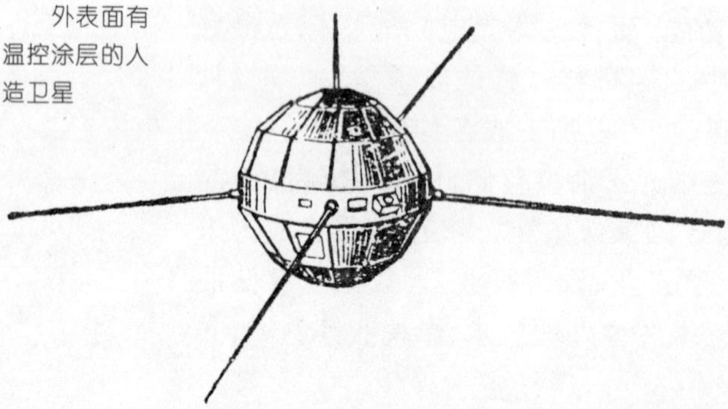

外表面有温控涂层的人造卫星

也许有人会说可以在飞船内装空调啊!不行!因为飞船内的空间十分有限,所搭载的载荷重量要"斤斤计较",能源更是精贵。因此,科学家研发了专门为调节飞船和人造卫星"体温"的热控技术。由于太空是一个真空的世界,飞船与环境之间没有热传导和对流,热辐射是惟一热交换的方式。飞船的"体温"是由其热量的"收入"和"支出"的热平衡温度决定的。飞船热量的"收入"主要来自它对太阳热辐射的吸收,并由飞船表面材料的太阳能吸收率 α 决定;热量"支出"则来自飞船向宇宙环境的红外热辐射引起的热散失,并由飞船表面材料的热发射率 ε 决定。调节飞船"体温"的热控技术的原理是根据飞船的运行轨道和高度等各种参数进行计算的,确定飞船表面所要求的 α 和 ε 的比值,然后研制出具有相应的 α/ε 比值的热控涂层材料并加涂到飞船表面,就可调节飞船"体温"保持在正常的温度范围。

由于每颗人造卫星或飞船的功能和运行轨道等参数的不同，需要具有各种 α/ε 比值的一系列热控涂层材料。当然，飞船内部也有热交换，因此在飞船内部包括内壁、仪器舱、观察窗以及能源装置等各个系统和部件，甚至宇宙飞行员的衣服和头盔等都需要加涂不同 α/ε 值的热控涂层，这也是调节飞船“体温”所必需的技术措施。

当然，除了用热控涂层这种被动式的热控技术以外，还要同时应用其他主动式的各种热控技术，才能确保更有效地调控飞船或人造卫星的“体温”。

随着我国航天事业的发展，中科院上海硅酸盐研究所和上海有机化学研究所等单位已研制出了不同工艺的各种 α/ε 比值的一系列热控涂层材料，包括无机、有机和两者复合的热控涂层和薄膜，并在我国已发射的飞船和人造卫星上获得了成功的应用。

（奚同庚）

热控涂层

热控涂层是涂覆于卫星各个表面或仪器壳体上的热控涂层。

目前，世界各国已经研制出的热控涂层材料按照热辐射性质可分为九种类型：全反射表面；中等反射表面；太阳吸收表面；中等红外反射表面；灰体表面；中等红外吸收表面；太阳反射表面；中等太阳反射表面；全吸收表面。

热控涂层的使用原则：根据热控制所需要的各种表面的热辐射性质来选择涂层；要考虑工艺的可行性，考虑被涂件的尺寸，形状等；要考虑空间环境的影响，涂层有较好稳定性，其退化率小；要考虑涂层的污染问题。